inside the world of
um computation

量子コンピュータの頭の中

計算しながら理解する量子アルゴリズムの世界

東野仁政
TSUKANO SATOYUKI

技術評論社

はじめに

1980 年代に量子コンピュータの概念が提唱されてから、40 年以上経ちました。理論研究が進み、「理想的な量子コンピュータが完成すれば、これまでのコンピュータでは現実的に解けない問題のいくつかが解ける」ことが分かりました。また、ハードウェア研究が進み、クラウドで公開された本物の量子コンピュータを一般の方が動かせるようになりました。

出版物やインターネットにも量子コンピュータに関する情報が増え、量子コンピュータを学んで実際に動かす方も増えています。ただ、理系の大学生が読むような専門書が多く、学ぼうとしたものの難しさに諦める方も多いように感じます。もちろん、専門書で学べる方はよいですが、高校数学くらいをベースにした、一般の方にも分かりやすい量子コンピュータの入門書があれば、もっと多くの方が量子コンピュータを学べます。

本書は多くの方が諦めずに量子コンピュータを学べる教材を目指し、次の点を重視しています。

(1) 量子コンピュータ全般ではなく、量子回路や量子プログラミングの理解を主題にします。
(2) 物理や数学を専門的に学んだ方ではなく、量子コンピュータに興味がある一般の方が読むことを想定しています。そのため、量子力学や高度な数学は使わず、物理や数学の結果をそういうルールと認めて進めます。また、厳密さより理解しやすさを優先します。
(3) 抽象的な理論だけでなく、具体的な例を実際に計算して理解します。また、プログラミングを行い、本物の量子コンピュータを動かします。

本書では、ベクトルや行列といった数学を利用します。数学に関する概念は本書の中に説明してありますので、本文を読み進めて数学的な不明な点があれば参照しながら進められます。

多くの新しい概念が登場しますが、焦る必要はありません。私もはじめて量子コンピュータの本を読んだとき、あまり理解できませんでした。そのときの経験を踏まえ、一般的な専門書には記載されない注意書きも本書に含めました。多少時間がかかっても、手を動かして計算したりプログラムを動かすことの積み重ねが、理解への近道だと考えています。

量子コンピュータに関する話題が急速に増加している一方、携わる人が急速に増加している訳ではありません。実用的な量子コンピュータを作るにはハードウェアからソフトウェアまで解決すべき問題が山ほどあり、日常生活に影響を与えるような量子コンピュータを作る見通しは立っていないのが現状です。本書をきっかけに、ひとりでも多くの方が量子コンピュータに興味を持ち、学び、あわよくば量子コンピュータの道に進まれることを期待しています。

本書は、多くのみなさまのご支援とご協力のおかげで実現しました。私の遅筆を辛抱強く待ってくださった石井智洋さん（技術評論社）。監修を快く引き受けてくださった藤井啓祐さん（大阪大学）や、読者目線からレビューしてくださった森俊夫さん（大阪大学）と山本大輝さん（アクロクエストテクノロジー株式会社）のおかげで本書の質は高まりました。他にもさまざまな形で本書の執筆を支えてくださった多くのみなさまに、この場を借りて感謝を申し上げます。

本書の構成

本書の構成について説明します。

まず、第1章で量子コンピュータが期待される理由や、古典コンピュータと量子コンピュータの違いについて説明します。この章では数式を使わず、概念的に説明します。

その後、本書は大きく3つのパートに分かれます。

1つ目のパートは第2章から第6章までと第8章で、量子コンピュータの計算ルールについて机上で学びます。主にベクトル・行列・確率といった数学を使います。

第2章では、量子コンピュータを理解するために必要な数学について説明します。行列、ベクトル、集合、複素数、テンソル積の説明が中心です。これらの概念を既に理解している方は、飛ばしてしまって構いません。以降の章で数学に関して分からないことがあれば、第2章に戻って確認してください。第3章では、基本となる1量子ビットの話に絞り、量子コンピュータの計算ルールについて説明します。第4章では、具体的な計算を通じて代表的な1量子ビットの量子ゲートを理解します。行列の計算が多く登場します。第5章では、2量子ビットの計算ルールについて説明します。2量子ビットになるとテンソル積という概念が登場し、複雑さが増します。慣れないうちは難しく感じるかもしれません。第6章では、2量子ビットの量子ゲートを理解します。第8章では、n量子ビットの計算ルールについて説明します。ここまでが量子コンピュータの基本的な計算ルールです。

2つ目のパートは第7章と付録で、量子プログラミングを学びます。

本書では、Python で動作する Qiskit という量子プログラミングのライブラリを使います。第 7 章では、シミュレータを利用して量子プログラミングを行います。付録では、本物の量子コンピュータを動かします。これにより、現状の量子コンピュータを体験できます。

3 つ目のパートは第 9 章から第 12 章で、量子コンピュータを使ったアルゴリズムや通信について学びます。

第 9 章では、量子ビットを遠隔地に移動できる、量子テレポーテーションを説明します。第 10 章では、量子コンピュータで正確に計算するために欠かせない、量子誤り訂正の入り口を説明します。第 11 章では、「ある意味」で古典コンピュータより高速に計算できる、ドイッチュのアルゴリズムを説明します。第 12 章では、将来的に実用的な応用が期待されている量子アルゴリズムであるグローバーのアルゴリズムを説明します。

本書の構成を図にすると下図のようになります。

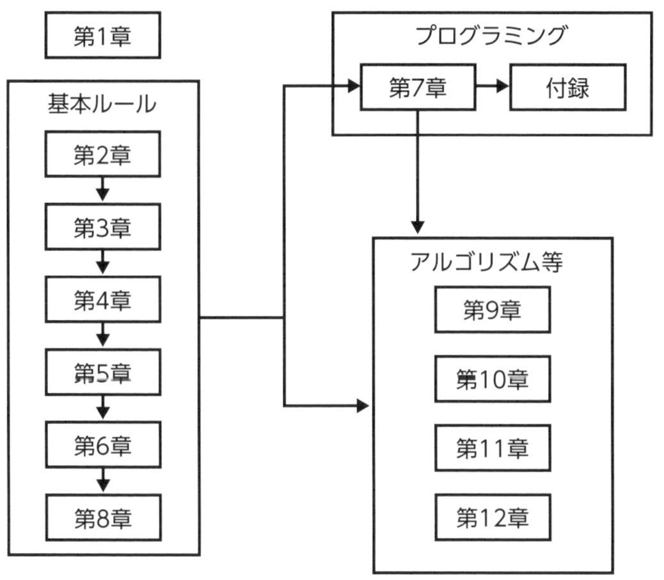

基本ルールのパートは、最初から順を追って読み進める構成になっています。

プログラミングのパートは、基本ルールのパートを前提としています。

アルゴリズム等のパートは、基本ルールのパートと量子プログラミングによるシミュレーション（第7章）を前提としています。このパートは各章がほぼ独立しているため、自由な順で読んで頂いて構いません。また、章末では本書の先の内容を学ぶ際の参考になるよう、コラムや発展的な話を記載しました。コラムや発展的な話は本書の範囲を越えるため、完全に理解できなくても問題ありません。

巻末には参考文献と学習案内を記載しました。本書の先を学びたい方はご参考ください。

本書で利用するソフトウェアのバージョン

本書で利用する IBM Quantum Lab で利用しているソフトウェアのバージョンは次の通りです。

- Python 3.10.8
- Qiskit 0.43.0

ギリシャ文字の読み方

大文字	小文字	読み方	大文字	小文字	読み方
A	α	アルファ	N	ν	ニュー
B	β	ベータ	Ξ	ξ	グザイ
Γ	γ	ガンマ	O	o	オミクロン
Δ	δ	デルタ	Π	π	パイ
E	ϵ, ε	イプシロン	P	ρ	ロー
Z	ζ	ゼータ	Σ	σ	シグマ
H	η	エータ	T	τ	タウ
Θ	θ	シータ	Υ	υ	ウプシロン
I	ι	イオタ	Φ	ϕ, φ	ファイ
K	κ	カッパ	X	χ	カイ
Λ	λ	ラムダ	Ψ	ψ	プサイ
M	μ	ミュー	Ω	ω	オメガ

目次

第2章

量子コンピュータ入門以前 39

第4章 行列で読み解く量子回路の基本

第5章 2 量子ビットに拡張する　119

第6章 2 量子ビットの量子回路　137

第11章 ドイッチュのアルゴリズム

第12章 グローバーのアルゴリズム 307

付録 量子プログラミング実機編 335

免責

- 本書に記載された内容は、情報の提供のみを目的としています。本書を用いた運用は、必ずお客様自身の判断・責任において行ってください。
- ソフトウェアに関する記述は、特に断りのない限り、6ページ記載のバージョンに基づいています。ソフトウェアのバージョンによっては、本書の説明とは機能・内容が異なる場合がございますので、ご注意ください。

以上の注意事項をご承諾していただいたうえで、本書をご利用ください。これらの注意事項に関わる理由に基づく返金・返本等のあらゆる対処を、技術評論社および著者は行いません。あらかじめご了承ください。

第1章

量子コンピュータへのいざない

$$|\varphi\rangle = \begin{pmatrix} a \\ b \end{pmatrix} \in \mathbb{C}^2$$

1.1 量子コンピュータへの期待

私たちが使っているコンピュータは20世紀に大きく発展し、普及しました。特に20世紀後半の発展は凄まじく、「集積回路あたりの部品数が毎年2倍になる」という**ムーアの法則**（Moore's law）が提唱されました[*1]。この法則は、その後「2年で2倍」に修正されたものの、この法則にしたがってコンピュータの計算能力は指数関数的に向上しました。

20世紀半ばには大きな部屋いっぱいのサイズだったコンピュータは、ムーアの法則にしたがって集積化が進み、21世紀の現在ではスマートフォンに搭載されて持ち運びができるまでになりました。しかし、集積回路の小型化が進んだ結果、物理的な限界に達しつつあります。

図1.1：ムーアの法則

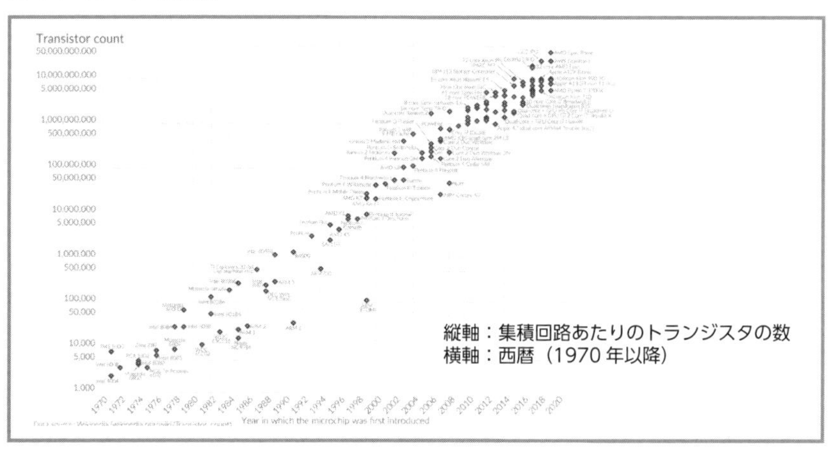

https://en.wikipedia.org/wiki/Moore%27s_law#/media/File:Moore's_Law_Transistor_Count_1970-2020.png より引用

＊1　G. E. Moore, "Cramming more components onto integrated circuits", *Electronics* 38.8 (1965).

一方で、コンピュータが発展するにつれ、人類が扱うデータ量は急激に増大しています。インターネットができた当初はテキストのように小さなデータを中心に扱っていましたが、画像や動画といった大きなサイズのデータも扱うようになりました。Web会議の普及などにより、今後もデータ量が増大していくと推測されます。増大するデータを扱うため、ムーアの法則が鈍化しても指数関数的な計算能力の成長を期待したくなります。

図1.2：世界のトラフィックの推移及び予測

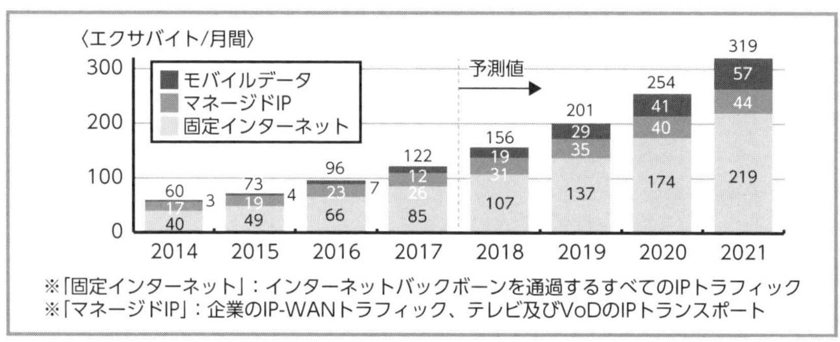

https://www.soumu.go.jp/johotsusintokei/whitepaper/ja/r01/html/nd112110.html より引用

こうした中、指数関数的な計算能力の成長の候補となるのが**量子コンピュータ**（quantum computer）です。量子コンピュータと区別するため、従来のコンピュータを**古典コンピュータ**（classical computer）といいます。物理学では「古典力学」「量子力学」という呼び方は一般的で、区別のために「古典」と名付けられていますが、ネガティブな意味はありません。古典芸能、クラシック音楽（classical music）、古典制御など、現在も活躍している「古典」たちと同様です。

量子コンピュータでどんな計算でも速くなるわけではありませんが、古典コンピュータと比べて指数関数的に高速に計算できるアルゴリズムが発見されています。このような流れから、量子コンピュータに期待がかかっています。

1.2 量子コンピュータの歴史

量子コンピュータは、1980年代に提唱されました。以下に、量子コンピュータの歴史を簡単にまとめました。

- 1980年代
  - ファインマンなどにより量子コンピュータの概念が提唱される
  - ドイッチュにより理論的に定式化される（量子チューリングマシン）
- 1990年代
  - ショアにより高速に素因数分解できる量子アルゴリズムが発見され、期待が高まる
  - ショアやスティーンにより量子誤り訂正が発見され、実現性への期待が高まる
  - イオントラップ量子ビット、超伝導量子ビットなどの量子ビットが実現される
- 2010年代
  - 計算精度の向上、2桁量子ビットが実現される
  - IBM社などにより量子コンピュータの実機が公開され、インターネット経由で実行できる環境が整備される
  - 各国が予算を割き、量子コンピュータの研究が急速に発展した

量子コンピュータの研究に力を入れる研究機関や企業が増え、ここ数年、日進月歩で進んでいます。しかし、2023年現在、実用的な計算では古典コンピュータの方が速いのが正直なところです。実用的な計算で古典コンピュータより速い量子コンピュータが完成するのはまだまだ先で、十年単位の時間がかかると思われます。

1.3 古典コンピュータと量子コンピュータの違い

1.3.1 なぜ量子コンピュータは速いのか

量子コンピュータについて学ぶにあたり、「なぜ量子コンピュータは速いのか」を知っておくと学びやすいと思います。

この問いには、さまざまな視点からの回答がありえます。「普通の人」が「使う立場」で見たときの回答としては、「指数関数的に巨大なユニタリ行列のかけ算を高速に実行できるから」と捉えるのが分かりやすいと考えています。これは標語的な説明なので、正確には注釈が必要ですが、概ねこのように捉えて構いません[*2]。また、この説明には量子力学固有の専門用語は登場しません。「ユニタリ行列」は馴染みがないかもしれませんが、特定の種類の行列のことで、第2章で説明します。

量子コンピュータの計算では行列が重要になるため、本書では行列のかけ算をしながら量子コンピュータの計算ルールを理解します。また、理解を定着させるために、実際に手を動かして計算することを重視しています。ルールに沿って実際に手を動かして慣れましょう。

1.3.2 古典ビットと量子ビット

コンピュータが情報を扱う単位である、古典ビットと量子ビットの違いについて、概念的に説明します。科学として扱うために必要な定式化は第3章以降で行います。

私たちが普段使っている古典コンピュータの情報の単位は**ビット**(bit)です。量子コンピュータのビットと区別するため、本書では**古典**

＊2 「GPUは行列計算が高速だから、画像処理が速い」くらいのイメージです。

ビット（classical bit）といいます。1古典ビットは0または1で、2種類の情報を表せます。2古典ビットであれば00、01、10、11の4通りの情報を表せます（**表 1.1**）。このように、n 古典ビットでは 2^n 通りの情報を表せます。ただし、古典ビットがいくつあっても、同時に持てる値は1通りです。また、古典ビットは、同じ演算を行って結果を読み取ると、毎回同じ結果を得ます。

演算した結果を読み取ることを、**測定**（measurement）と呼びます。

表 1.1：古典ビット

ビット数	古典ビット
1 古典ビット	0、1
2 古典ビット	00、01、10、11

図 1.3 のように、古典コンピュータの並列計算では同時に複数の計算を行い、複数の結果を測定できます。

図 1.3：古典コンピュータの並列計算のイメージ

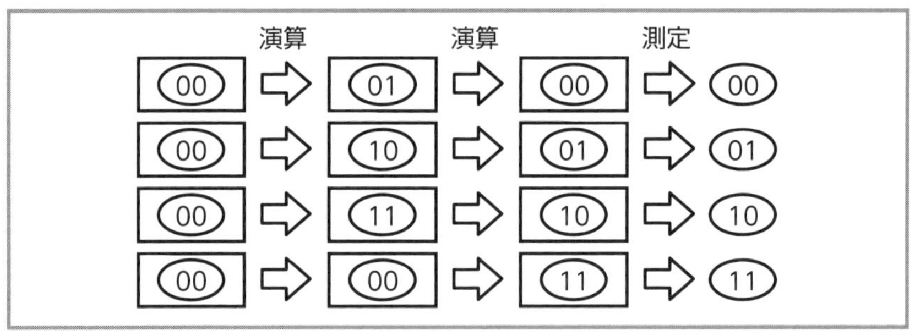

一方、量子コンピュータの情報の単位を**量子ビット**（quantum bit、qubit）といいます。英語では「qubit」と書かれ、「キュービット」と読みます。1量子ビットは $|0\rangle$ または $|1\rangle$ という記号を使い、2種類の情報を表せます。2量子ビットであれば $|00\rangle$、$|01\rangle$、$|10\rangle$、$|11\rangle$ の4通り

の情報を表せます（**表 1.2**）。n 量子ビットの情報は 2^n 通りの情報を表せます。ここまでは、古典ビットも量子ビットも同じです。

表 1.2：量子ビット

ビット数	量子ビット
1 量子ビット	$\|0\rangle$、$\|1\rangle$
2 量子ビット	$\|00\rangle$、$\|01\rangle$、$\|10\rangle$、$\|11\rangle$

しかし、量子ビットは古典ビットとは違った性質があります。実は、n 量子ビットは 2^n 通りの情報を同時に持てます。そして、量子コンピュータの演算は、この 2^n 通りの情報を 1 度に操作できる利点があります。

ただし、扱いづらい点もあります。2^n 通りの情報を同時に持てますし、同時に演算できますが、測定で得られる情報はそのうちの 1 個だけです。また、量子ビットを測定した結果は確率的に決まり、同じ操作をしても $|0\rangle$ が返ってきたり、$|1\rangle$ が返ってきます。そのうえ、測定すると量子ビットの状態も変わってしまいます。

そのため、量子コンピュータでは**図 1.4** のように、測定したときに目的の計算結果を得る確率が高くなるように演算を行います。**図 1.4** では、大きな楕円ほど測定で得られる確率が高いことをイメージしています。

図 1.4：量子コンピュータの計算イメージ

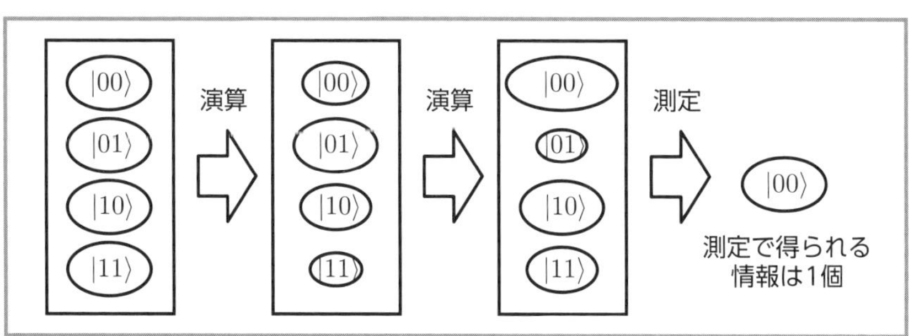

古典コンピュータの並列計算では同時に複数の計算を行って複数の結果を測定できるため、1個しか測定できない量子コンピュータとは計算のイメージが異なります。したがって、量子コンピュータで普通に計算しても高速にはならず、効果的に使うにはアルゴリズムに工夫が必要です。量子コンピュータ用のアルゴリズムを**量子アルゴリズム**（quantum algorithm）といいます。

古典ビットと量子ビットの特徴をまとめると、**表 1.3** のようになります。

表 1.3：古典ビットと量子ビットの特徴

比較対象	古典ビット	量子ビット
n ビットで表せる情報の種類	2^n 通り	2^n 通り
n ビットが同時に持てる値	1 通り	2^n 通り
測定で得られる情報の種類	1 通り	1 通り
測定で得られる値	同じ操作なら一定	同じ操作でも確率的
測定時の状態の変化	なし	あり

図 1.5：古典ビット、量子ビットが同時に持てる値

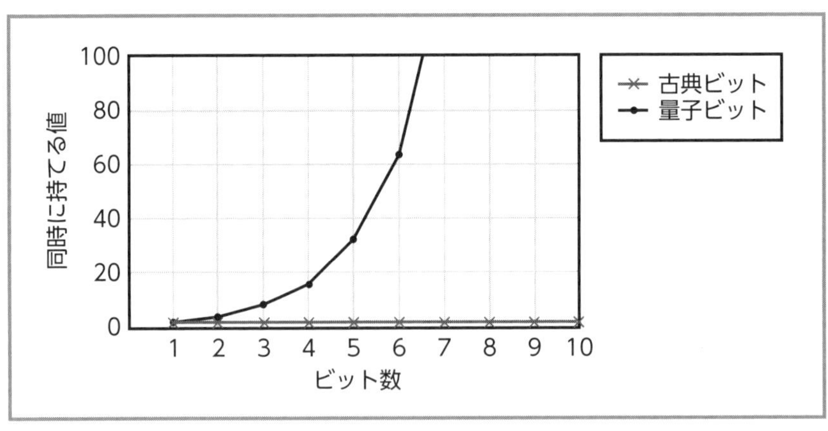

1.3.3 量子コンピュータの速さとユニタリ行列

ここでは、「指数関数的に巨大なユニタリ行列のかけ算を高速に実行できる」という量子コンピュータの特徴をもう少し掘り下げて、量子コンピュータが速い理由を説明します。

n 量子ビットで表せる情報の種類が 2^n 通りのため、数式としては 2^n 次元**ベクトル**（vector）[*3] で表せます。先ほど、量子コンピュータでは計算結果を1個しか測定できないと説明しましたが、ベクトルで表したときの絶対値が大きい成分ほど、その成分に対応する量子ビットを測定で得る確率が高くなります[*4]（**図 1.4**）。

量子コンピュータによる計算は、n 量子ビットの情報（2^n 次元ベクトル）を別の n 量子ビットの情報（2^n 次元ベクトル）に変換する処理であるため、$2^n \times 2^n$ 次行列で表せます。もう少し正確にいうと、量子コンピュータで計算できる形には制約があるため、**ユニタリ行列**（unitary matrix）という種類の行列になります。ユニタリ行列は、ベクトルにかけても長さを変えない行列です[*5]。このユニタリ行列を計算すれば、古典コンピュータで量子コンピュータをシミュレーションできます。

＊3　プログラミングとしては 2^n 次元配列のイメージです。

＊4　正確には、各成分（複素数）の絶対値の2乗が、その成分に対応する量子ビットを測定で得る確率と一致します。詳しくは、第3章で説明します。

＊5　ユニタリ行列については、第2章や第3章で詳しく説明します。

図 1.6：ベクトル x にユニタリ行列 U をかけても、ベクトルの長さは変わらない。「x の長さ = Ux の長さ」であり、この図では長さが 1 のまま変わらない。

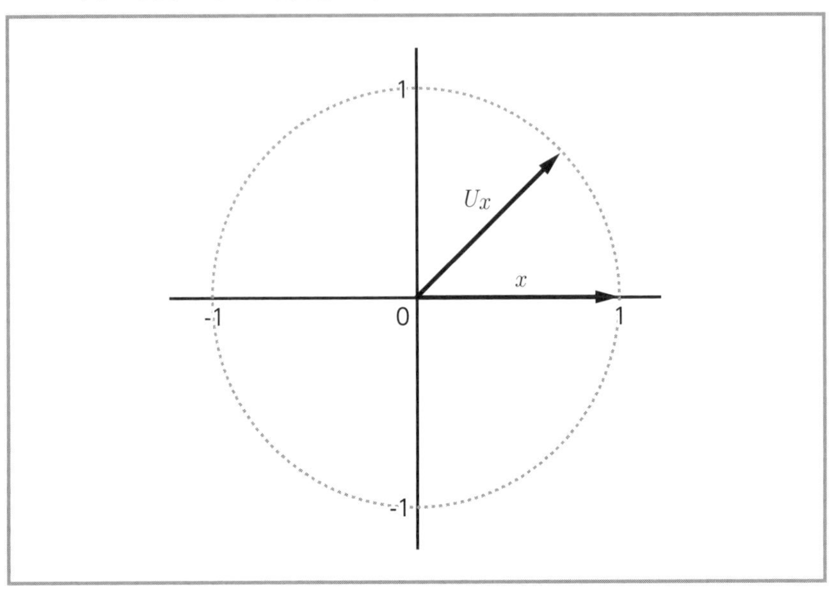

ただし、行列のサイズが量子ビット数に対して指数関数（$= 2^n$）になるため、量子ビット数が増えると行列の計算時間やメモリ量も指数関数で増加します。情報を表すベクトルは 2^n 次元ベクトルなので、1 量子ビット増えるたびにサイズ（= 必要なメモリ量）が 2 倍になります。工夫してある程度メモリ量を圧縮できますが、それにも限界はあります。そのため、古典コンピュータによるシミュレーションは、量子ビット数が増えてくると困難になります。

一方、量子コンピュータは量子ビット数が増えても、計算時間への影響は少ないです。そのため、古典コンピュータと比べて、量子コンピュータは指数関数的に巨大なユニタリ行列を高速に計算できます。

したがって、巨大なユニタリ行列を使って効率よく計算できるアルゴリズムは、量子コンピュータで高速化できます。ここでは、概念的な説明をしましたが、第 3 章以降で数式を使って具体的に説明します。

1.4 量子コンピュータによくある誤解

量子コンピュータの研究は急速に発展しており、興味を持つ方も増え、期待が高まっているのを感じます。一方で、誤解されていると思われる話題も増えています。ここでは、量子コンピュータによくある誤解と実際の性能について説明します。

誤解 1. 量子コンピュータは、あらゆる計算が速くなる

先述のように、量子コンピュータはユニタリ行列のかけ算を高速に行えます。しかし、あらゆる計算が速くなる訳ではありません。同時に持てる値は複数ですが得られる結果は 1 通りだけですので、前節で説明したように、並列計算で複数の計算結果を得るイメージとは異なります(**図 1.3、図 1.4**)。そのため、量子コンピュータ用に工夫したアルゴリズムが発見された計算だけ高速化できます。

また、量子コンピュータで実行できる計算はユニタリ行列で表せるため、もし莫大な計算時間やメモリを利用できれば古典コンピュータでシミュレーションできます。そのため、(計算時間やメモリ量を無視した)原理的に計算可能な問題は、量子コンピュータも古典コンピュータも同じです。

誤解 2. 量子コンピュータが実現すれば、スーパーコンピュータは不要

2019 年に「スーパーコンピュータで 1 万年かかる見込みの計算を、量子コンピュータで 200 秒で計算した」という論文を Google が発表しました[*6]。このニュースが広まると共に、「量子コンピュータはスーパー

＊6　F. Arute et al., "Quantum supremacy using a programmable superconducting processor", *Nature* 574.7779 (2019): 505-510.

コンピュータより圧倒的に速い」という誤解も広まったように思います。

この論文で計算したのは「量子コンピュータが得意な問題」です。量子コンピュータの実機で高速に計算できる問題が存在することを示すために、あえてこのような問題設定にしたため、実用的な問題ではありません。そのため、実用的な問題は、現状ではスーパーコンピュータの方が速く解けます。それどころか、スーパーコンピュータで解くような大きな問題を現在の量子コンピュータで実行しても、正しい答えに辿り着けないでしょう。

図 1.7：スーパーコンピュータと量子コンピュータが得意な問題の関係

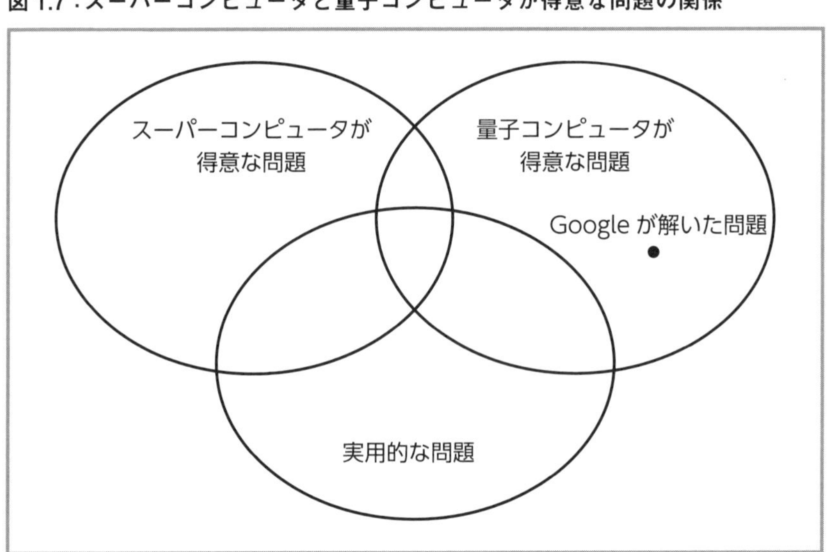

量子コンピュータで高速化できるのは、量子アルゴリズムが発見されている問題だけです。したがって、量子コンピュータが実用化しても、得意な問題を高速に計算するアクセラレータとして利用されるでしょう。スーパーコンピュータが得意な計算はもちろんスーパーコンピュータを利用すべきです。

そのため、量子コンピュータの実用化後も、スーパーコンピュータと量子コンピュータは共存することになるはずです。

また、進歩しているのは量子コンピュータだけではありません。古典コンピュータも進歩していますし、これからも進歩します。たとえば、Googleが2019年に発表した「スーパーコンピュータで1万年かかる見込みの計算」は、2021年にはスーパーコンピュータで300秒程度で計算できるまで進歩しました[*7]。また、双方の計算能力はその後も向上しています。

「量子コンピュータが得意な問題」については、量子ビット数が多くなれば量子コンピュータの方が速くなりますが、古典コンピュータも進歩していることは忘れてはいけません。

誤解3. 量子コンピュータは既に実用化している

「実用化」を「生活などに役立つ計算に使われ、古典コンピュータより高速に計算できる」と捉えた場合、量子コンピュータはまだ実用化していません。一方、量子コンピュータの実機はクラウドで公開されており、本書でも利用します。また、利用料が必要となる量子コンピュータもあるため、商用化しているといえるかもしれません。この状況が誤解を招きやすくなっています。

現在の量子コンピュータの性能を航空機でたとえると、ライト兄弟の初飛行の段階です。確かに実機は存在して動いていますが、大勢乗せる（大量の量子ビットを扱う）ことはできませんし、安全に長時間飛ぶ（正確に長時間計算する）こともできません。実用化にはまだ時間がかかる状態です。

では、実用的な計算に必要な量子ビット数の量子コンピュータはいつ

＊7　Y. Liu et al., "Closing the "quantum supremacy" gap: achieving real-time simulation of a random quantum circuit using a new Sunway supercomputer", *Proceedings of the International Conference for High Performance Computing, Networking, Storage and Analysis* (2021).

頃できるでしょうか。正確な予測は難しいですが、量子コンピュータで高速化できる暗号解読を例に「少なくとも、このくらいの年月がかかるのでは」という試算をしてみましょう。

量子コンピュータで実用的な暗号を解読するには、1000万量子ビット程度必要といわれています。2023年時点で実現している量子コンピュータは433量子ビットですから、実用的な量子ビット数には10万倍近く足りない状況です。もし、量子コンピュータ研究がとてもうまく進展して、ムーアの法則のように1年に2倍ずつ量子ビット数を増やせたとしても、1000万量子ビットになるまでは約15年かかります。

時間と実機の量子ビット数の試算の関係をグラフにしたものが**図1.8**です。縦軸は対数になっていて、10^7が1000万量子ビットにあたります。

とてもうまく進展しても約15年なので、5年くらいで量子コンピュータが実用化する可能性は非常に低いですし、10年でも厳しいのではないでしょうか。「1万量子ビットで実用的な量子アルゴリズムが発見される」（実用化の目安となる量子ビット数が下がる）など、大きなブレイクスルーが起きて早期に実現する可能性もゼロではありませんが、試算に取り込めるような確度はありません。

図1.8：試算：実用化はいつ頃？

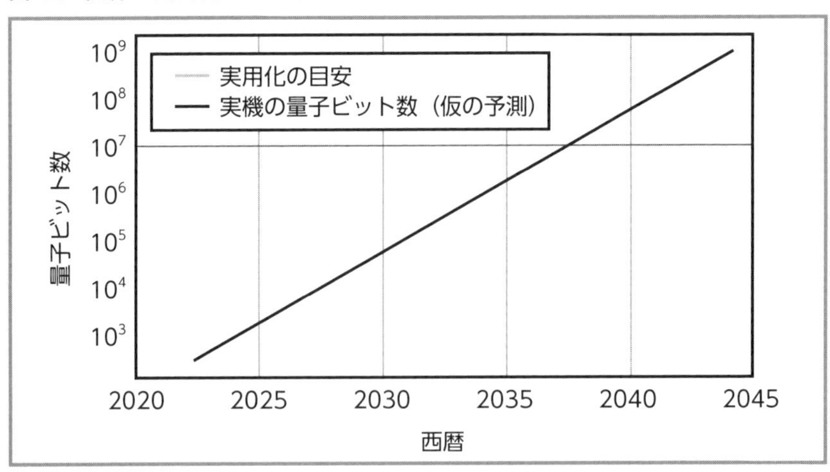

あるいは、計算能力以外の部分を活用して普及を目指せば、1000万量子ビットも必要ないかもしれません。たとえば、古典コンピュータは計算能力を追求する以外の目的にも使われています。エンターテインメント向けに使われたり、大きな計算はできなくても小型のコンピュータが様々な機器に組み込まれています。一般的にイメージされている使い方ではありませんが、そういった用途であれば、もっと早く量子コンピュータが普及する可能性はあるかもしれません。

量子コンピュータの研究は日進月歩で進んでいるものの、実用化はまだ先の話です。量子コンピュータの実際の状況とは異なる話もインターネットには溢れていますが、そのような情報に振り回されずに学びたいですね。

コラム：量子力学が分からなくても量子コンピュータを理解するには

本書を手に取られた方は、量子コンピュータに期待を持ち、学びたいと考えている方でしょう。なかには、既に量子コンピュータの勉強をはじめており、「量子コンピュータの本を読んだけれど理解できなかった」という方もいらっしゃると思います。ただ、量子コンピュータそのものではなく、量子力学の理解でつまずく方も多いように思います。

本書は量子コンピュータについて説明していますが、量子力学の知識は前提にせず、量子力学の詳しい説明も行いません。実証されている科学（量子力学）の結果を信じ、そういう計算ルールだと割り切る前提で進めます。

たとえば、半導体が物理学レベルでどう動作しているのか理解していなくても、「普通の人」が「使う立場」でパソコンやスマートフォンなどの古典コンピュータを使いこなしています。そのため、量子力学の詳細を理解していなくても、計算ルールが分かれば量子コンピュータを使いこなせると考えています[*8]。「普通の人」が「使う立場」で学ぶのであれば、難しく考えずにそういう計算ルールだと受け入れ、どんどん使って慣れるのが早いでしょう。

このような理由により、本書では量子力学の専門的な解説は行わず、行列と確率を使って量子コンピュータを解説します。また、理解を定着させるために、実際に手を動かして計算することを重視しています。計算ルールに沿って実際に手を動かして慣れましょう。

＊8　もちろん、量子力学を学べばより深く知ることができますし、学ぶ価値は大きいです。

第2章

量子コンピュータ入門以前

$$|\varphi\rangle = \begin{pmatrix} a \\ b \end{pmatrix} \in \mathbb{C}^2$$

この章では量子コンピュータの計算ルールを理解するために必要な数学の記法と性質について説明します。量子コンピュータの計算で必要となる数学は、主に行列やベクトル、確率、複素数です。特に、次の3つは頻繁に使います。

- ブラケット記法
- ユニタリ行列
- テンソル積

第3章以降で、数学的に分からないことがあれば、この章に戻って確認してください。また、本書ではコンピュータの動作を回路の形式で説明します。そのため、古典コンピュータの回路（古典回路）についても説明します。本書を読み終えた後により本格的に量子コンピュータを学ばれることを想定し、本書には登場しない概念も説明しています[*1]。

はじめての概念を理解するには時間がかかる場合があります。理解できなくても、まずは飛ばして読んで構いません。必要になったときに戻ってくれば大丈夫です。

2.1 量子コンピュータは「行列」の世界

本節では、量子コンピュータの計算のイメージを説明します。用語や記法の正確な説明は次節以降で行いますので、ここではイメージができれば大丈夫です。

量子コンピュータの説明の前に、古典コンピュータの関数についてイ

＊1　たとえば、複素数について説明しますが、本書の後半で紹介する量子アルゴリズムでは複素数を利用しません。

メージしてみましょう。ここで、2つの変数を入力とし、2つの変数を出力する関数をイメージしてみます。すると、**図 2.1** のように表せます。

図 2.1：古典コンピュータの関数

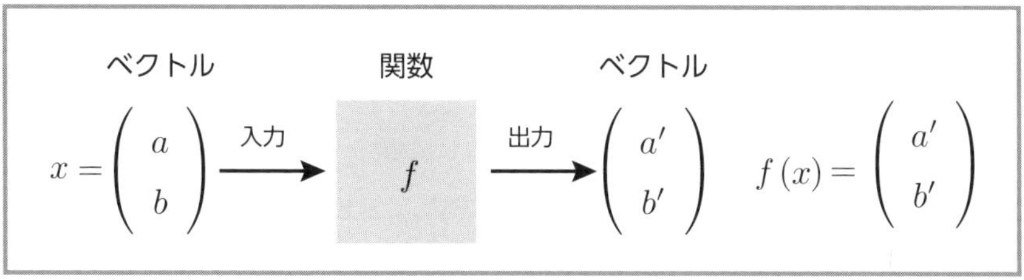

入力の変数は2個なので2次元の**ベクトル**（vector）[*2]で表せます。また、出力の変数も2個なので2次元のベクトルで表せます。そのため、ベクトル $\begin{pmatrix} a \\ b \end{pmatrix}$ が関数 f によって、ベクトル $\begin{pmatrix} a' \\ b' \end{pmatrix}$ になるイメージです。量子コンピュータで入力と出力の変数が2個ずつの場合は、**図 2.2** のようなイメージになります。

図 2.2：量子コンピュータの関数

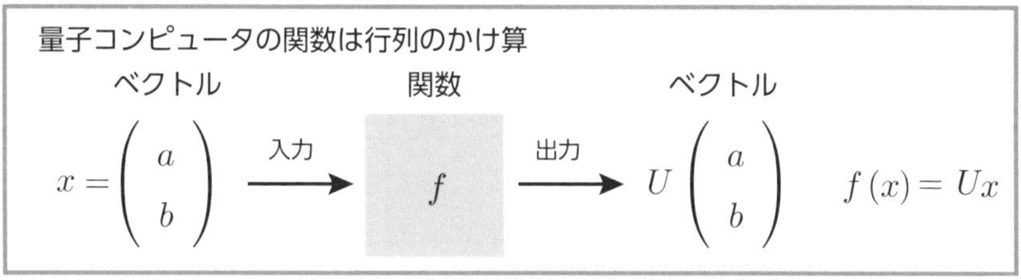

量子コンピュータの関数は、ベクトルに行列をかける形で表せます。入力の変数と出力の変数が2個なので2次元のベクトルで表せます。また、サイズが 2×2 の行列 U を入力のベクトルにかけたものが、出力になります[*3]。

＊2　ベクトルについては「2.2 行列の基本をおさらい」で説明します。

＊3　2次元のベクトルに左から 2×2 の行列をかけると、2次元のベクトルになります。そのため、出力も2次元になります。

そのため、ベクトル$\begin{pmatrix} a \\ b \end{pmatrix}$が関数$f$によって、ベクトル$U\begin{pmatrix} a \\ b \end{pmatrix}$になるイメージです。

図 2.3：量子コンピュータの関数の組み合わせ

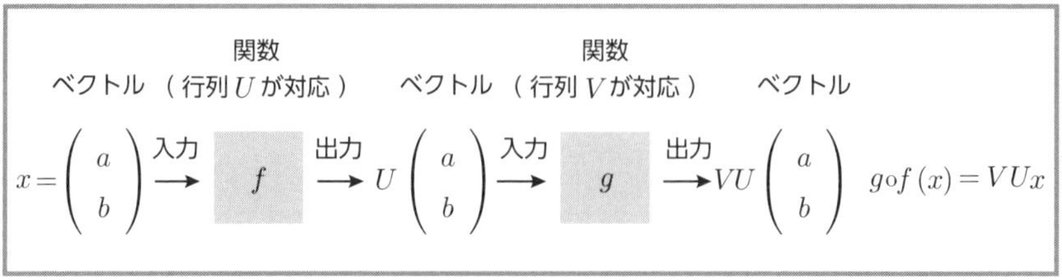

量子コンピュータは、ベクトルに行列を左から次々とかけることにより、計算を行います（**図 2.3**）。ベクトル$\begin{pmatrix} a \\ b \end{pmatrix}$を関数$f$に入力し、その出力をさらに関数$g$に入力する場合、$2 \times 2$行列$V$をかけて、最終的な計算結果はベクトル$VU\begin{pmatrix} a \\ b \end{pmatrix}$になります。

古典コンピュータには、様々な種類の関数があります。一方、量子コンピュータは、どんなに複雑なアルゴリズムでも、行列のかけ算を繰り返しているだけです。行列の計算方法に慣れれば、怖がる必要はありません。

このイメージを持ちつつ、量子コンピュータに必要な数学を見ていきましょう。

2.2 行列の基本をおさらい

2.2.1 行列とベクトルの定義

縦と横に数を並べたものを**行列**（matrix）といいます。たとえば、次のようなものは行列です。

$$\begin{pmatrix} 1 & 2 \\ 3 & 4 \end{pmatrix}, \quad \begin{pmatrix} 1 \\ 0 \end{pmatrix}, \quad \begin{pmatrix} 1 & 2 \end{pmatrix}, \quad \begin{pmatrix} 4 & 3 & 8 \\ 9 & 5 & 1 \\ 2 & 7 & 6 \end{pmatrix}$$

ここでは、

$$\begin{pmatrix} 1 & 2 \\ 3 & 4 \end{pmatrix}$$

を例に、行列の用語について説明します。

まず、行列の横方向のかたまりを**行**（row）といい、上から下に向かって順に第1行、第2行…と数えます。また、行列の縦方向のかたまりを**列**（column）といい、左から右に向かって順に第1列、第2列…と数えます。さきほどの行列の場合、行と列は**図 2.4** のようになります。

図 2.4：行列の「行」と「列」

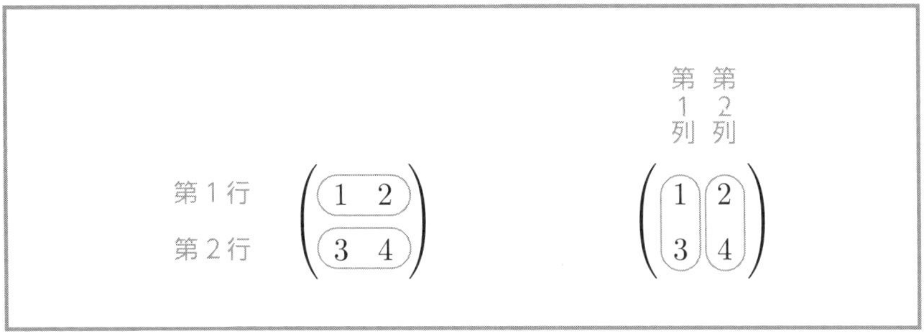

$$\begin{pmatrix} 1 & 2 \\ 3 & 4 \end{pmatrix} \qquad \begin{pmatrix} 1 & 2 \\ 3 & 4 \end{pmatrix}$$

行列に並べられた数字を**成分**（entry）といい、「第○行第×列」や「(○, ×) 成分」といいます。この例では、

$$\begin{pmatrix} \text{第1行第1列} & \text{第1行第2列} \\ \text{第2行第1列} & \text{第2行第2列} \end{pmatrix}, \quad \begin{pmatrix} (1,1)\,\text{成分} & (1,2)\,\text{成分} \\ (2,1)\,\text{成分} & (2,2)\,\text{成分} \end{pmatrix}$$

となります。行列の**サイズ**（size）を表すとき、行数と列数を明示して「2×2 行列」のようにいいます。たとえば、

$$\begin{pmatrix} 1 \\ 0 \end{pmatrix}$$

は 2×1 行列です。

行と列の大きさが同じものを**正方行列**（square matrix）といいます。サイズが $n \times n$ の場合、n 次正方行列といいます。

行が 1 つの行列を**行ベクトル**（row vector）、列が 1 つの行列を**列ベクトル**（column vector）といいます。列ベクトルは単に**ベクトル**（vector）と呼ぶことが多いです。たとえば、

$$\begin{pmatrix} 1 & 2 \end{pmatrix} \text{は行ベクトル}$$

$$\begin{pmatrix} 1 \\ 3 \end{pmatrix} \text{は列ベクトル}$$

です。ベクトルの成分の数が n 個のとき、n 次ベクトルといいます。

行列の各成分を添え字を使った変数で表すとき、添え字の 1 つ目の変数は行を表し、2 つ目の変数は列を表すのが一般的です。

$$\begin{pmatrix} a_{11} & a_{12} \\ a_{21} & a_{22} \end{pmatrix}$$

ベクトルの各成分を 2 乗したものの和に対して平方根を取った値を、**ベクトルの長さ**（length of vector）といいます。たとえば、ベクトル

$\begin{pmatrix} 3 \\ 4 \end{pmatrix}$ の長さは次のように計算できます。

$$\sqrt{3^2+4^2}=\sqrt{9+16}=\sqrt{25}=5$$

ベクトルの次元が大きくなっても同様で、$\begin{pmatrix} 1 \\ 2 \\ 3 \\ 4 \end{pmatrix}$ の長さは次のように計算できます。

$$\sqrt{1^2+2^2+3^2+4^2}=\sqrt{1+4+9+16}=\sqrt{30}$$

ベクトルのサイズ（n 次ベクトル）と長さは異なる概念ですので、混同しないように注意してください。

2.2.2　行列の和・差・積

行列の和・差

サイズが同じ行列の和（足し算）や差（引き算）を、同じ成分同士の計算として定義します。

定義

$A=\begin{pmatrix} a_{11} & a_{12} \\ a_{21} & a_{22} \end{pmatrix}, B=\begin{pmatrix} b_{11} & b_{12} \\ b_{21} & b_{22} \end{pmatrix}$ のとき、A と B の和と差を次のように定義する。

(1)（和）　$A+B:=\begin{pmatrix} a_{11}+b_{11} & a_{12}+b_{12} \\ a_{21}+b_{21} & a_{22}+b_{22} \end{pmatrix}$

(2)（差）　$A-B:=\begin{pmatrix} a_{11}-b_{11} & a_{12}-b_{12} \\ a_{21}-b_{21} & a_{22}-b_{22} \end{pmatrix}$

「:=」という記号が出てきました。これは数学でよく使われる記号で、「左辺 := 右辺」と書いた場合、「左辺（新しい概念の数式）を、右辺（既知の数式）で定義する」ことを意味します。上記の場合、「行列の和・差」という新しい概念（左辺）を、既に説明している 2×2 行列という既知の概念（右辺）を使って定義しています。

この定義は、2×2 行列の場合ですが、他のサイズの行列でも同じ成分同士の計算として和や差を定義します。

行列の和と積を具体的に計算してみましょう。たとえば、$A = \begin{pmatrix} 1 & 2 \\ 3 & 4 \end{pmatrix}$、$B = \begin{pmatrix} 5 & 6 \\ 7 & 8 \end{pmatrix}$ の場合、和と差は次のようなります。

$$A + B = \begin{pmatrix} 1 & 2 \\ 3 & 4 \end{pmatrix} + \begin{pmatrix} 5 & 6 \\ 7 & 8 \end{pmatrix} = \begin{pmatrix} 1+5 & 2+6 \\ 3+7 & 4+8 \end{pmatrix} = \begin{pmatrix} 6 & 8 \\ 10 & 12 \end{pmatrix}$$

$$A - B = \begin{pmatrix} 1 & 2 \\ 3 & 4 \end{pmatrix} - \begin{pmatrix} 5 & 6 \\ 7 & 8 \end{pmatrix} = \begin{pmatrix} 1-5 & 2-6 \\ 3-7 & 4-8 \end{pmatrix} = \begin{pmatrix} -4 & -4 \\ -4 & -4 \end{pmatrix}$$

サイズが合わない場合は同じ成分が存在しないため、和や差を定義できません。次の例では A に $(3,1)$ 成分や $(3,2)$ 成分がないため、和や差を定義できません。

$$A = \begin{pmatrix} 1 & 2 \\ 3 & 4 \end{pmatrix}, B = \begin{pmatrix} 5 & 6 \\ 7 & 8 \\ 9 & 10 \end{pmatrix} \text{ のとき、} A + B \stackrel{?}{=} \begin{pmatrix} 1+5 & 2+6 \\ 3+7 & 4+8 \\ ?+9 & ?+10 \end{pmatrix}$$

行列の和については、実数の和と同様に、結合法則（どの和から計算しても、結果は同じ）や交換法則（式の順序を変えても、結果は同じ）が成り立ちます。

定理 2.1

A, B, C をサイズが同じ行列とする。
このとき、次の式が成り立つ。

(1) (和の結合法則) $(A+B)+C = A+(B+C)$
(2) (和の交換法則) $A+B = B+A$

当たり前のことを言っているように見えるかもしれませんが、あとで説明する行列の積では交換法則が成り立ちません。交換法則は当たり前のことではなく、行列の和に関する特別な性質です。

計算しやすい例で、結合法則を確認してみましょう。

$A = \begin{pmatrix} 1 & 2 \\ 3 & 4 \end{pmatrix}$、$B = \begin{pmatrix} 5 & 6 \\ 7 & 8 \end{pmatrix}$、$C = \begin{pmatrix} 9 & 10 \\ 11 & 12 \end{pmatrix}$ とします。まず、$(A+B)+C$ を計算します。

$$
\begin{aligned}
(A+B)+C &= \left\{ \begin{pmatrix} 1 & 2 \\ 3 & 4 \end{pmatrix} + \begin{pmatrix} 5 & 6 \\ 7 & 8 \end{pmatrix} \right\} + \begin{pmatrix} 9 & 10 \\ 11 & 12 \end{pmatrix} \\
&= \begin{pmatrix} 6 & 8 \\ 10 & 12 \end{pmatrix} + \begin{pmatrix} 9 & 10 \\ 11 & 12 \end{pmatrix} \\
&= \begin{pmatrix} 15 & 18 \\ 21 & 24 \end{pmatrix}
\end{aligned}
$$

次に、$A+(B+C)$ を計算します。

$$
\begin{aligned}
A+(B+C) &= \begin{pmatrix} 1 & 2 \\ 3 & 4 \end{pmatrix} + \left\{ \begin{pmatrix} 5 & 6 \\ 7 & 8 \end{pmatrix} + \begin{pmatrix} 9 & 10 \\ 11 & 12 \end{pmatrix} \right\} \\
&= \begin{pmatrix} 1 & 2 \\ 3 & 4 \end{pmatrix} + \begin{pmatrix} 5+9 & 6+10 \\ 7+11 & 8+12 \end{pmatrix} \\
&= \begin{pmatrix} 15 & 18 \\ 21 & 24 \end{pmatrix}
\end{aligned}
$$

それぞれの計算結果を比べると、$(A+B)+C=A+(B+C)$であることが分かります。交換法則は省略しますが、$A+B$と$B+A$を計算した結果を比べてみてください。

実数0の性質として、任意の実数aに対して$a+0=0+a=a$を満たすことが挙げられます。この性質を満たすものが、行列にも存在します。

すべての成分が0の行列を**零行列**（ゼロ行列、zero matrix）といい、O（大文字のオー）と書きます。具体的な成分を書くと、2×1行列（ベクトル）の零行列は$\begin{pmatrix} 0 \\ 0 \end{pmatrix}$、$2\times 2$行列の零行列は$\begin{pmatrix} 0 & 0 \\ 0 & 0 \end{pmatrix}$です。行列のサイズが異なると、零行列が異なる点に注意してください。

定理 2.2

Aを行列とし、OをAと同じサイズの零行列とする。
このとき、次の式が成り立つ。

$$A+O=O+A=A$$

計算しやすい例で確認してみましょう。$A=\begin{pmatrix}1 & 2\\3 & 4\end{pmatrix}$とし、$A+O$を計算すると、

$$\begin{aligned}A+O &= \begin{pmatrix}1 & 2\\3 & 4\end{pmatrix}+\begin{pmatrix}0 & 0\\0 & 0\end{pmatrix}\\&= \begin{pmatrix}1+0 & 2+0\\3+0 & 4+0\end{pmatrix}\\&= \begin{pmatrix}1 & 2\\3 & 4\end{pmatrix}\\&= A\end{aligned}$$

となります。これで、$A+O=A$を示せました。また、和の交換法則より$A+O=O+A$です。したがって、$A+O=O+A=A$となります。

行列とベクトルの積

次に、行列とベクトルの積について説明します。「行列の列数」と「ベクトルのサイズ」が同じ場合に、行列とベクトルの積を定義できます。たとえば、$A=\begin{pmatrix}1 & 2\\3 & 4\\5 & 6\end{pmatrix}$、$v=\begin{pmatrix}7\\9\end{pmatrix}$の場合、積$Av$は**図 2.5**のようになります。行列の第$k$行とベクトルについて、成分毎にかけ算を行って足し合わせたものが、計算後のベクトルのk番目の成分になります。

図 2.5：行列とベクトルの積

第1行 → 1番目の成分

$$\begin{pmatrix} 1 & 2 \\ 3 & 4 \\ 5 & 6 \end{pmatrix} \begin{pmatrix} 7 \\ 9 \end{pmatrix} = \begin{pmatrix} 25 \\ 57 \\ 89 \end{pmatrix}, \quad 1 \cdot 7 + 2 \cdot 9 = 25$$

第2行 → 2番目の成分

$$\begin{pmatrix} 1 & 2 \\ 3 & 4 \\ 5 & 6 \end{pmatrix} \begin{pmatrix} 7 \\ 9 \end{pmatrix} = \begin{pmatrix} 25 \\ 57 \\ 89 \end{pmatrix}, \quad 3 \cdot 7 + 4 \cdot 9 = 57$$

第3行 → 3番目の成分

$$\begin{pmatrix} 1 & 2 \\ 3 & 4 \\ 5 & 6 \end{pmatrix} \begin{pmatrix} 7 \\ 9 \end{pmatrix} = \begin{pmatrix} 25 \\ 57 \\ 89 \end{pmatrix}, \quad 5 \cdot 7 + 6 \cdot 9 = 89$$

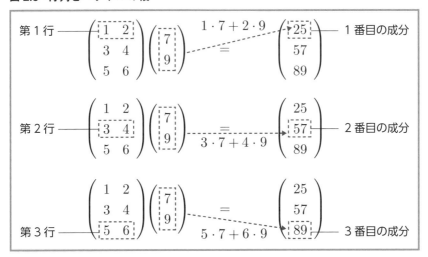

ここで、「行列の列数」と「ベクトルのサイズ」が同じなのがポイントです。これらが異なる場合、積を定義できません。次の例では、ベクトルに3番目の成分がないため、行列とベクトルの積を計算できません。

$$\begin{pmatrix} 1 & 2 & 3 \\ 4 & 5 & 6 \end{pmatrix} \begin{pmatrix} 7 \\ 9 \end{pmatrix} \overset{?}{=} \begin{pmatrix} 1 \cdot 7 + 2 \cdot 9 + 3 \cdot ? \\ 4 \cdot 7 + 5 \cdot 9 + 6 \cdot ? \end{pmatrix}$$

積を定義するためのサイズの条件を言い換えると、$m \times n$ 行列と n 次ベクトルに積を定義できて、計算結果は m 次ベクトルになります（**図 2.6**）。

図 2.6：行列とベクトルの積のサイズ

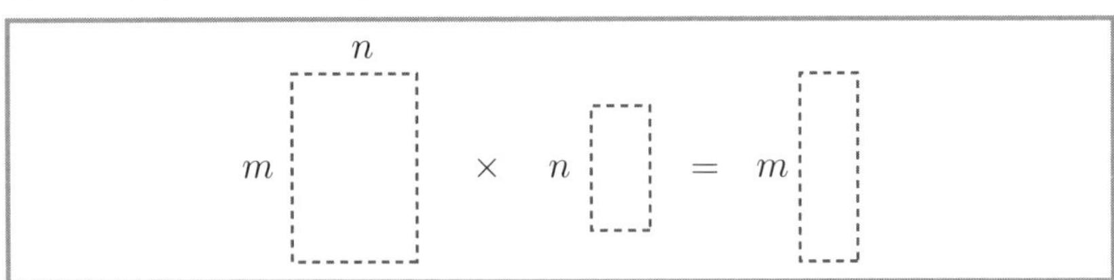

行列と行列の積

次に、行列と行列の積について説明します。「行列とベクトルの積」でベクトルを行列に拡張すると、行列と行列の積になります。たとえば、$A = \begin{pmatrix} 1 & 2 \\ 3 & 4 \\ 5 & 6 \end{pmatrix}$、$v = \begin{pmatrix} 7 \\ 9 \end{pmatrix}$、$w = \begin{pmatrix} 8 \\ 10 \end{pmatrix}$ として行列とベクトルの積を計算すると、

$$Av = \begin{pmatrix} 25 \\ 57 \\ 89 \end{pmatrix}, \quad Aw = \begin{pmatrix} 28 \\ 64 \\ 100 \end{pmatrix}$$

となります。ここで、v と w を列とする行列を $B = \begin{pmatrix} v & w \end{pmatrix} = \begin{pmatrix} 7 & 8 \\ 9 & 10 \end{pmatrix}$ とおきます。このとき、行列 A と行列 B の積は**図 2.7** のようになります。左側の行列の第 k 行と右側の行列の第 j 列について、成分毎にかけ算を行って足し合わせたものが、計算後の行列の (k, j) 番目の成分になります。

図 2.7：行列と行列の積

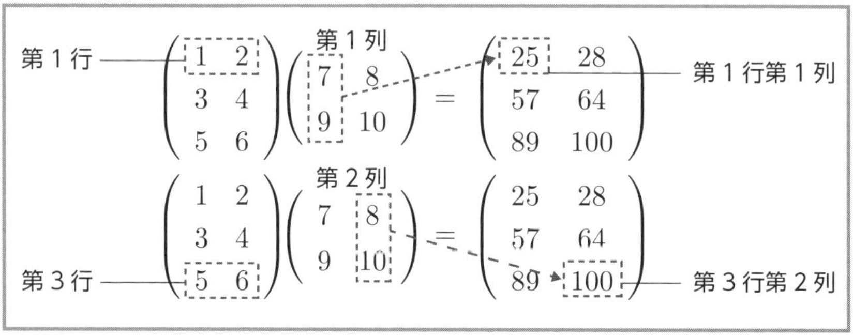

$$\begin{pmatrix} 1 & 2 \\ 3 & 4 \\ 5 & 6 \end{pmatrix}\begin{pmatrix} 7 & 8 \\ 9 & 10 \end{pmatrix} = \begin{pmatrix} 25 & 28 \\ 57 & 64 \\ 89 & 100 \end{pmatrix}$$

積を定義するためのサイズの条件を言い換えると、$m \times n$ 行列と $n \times l$ 行列に積を定義できて、計算結果は $m \times l$ 行列になります（**図 2.8**）。

図 2.8：行列と行列の積のサイズ

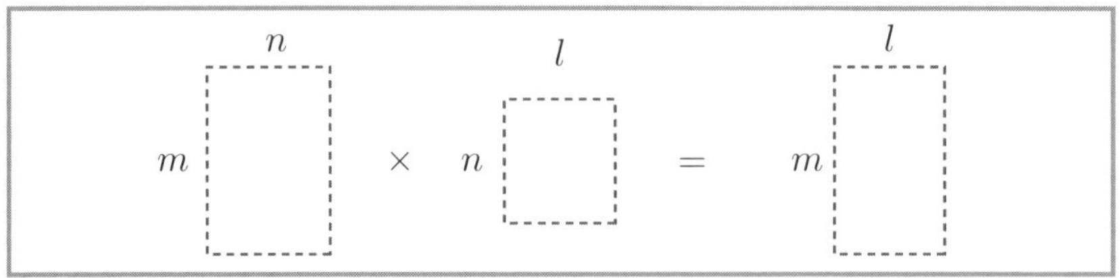

サイズの条件があるため、AB は定義できても、BA は定義できないことがあります。

$$\begin{pmatrix} 7 & 8 \\ 9 & 10 \end{pmatrix}\begin{pmatrix} 1 & 2 \\ 3 & 4 \\ 5 & 6 \end{pmatrix} \stackrel{?}{=} \begin{pmatrix} 7\cdot 1+8\cdot 3+?\cdot 5 & 7\cdot 2+8\cdot 4+?\cdot 6 \\ 9\cdot 1+10\cdot 3+?\cdot 5 & 9\cdot 2+10\cdot 4+?\cdot 6 \end{pmatrix}$$

行列の積についても、実数の積と同様に結合法則（どこから計算しても、結果は同じ）が成り立ちます。

定理 2.3

A, B, C を AB, BC が計算できるサイズの行列とする。
このとき、次の式が成り立つ。

(1)（積の結合法則）$(AB)C = A(BC)$

$A = \begin{pmatrix} 1 & 2 \\ 3 & 4 \end{pmatrix}$、$B = \begin{pmatrix} 5 & 6 \\ 7 & 8 \end{pmatrix}$、$C = \begin{pmatrix} 9 & 10 \\ 11 & 12 \end{pmatrix}$ を例に、積の結合法則を確認しましょう。

$$(AB)C = \left\{\begin{pmatrix} 1 & 2 \\ 3 & 4 \end{pmatrix}\begin{pmatrix} 5 & 6 \\ 7 & 8 \end{pmatrix}\right\}\begin{pmatrix} 9 & 10 \\ 11 & 12 \end{pmatrix}$$

$$
\begin{aligned}
&= \begin{pmatrix} 1\cdot 5+2\cdot 7 & 1\cdot 6+2\cdot 8 \\ 3\cdot 5+4\cdot 7 & 3\cdot 6+4\cdot 8 \end{pmatrix} \begin{pmatrix} 9 & 10 \\ 11 & 12 \end{pmatrix} \\
&= \begin{pmatrix} 19 & 22 \\ 43 & 50 \end{pmatrix} \begin{pmatrix} 9 & 10 \\ 11 & 12 \end{pmatrix} \\
&= \begin{pmatrix} 19\cdot 9+22\cdot 11 & 19\cdot 10+22\cdot 12 \\ 43\cdot 9+50\cdot 11 & 43\cdot 10+50\cdot 12 \end{pmatrix} \begin{pmatrix} 9 & 10 \\ 11 & 12 \end{pmatrix} \\
&= \begin{pmatrix} 413 & 454 \\ 937 & 1030 \end{pmatrix}
\end{aligned}
$$

次に、$A(BC)$ を計算します。

$$
\begin{aligned}
A(BC) &= \begin{pmatrix} 1 & 2 \\ 3 & 4 \end{pmatrix} \left\{ \begin{pmatrix} 5 & 6 \\ 7 & 8 \end{pmatrix} \begin{pmatrix} 9 & 10 \\ 11 & 12 \end{pmatrix} \right\} \\
&= \begin{pmatrix} 1 & 2 \\ 3 & 4 \end{pmatrix} \begin{pmatrix} 5\cdot 9+6\cdot 11 & 5\cdot 10+6\cdot 12 \\ 7\cdot 9+8\cdot 11 & 7\cdot 10+8\cdot 12 \end{pmatrix} \\
&= \begin{pmatrix} 1 & 2 \\ 3 & 4 \end{pmatrix} \begin{pmatrix} 111 & 122 \\ 151 & 166 \end{pmatrix} \\
&= \begin{pmatrix} 1\cdot 111+2\cdot 156 & 1\cdot 122+2\cdot 166 \\ 3\cdot 111+4\cdot 156 & 3\cdot 122+4\cdot 166 \end{pmatrix} \\
&= \begin{pmatrix} 413 & 454 \\ 937 & 1030 \end{pmatrix}
\end{aligned}
$$

それぞれの計算結果を比べると、$(AB)C = A(BC)$ であることが分かります。

行列の積については交換法則が成り立ちません。たとえば、$A = \begin{pmatrix} 1 & 2 \\ 3 & 4 \end{pmatrix}$、$B = \begin{pmatrix} 5 & 6 \\ 7 & 8 \end{pmatrix}$ の場合に AB と BA を計算すると、次のようになります。

$$
\begin{aligned}
AB &= \begin{pmatrix} 1 & 2 \\ 3 & 4 \end{pmatrix} \begin{pmatrix} 5 & 6 \\ 7 & 8 \end{pmatrix} = \begin{pmatrix} 1 \cdot 5 + 2 \cdot 7 & 1 \cdot 6 + 2 \cdot 8 \\ 3 \cdot 5 + 4 \cdot 7 & 3 \cdot 6 + 4 \cdot 8 \end{pmatrix} \\
&= \begin{pmatrix} 19 & 22 \\ 43 & 50 \end{pmatrix} \\
BA &= \begin{pmatrix} 5 & 6 \\ 7 & 8 \end{pmatrix} \begin{pmatrix} 1 & 2 \\ 3 & 4 \end{pmatrix} = \begin{pmatrix} 5 \cdot 1 + 6 \cdot 3 & 5 \cdot 2 + 6 \cdot 4 \\ 7 \cdot 1 + 8 \cdot 3 & 7 \cdot 2 + 8 \cdot 4 \end{pmatrix} \\
&= \begin{pmatrix} 23 & 34 \\ 31 & 46 \end{pmatrix}
\end{aligned}
$$

$AB \neq BA$ であるため、交換法則は成り立っていません。

行列の分配法則

和と積の関係として、実数と同様に分配法則が成り立ちます。

定理 2.4

(1)(左分配法則)

A, B, C を $AB, AC, B+C$ が計算できるサイズの行列とすると、
$A(B+C) = AB + AC$

(2)(右分配法則)

A, B, C を $AC, AC, A+B$ が計算できるサイズの行列とすると、
$(A+B)C = AC + BC$

分配法則の証明は省略しますが、本節の他の定理を参考に具体的に計算して慣れましょう。

実数と行列について、和と積に関する法則をまとめると**表 2.1** のようになります。

表 2.1:和と積に関する法則

法則		実数	行列
結合法則	$(A+B)+C = A+(B+C)$	成り立つ	成り立つ
	$(AB)C = A(BC)$	成り立つ	成り立つ
交換法則	$A+B = B+A$	成り立つ	成り立つ
	$AB = BA$	成り立つ	成り立たない
分配法則	$A(B+C) = AB+AC$	成り立つ	成り立つ
	$(A+B)C = AC+BC$	成り立つ	成り立つ

2.2.3 単位行列と逆行列

実数1の性質として、任意の実数 a に対して $a \cdot 1 = 1 \cdot a = a$ を満たすことが挙げられます。この性質を満たすものが、行列にも存在します。

n 次正方行列で「行と列が同じ成分が1で、行と列が異なる成分が0」となるものを**単位行列**(identity matrix)といい、I_n と書きます。

$$I_n := \begin{pmatrix} 1 & 0 & \cdots & 0 \\ 0 & 1 & \cdots & 0 \\ \vdots & \vdots & \ddots & \vdots \\ 0 & 0 & \cdots & 1 \end{pmatrix}$$

たとえば、$n = 2$ の場合、$I_2 = \begin{pmatrix} 1 & 0 \\ 0 & 1 \end{pmatrix}$ となります。

定理 2.5

A を n 次正方行列とするとき、次の式が成り立つ。

$$AI_n = I_nA = A$$

2 次正方行列の場合にこの定理を確認しますが、それ以外のサイズでも成り立ちます。$A = \begin{pmatrix} a_{11} & a_{12} \\ a_{21} & a_{22} \end{pmatrix}$ とし、AI_n を計算すると、

$$\begin{aligned} AI_n &= \begin{pmatrix} a_{11} & a_{12} \\ a_{21} & a_{22} \end{pmatrix} \begin{pmatrix} 1 & 0 \\ 0 & 1 \end{pmatrix} \\ &= \begin{pmatrix} a_{11} \cdot 1 + a_{12} \cdot 0 & a_{11} \cdot 0 + a_{12} \cdot 1 \\ a_{21} \cdot 1 + a_{22} \cdot 0 & a_{21} \cdot 0 + a_{22} \cdot 1 \end{pmatrix} \\ &= \begin{pmatrix} a_{11} & a_{12} \\ a_{21} & a_{22} \end{pmatrix} \\ &= A \end{aligned}$$

となります。これで、$AI_n = A$ を示せました。同じように計算すれば、$I_n A = A$ も示せます。したがって、$AI_n = I_n A = A$ となります。

説明の文脈から n を推測できる場合は、I_n のことを単に I と書くことが多いです。たとえば、$AI = A$ と書いた場合、n は行列 A のサイズになります。

0 でない実数 a に対して、$a\frac{1}{a} = 1$ となります。この $\frac{1}{a}$ を a の**逆数**（inverse）といいます。逆数にあたる概念は、行列にも存在します。n 次正方行列 A に対し、次の 2 つの条件を満たす n 次正方行列 B が存在するとき、A を**正則行列**（regular matrix）といいます。

$$AB = I_n, \quad BA = I_n$$

また、B を A の**逆行列**（inverse matrix）といい、A^{-1} と書きます。

逆行列が存在しない場合もあります。$A = \begin{pmatrix} a & b \\ c & d \end{pmatrix}$ とすると、$ad - bc = 0$ のときは逆行列は存在しません。$ad - bc \neq 0$ のときに逆行列が存在し、A^{-1} は次の形をしています。

$$A^{-1} = \frac{1}{ad - bc} \begin{pmatrix} d & -b \\ -c & a \end{pmatrix}$$

実際に計算してみると、$AA^{-1} = A^{-1}A = I_n$ となることを確認できます。

$$AA^{-1} = \begin{pmatrix} a & b \\ c & d \end{pmatrix} \cdot \frac{1}{ad - bc} \begin{pmatrix} d & -b \\ -c & a \end{pmatrix} = \begin{pmatrix} 1 & 0 \\ 0 & 1 \end{pmatrix} = I_n$$

$$A^{-1}A = \frac{1}{ad - bc} \begin{pmatrix} d & -b \\ -c & a \end{pmatrix} \cdot \begin{pmatrix} a & b \\ c & d \end{pmatrix} = \begin{pmatrix} 1 & 0 \\ 0 & 1 \end{pmatrix} = I_n$$

2.3 集合

「ものの集まり」を**集合**（set）といいます。ここでの目的は集合を厳密に定義することではないため、素朴な集合のイメージで話を進めます。

2.3.1 外延的記法と内包的記法

1、2、3、4、5という数の集まりを例に、集合を表す方法を説明します。大きく分けて2つの記法があり、そのときどきで使いやすいものを使います。1つ目は**外延的記法**というもので、集合を構成しているものをすべて列挙します。

$$\{1, 2, 3, 4, 5\}$$

2つ目は**内包的記法**というもので、集合を構成しているものの性質を記述することで表現します。

$$\{n \mid n \text{は1から5までの自然数}\}$$
$$\{n \mid n \text{は} 1 \leq n \leq 5 \text{を満たす自然数}\}$$

カッコ内の「|」の左には集合を構成しているものの変数を書きます。「|」の右には集合を構成しているものの性質を書きます。

また、本書では不等式の記号は「≦」ではなく「≤」を使います。「≦」と「≤」は同じ意味です。

2.3.2 要素

集合を構成するひとつひとつのものを**要素**（element）といいます。たとえば、1は集合$\{1, 2, 3, 4, 5\}$の要素です。「1が$\{1, 2, 3, 4, 5\}$の要素である」ということを

$$1 \in \{1,2,3,4,5\}$$

と書きます。「6 は $\{1,2,3,4,5\}$ の要素でない」ということは

$$6 \notin \{1,2,3,4,5\}$$

と書きます。「1 と 2 が $\{1,2,3,4,5\}$ の要素である」というように複数の要素について書くときは、

$$1,2 \in \{1,2,3,4,5\}$$

というようにカンマ区切りで要素を並べます。

集合 $\{1,2,3\}$ のすべての要素は、集合 $\{1,2,3,4,5\}$ の要素になっています。これを「集合 $\{1,2,3\}$ は集合 $\{1,2,3,4,5\}$ に含まれる」といい、

$$\{1,2,3\} \subset \{1,2,3,4,5\}$$

と書きます。このように、ある集合が別の集合に含まれる関係を、**包含関係**（inclusion relation）といいます。

2.3.3 よく使う集合の記号

次の集合は、数学では特に説明なしに使われることも多いです。

$\mathbb{N}$:= 自然数全体の集合（$1,2,3,\ldots$）
$\mathbb{Z}$:= 整数全体の集合（$\ldots,-3,-2,-1,0,1,2,3,\ldots$）
$\mathbb{R}$:= 実数全体の集合（$1,\pi,\sqrt{2}$など）
$\mathbb{C}$:= 複素数全体の集合（$1,i,1+\sqrt{2}i$ など。後ほど詳しく説明します）

数学以外ではあまり見かけない種類のボールドフォントです。また、各アルファベットの由来は次の通りです。

- $\mathbb{N}$ は自然数（natural number）の頭文字「n」に由来します。
- $\mathbb{Z}$ の由来は整数（integer）の頭文字「i」では**ありません**。これは、ドイツ語で「数」を意味する単語 Zahlen に由来します。
- $\mathbb{R}$ は実数（real number）の頭文字「r」に由来します。
- $\mathbb{C}$ は複素数（complex number）の頭文字「c」に由来します。

これらの集合には次の包含関係があります。

$$\mathbb{N} \subset \mathbb{Z} \subset \mathbb{R} \subset \mathbb{C}$$

記号 $\mathbb{N}$ を使用し、集合 $\{1, 2, 3, 4, 5\}$ を次のような内包的記法で書くこともできます。

$$\{n \in \mathbb{N} \mid 1 \leq n \leq 5\}$$

2.3.4 積集合

複数の集合の組（tuple）を表す集合を**積集合**（product set）といい、記号「×」を使って並べます。たとえば、2 つの $\mathbb{R}$ の組を表す集合は記号「×」を使って

$$\mathbb{R} \times \mathbb{R}$$

と書きます。$\mathbb{R}$ を 2 つ並べたものであるため、

$$\mathbb{R}^2$$

とも書きます。積集合の要素は

$$(1, 0)$$

のように、丸カッコ内にカンマ区切りで要素を並べて書きます。$(1, 0) \in \mathbb{R} \times \mathbb{R}$ です。コンピュータの世界では、ビットを 0 と 1 で表

します。そのため、ビットの集合を

$$\{0, 1\}$$

と書きます。また、n ビットは「n 個のビットの組」です。そのため、積集合の記法を使うと n ビットの情報の集合を

$$\{0, 1\}^n$$

と書けます。たとえば、2 ビットの情報の集合の要素を書き出すと

$$(0, 0), (0, 1), (1, 0), (1, 1) \in \{0, 1\}^2$$

となります。

2.4 複素数

2.4.1 虚数単位と複素数の演算

実数を 2 乗すると 0 以上になるため、「2 乗すると -1 になる数」は実数の範囲には存在しません。数の概念を実数から拡張し、「2 乗すると -1 になる数」を「i」と書き、**虚数単位**（imaginary unit）といいます。

$$i^2 = -1$$

「i」は添え字（index）を表す記号としても使われるため、文脈から区別する必要があります。

2 つの実数 x, y と虚数単位 i を使い、

$$x + yi$$

の形で表せる数を**複素数**（complex number）といいます。

$z = x + yi$(x, y は実数) のとき、x を**実部**（real part）といい、Re(z) と書きます。また、y を**虚部**（imaginary part）といい、Im(z) と書きます。

$$\mathrm{Re}(z) = x$$
$$\mathrm{Im}(z) = y$$

複素数は2つの実数 x, y で表せるため、2次元平面にプロットできます。この2次元平面を**複素平面**（complex plane）といいます。

図 2.9：複素平面

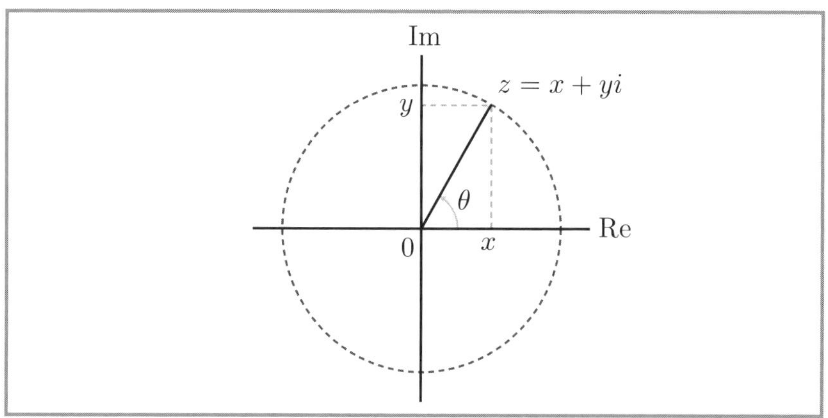

複素平面の、$y = 0$ となっている水平方向の軸を**実軸**（real axis）といい、「Re」と書きます。また、$x = 0$ となっている垂直方向の軸を**虚軸**（imaginary axis）といい、「Im」と書きます[*4]。

たとえば、複素数 $z = x + yi$ は**図 2.9** のようにプロットできます。また、実軸の正の方向から反時計回りに見た z の角度 θ を z の**位相**（phase）と呼びます。

＊4　実軸を「Re(z)」や「x」と書いたり、虚軸を「Im(z)」や「y」と書く流儀もあります。

複素数全体の集合を$\mathbb{C}$と書きます。$\mathbb{C}$は、次のようにも書けます。

$$\mathbb{C} = \{x + yi \mid x, y \in \mathbb{R}\}$$

$z = x + yi$の虚部が0（$y = 0$）のとき$z = x$となり、zは実数になります。

2つの複素数

$$z_1 = x_1 + y_1 i \quad (x_1, y_1\text{は実数})$$
$$z_2 = x_2 + y_2 i \quad (x_2, y_2\text{は実数})$$

に対し、和「＋」と積「・」を次のように定義します。

- （和）　$z_1 + z_2 \quad := \quad (x_1 + x_2) + (y_1 + y_2)i$
- （積）　$z_1 \cdot z_2 \quad := \quad (x_1 x_2 - y_1 y_2) + (x_1 y_2 + x_2 y_1)i$

積の記号は省略して、単に「$z_1 z_2$」と書くことが多いです。

2.4.2　絶対値

実数x, yを使って$z = x + yi$と書いたとき、複素数zの**絶対値**(absolute value) を次のように定義します。

$$|z| := \sqrt{x^2 + y^2}$$

絶対値は複素数の大きさ（複素平面の原点からの距離）を表す概念で、0以上の実数になります。

$$|z| \geq 0$$

$z = x + yi$の虚部が0（$y = 0$）のときにzの絶対値を計算すると、

$$|z| = \sqrt{x^2 + 0^2} = \sqrt{x^2} = |x|$$

となり、実数の絶対値になります。

絶対値を複素平面で可視化すると、**図 2.10** のようになります。

図 2.10：複素数の絶対値

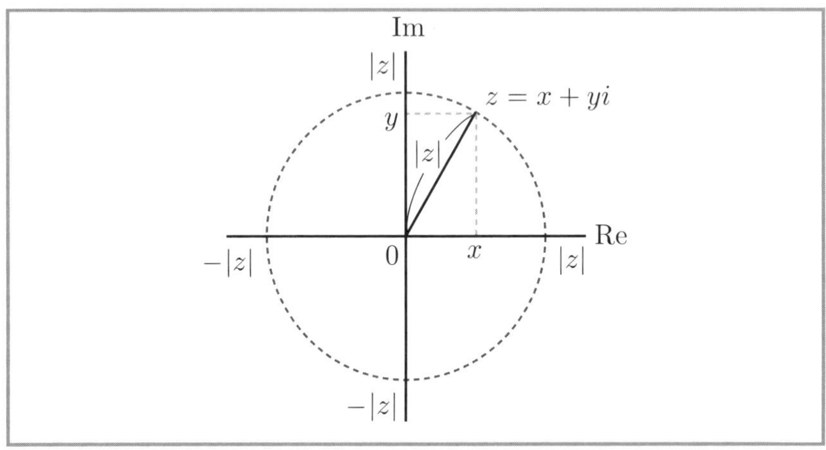

実数 x_1, x_2, y_1, y_2 に対して

$$(x_1x_2 - y_1y_2)^2 + (x_1y_2 + x_2y_1)^2 = (x_1^2 + y_1^2)(x_2^2 + y_2^2)$$

となるため、「積の絶対値」と「絶対値の積」は等しくなります。

$$|z_1z_2| = |z_1||z_2|$$

2.4.3 複素共役

実数 x, y を使って $z = x + yi$ と書いたとき、複素数 z の**複素共役** (complex conjugate) を次のように定義します。

$$z^* := x - yi$$

複素共役は y の符号を変更するため、複素平面で実軸対称に点を移動する操作になります。これを可視化すると、**図 2.11** のようになります。

図 2.11：複素共役

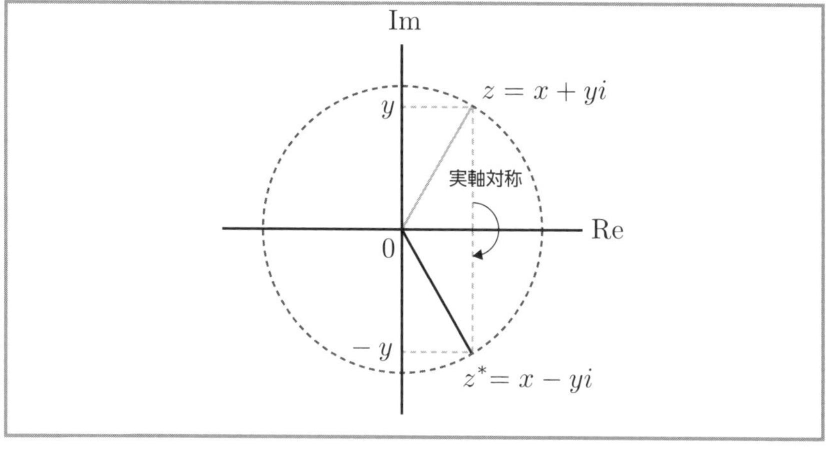

複素共役の操作で絶対値は変わりません。

$$|z^*| = \sqrt{x^2 + (-y)^2} = \sqrt{x^2 + y^2} = |z|$$

また、複素共役を使うと、絶対値を次のように書けます。

$$\sqrt{zz^*} = \sqrt{(x + yi)(x - yi)} = \sqrt{x^2 + y^2} = |z|$$

2.5　ゲートの正体である行列（ユニタリ行列）

この節からは行列の成分に複素数が登場します。

行列の成分が実数であるものを**実行列**（real matrix）といい、成分が複素数であるものを**複素行列**（complex matrix）といいます。

2.5.1　転置行列と随伴行列

行列 A の行と列を入れ替えた行列を**転置行列**（transposed matrix）

といい、$A^\top$ と書きます。たとえば、

$$\begin{pmatrix} 1 & 2 \\ 3 & 4 \end{pmatrix}^\top = \begin{pmatrix} 1 & 3 \\ 2 & 4 \end{pmatrix}, \quad \begin{pmatrix} 1 \\ 0 \end{pmatrix}^\top = \begin{pmatrix} 1 & 0 \end{pmatrix},$$

$(a_{ij})^\top = (a_{ji})$ となります。$m \times n$ 行列の転置行列は $n \times m$ 行列になります。行列 A の各成分を複素共役にしたものを**複素共役行列**（complex conjugate of a matrix）といい、A^* と書きます。たとえば、

$$\begin{pmatrix} 1 & 2 \\ 3 & 4 \end{pmatrix}^* = \begin{pmatrix} 1 & 2 \\ 3 & 4 \end{pmatrix}, \quad \begin{pmatrix} \sqrt{5} & 2 \\ i & 3+i \end{pmatrix}^* = \begin{pmatrix} \sqrt{5} & 2 \\ -i & 3-i \end{pmatrix},$$

$(a_{ij})^* = (a_{ij}^*)$ となります。

「複素共役して転置した行列」$(A^*)^\top$ と「転置して複素共役した行列」$(A^\top)^*$ は同じになります。2×2 行列の場合にこれを示してみます。x_{ij}, y_{ij} を実数とし、$A = \begin{pmatrix} x_{11} + y_{11}i & x_{12} + y_{12}i \\ x_{21} + y_{21}i & x_{22} + y_{22}i \end{pmatrix}$ とします。$(A^*)^\top$ を計算すると、次のようになります。

$$\begin{aligned} (A^*)^\top &= \left\{ \begin{pmatrix} x_{11} + y_{11}i & x_{12} + y_{12}i \\ x_{21} + y_{21}i & x_{22} + y_{22}i \end{pmatrix}^* \right\}^\top \\ &= \begin{pmatrix} x_{11} - y_{11}i & x_{12} - y_{12}i \\ x_{21} - y_{21}i & x_{22} - y_{22}i \end{pmatrix}^\top \\ &= \begin{pmatrix} x_{11} - y_{11}i & x_{21} - y_{21}i \\ x_{12} - y_{12}i & x_{22} - y_{22}i \end{pmatrix} \end{aligned}$$

次に、$(A^\top)^*$ を計算します。

$$
\begin{aligned}
(A^\top)^* &= \left\{ \begin{pmatrix} x_{11}+y_{11}i & x_{12}+y_{12}i \\ x_{21}+y_{21}i & x_{22}+y_{22}i \end{pmatrix}^\top \right\}^* \\
&= \begin{pmatrix} x_{11}+y_{11}i & x_{21}+y_{21}i \\ x_{12}+y_{12}i & x_{22}+y_{22}i \end{pmatrix}^* \\
&= \begin{pmatrix} x_{11}-y_{11}i & x_{21}-y_{21}i \\ x_{12}-y_{12}i & x_{22}-y_{22}i \end{pmatrix}
\end{aligned}
$$

それぞれの計算結果を比べると、$(A^*)^\top = (A^\top)^*$ になります。そのため、どちらを先に計算しても結果は変わりません。$(A^*)^\top$ や $(A^\top)^*$ を**随伴行列**（adjoint matrix）または**エルミート共役行列**（Hermitian conjugate of a matrix）といい、$A^\dagger$ と書きます。記号 † は**ダガー**（dagger）と呼びます[*5]。

$$
A^\dagger := (A^*)^\top = (A^\top)^*
$$

たとえば、

$$
\begin{pmatrix} 1 & 2 \\ 3 & 4 \end{pmatrix}^\dagger = \begin{pmatrix} 1 & 3 \\ 2 & 4 \end{pmatrix}, \quad \begin{pmatrix} \sqrt{5} & 2 \\ i & 3+i \end{pmatrix}^\dagger = \begin{pmatrix} \sqrt{5} & -i \\ 2 & 3-i \end{pmatrix},
$$

$(a_{ij})^\dagger = (a_{ji}^*)$ となります。

転置行列の記号（⊤）と随伴行列の記号（†）は似ているため、注意が必要です。

＊5　日本語に訳すと「短剣」の意味ですが、訳さずに「ダガー」と呼ぶのが一般的です。

2.5.2 ユニタリ行列

随伴行列が逆行列となる正方行列 U を**ユニタリ行列**（unitary matrix）といいます。数式で書くと、次の3つの条件を満たす行列をユニタリ行列といいます。

$$U^\dagger U = I, \quad UU^\dagger = I, \quad U^\dagger = U^{-1}$$

ここで、I は U と同じサイズの単位行列です。

実は、上の3個の式のどれか1個が成り立てば他の2個も成り立ちます。そのため、ユニタリ行列であるか確認するには、$U^\dagger U = I$ かどうか確認するだけで十分です。

たとえば、次の行列はユニタリ行列になります。実際に確認してみてください。

$$\begin{pmatrix} 1 & 0 \\ 0 & 1 \end{pmatrix}, \quad \begin{pmatrix} 0 & -i \\ i & 0 \end{pmatrix}, \quad \begin{pmatrix} 1 & 0 \\ 0 & -1 \end{pmatrix}, \quad \frac{1}{\sqrt{2}}\begin{pmatrix} 1 & -1 \\ 1 & 1 \end{pmatrix},$$

第1章でも触れましたが、ユニタリ行列はベクトルにかけても長さを変えない行列です（**図 2.12**）。

図 2.12：ベクトル x にユニタリ行列 U をかけても、ベクトルの長さは変わらない。「x の長さ = Ux の長さ」であり、この図では長さが1のまま変わらない。

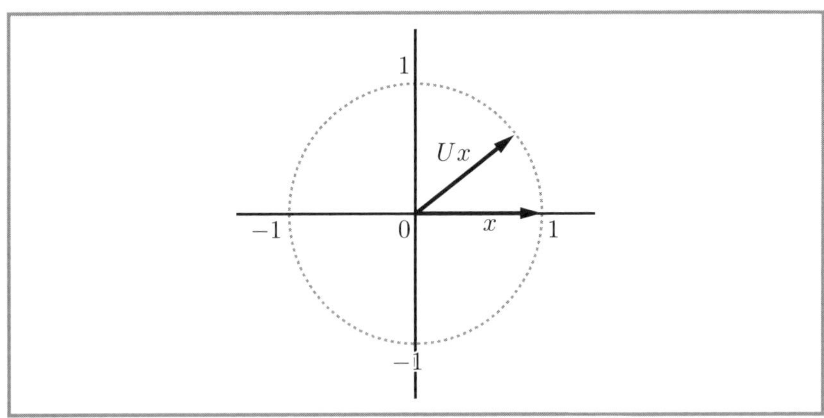

2.5.3 ブラケット記法

量子力学では、列ベクトル $\varphi = \begin{pmatrix} a_1 \\ a_2 \end{pmatrix}$ を慣習的に $|\varphi\rangle$ と書きます。記号 $|\quad\rangle$ を**ケット**（ket）と呼びます。単に φ と書くのではなく、ケットを使って $|\varphi\rangle$ と書くことで、列ベクトルであることが視覚的に分かります。ケットは、量子コンピュータを数式で扱うときに頻出します。

ケットの左側に、列ベクトルの次元にあったサイズの行列をかけることができます。たとえば、$A = \begin{pmatrix} 1 & 2 \\ 3 & 4 \end{pmatrix}, |\varphi\rangle = \begin{pmatrix} 5 \\ 6 \end{pmatrix}$ のとき、次のようにかけ算できます。

$$
\begin{aligned}
A\,|\varphi\rangle &= \begin{pmatrix} 1 & 2 \\ 3 & 4 \end{pmatrix}\begin{pmatrix} 5 \\ 6 \end{pmatrix} = \begin{pmatrix} 1\cdot 5 + 2\cdot 6 \\ 3\cdot 5 + 4\cdot 6 \end{pmatrix} \\
&= \begin{pmatrix} 17 \\ 39 \end{pmatrix}
\end{aligned}
$$

また、ケットの随伴行列（行ベクトルになります）を次のように書きます。

$$
\langle\varphi| := |\varphi\rangle^\dagger = \begin{pmatrix} a_1^* & a_2^* \end{pmatrix}
$$

この記号 $\langle\quad|$ を**ブラ**（bra）と呼びます。ブラを使って $\langle\varphi|$ と書くことで、行ベクトルであることが視覚的に分かります。

たとえば、$|\varphi\rangle = \begin{pmatrix} 1+2i \\ 3+4i \end{pmatrix}$ とすると、

$$
\langle\varphi| = |\varphi\rangle^\dagger = \begin{pmatrix} 1+2i \\ 3+4i \end{pmatrix}^\dagger = \begin{pmatrix} 1-2i & 3-4i \end{pmatrix}
$$

となります。

このように、ブラとケットを利用したベクトルの記法を**ブラケット記法**（bra-ket notation）といいます。

2.5.4 行列に関連する記号についての補足

数学と物理学では、行列に関連する記号の使い方が異なります。

文献にもよりますが、それぞれの分野でよく利用される記号は**表 2.2**の通りです。

表 2.2：行列に関連する記号の違い

用語	数学でよく使われる記号	物理学でよく使われる記号
複素共役行列	$\overline{A}$	A^*
転置行列	${}^tA$	$A^\top$
随伴行列	A^*	$A^\dagger$

特に「数学の随伴行列」と「物理学の複素共役行列」の記号が同じため、注意が必要です。量子コンピュータでは物理学の記号を使うことが多いため、本書では物理学でよく使われる記号を採用します。

2.6 内積

2.6.1 内積の定義

この節では、**内積**（inner product）というベクトルの演算について説明します。

$$|\varphi\rangle = \begin{pmatrix} a_1 \\ a_2 \end{pmatrix}, \quad |\psi\rangle = \begin{pmatrix} b_1 \\ b_2 \end{pmatrix} \in \mathbb{C}^2$$

に対し、内積 $\langle\varphi, \psi\rangle$ を次のように定義します。

$$\langle \varphi, \psi \rangle := \begin{pmatrix} a_1^* & a_2^* \end{pmatrix} \begin{pmatrix} b_1 \\ b_2 \end{pmatrix} = a_1^* b_1 + a_2^* b_2 \in \mathbb{C}$$

たとえば、$|\varphi\rangle = \begin{pmatrix} 1 \\ i \end{pmatrix}, |\psi\rangle = \begin{pmatrix} 1+i \\ 2 \end{pmatrix}$とすると、

$$\langle \varphi, \psi \rangle = \begin{pmatrix} 1^* & i^* \end{pmatrix} \begin{pmatrix} 1+i \\ 2 \end{pmatrix} = \begin{pmatrix} 1 & -i \end{pmatrix} \begin{pmatrix} 1+i \\ 2 \end{pmatrix} = 1 - i$$

となります。また、次の計算により、同じベクトル同士の内積は 0 以上の実数になります。

$$\langle \varphi, \varphi \rangle = \begin{pmatrix} a_1^* & a_2^* \end{pmatrix} \begin{pmatrix} a_1 \\ a_2 \end{pmatrix} = a_1^* a_1 + a_2^* a_2 = |a_1|^2 + |a_2|^2$$

ここまでの例はベクトルの成分は 2 個でした。n 個の成分がある場合に内積を一般化すると、次の定義になります。

$$|\varphi\rangle = \begin{pmatrix} a_1 \\ a_2 \\ \vdots \\ a_n \end{pmatrix}, |\psi\rangle = \begin{pmatrix} b_1 \\ b_2 \\ \vdots \\ b_n \end{pmatrix}$$ に対し、

$$\langle \varphi, \psi \rangle := a_1^* b_1 + a_2^* b_2 + \cdots + a_n^* b_n \in \mathbb{C}$$

となります。

また、z を複素数とすると、

$$\begin{aligned} \langle \varphi, z\psi \rangle &= a_1^*(zb_1) + a_2^*(zb_2) + \cdots + a_n^*(zb_n) \\ &= z(a_1^* b_1 + a_2^* b_2 + \cdots + a_n^* b_n) \\ &= z \langle \varphi, \psi \rangle \end{aligned}$$

となります。

2.6.2　ブラケットと内積の関係

実はブラケットと内積には密接な関係があります。$|\varphi\rangle = \begin{pmatrix} a_1 \\ a_2 \end{pmatrix}$、$|\psi\rangle = \begin{pmatrix} b_1 \\ b_2 \end{pmatrix}$とすると、

$$\langle\varphi,\psi\rangle = \begin{pmatrix} a_1^* & a_2^* \end{pmatrix} \begin{pmatrix} b_1 \\ b_2 \end{pmatrix} = \langle\varphi|\,|\psi\rangle$$

となります。記法が似ていますが、一番左の式が内積で、一番右の式がブラとケットの積です。一番右の式のブラとケットの積のところに「|」が2個ありますが、1個省略して$\langle\varphi|\psi\rangle$とも書きます。この記法を使うことで、内積をブラケット記法で表せます。

$$\langle\varphi,\psi\rangle = \langle\varphi|\psi\rangle$$

そのため、$\langle\varphi|\psi\rangle$も内積と呼びます。

2.6.3　内積の性質

内積を計算するときに頻繁に利用する定理を紹介します。

定理 2.6

$\varphi, \varphi_1, \varphi_2$と$\psi, \psi_1, \psi_2$をベクトルとし、$z$を複素数とする。
このとき、次の式が成り立つ。

(1) $\langle\varphi_1 + \varphi_2|\psi\rangle = \langle\varphi_1|\psi\rangle + \langle\varphi_2|\psi\rangle$
(2) $\langle\varphi|\psi_1 + \psi_2\rangle = \langle\varphi|\psi_1\rangle + \langle\varphi|\psi_2\rangle$
(3) $\langle z\varphi|\psi\rangle = z^* \langle\varphi|\psi\rangle$　(前に出したzが複素共益になる点に注意)
(4) $\langle\varphi|z\psi\rangle = z\langle\varphi|\psi\rangle$
(5) $\langle\varphi|\psi\rangle = \langle\psi|\varphi\rangle^*$　(順番を入れ替えると複素共益になる)
(6) $\langle\varphi|\varphi\rangle \geq 0$であり、$|\varphi\rangle = 0$のときに限り$\langle\varphi|\varphi\rangle = 0$になる。

証明は省略しますが、ぜひ実際に証明してみてください。

2.6.4 内積の応用

内積を応用し、第3章で量子状態の区別に関する説明で利用する、次の定理を紹介します。

定理 2.7

複素数 z が $|z| = 1$ を満たすとする。このとき、次の式が成り立つ。

$$|\langle\varphi|z\psi\rangle|^2 = |\langle\varphi|\psi\rangle|^2$$

$$\begin{aligned}|\langle\varphi|z\psi\rangle| &= |z\langle\varphi|\psi\rangle| && \text{(定理2.6 (4))}\\ &= |z||\langle\varphi|\psi\rangle| && \text{(積の絶対値=絶対値の積)}\\ &= |\langle\varphi|\psi\rangle| && (|z|=1)\end{aligned}$$

であるため、両辺を2乗すると定理の等式になります。

2.7 複数ビットを支える行列（テンソル積）

行列には通常の積の他に、**テンソル積**（tensor product）と呼ばれる積があります。テンソル積は、2量子ビット以上を扱うときに使用します。

$m \times n$ 行列 $A = (a_{ij})$ と $r \times s$ 行列 B に対して、テンソル積と呼ばれる $mr \times ns$ 行列 $A \otimes B$ を次のように定義します。

$$A \otimes B := \begin{pmatrix} a_{11}B & a_{12}B & \cdots & a_{1n}B \\ a_{21}B & a_{22}B & \cdots & a_{2n}B \\ \vdots & \vdots & \ddots & \vdots \\ a_{m1}B & a_{m2}B & \cdots & a_{mn}B \end{pmatrix}$$

いくつか例を挙げます。

$C = \begin{pmatrix} 1 \\ 2 \end{pmatrix}, D = \begin{pmatrix} 3 \\ 4 \end{pmatrix}$ とすると、$C \otimes D$ は次のようになります。

$$C \otimes D = \begin{pmatrix} 1 \cdot D \\ 2 \cdot D \end{pmatrix} = \begin{pmatrix} 1\begin{pmatrix} 3 \\ 4 \end{pmatrix} \\ 2\begin{pmatrix} 3 \\ 4 \end{pmatrix} \end{pmatrix} = \begin{pmatrix} 3 \\ 4 \\ 6 \\ 8 \end{pmatrix}$$

また、行列のサイズを確認すると、これは $2 \cdot 2 \times 1 \cdot 1 = 4 \times 1$ 行列です。

もうひとつ例を挙げます。$E = \begin{pmatrix} 1 & 2 \\ 3 & 4 \end{pmatrix}, F = \begin{pmatrix} 5 & 6 \\ 7 & 8 \end{pmatrix}$ とすると、$E \otimes F$ は次のようになります。

$$E \otimes F = \begin{pmatrix} 1 \cdot F & 2 \cdot F \\ 3 \cdot F & 4 \cdot F \end{pmatrix} = \begin{pmatrix} 1\begin{pmatrix} 5 & 6 \\ 7 & 8 \end{pmatrix} & 2\begin{pmatrix} 5 & 6 \\ 7 & 8 \end{pmatrix} \\ 3\begin{pmatrix} 5 & 6 \\ 7 & 8 \end{pmatrix} & 4\begin{pmatrix} 5 & 6 \\ 7 & 8 \end{pmatrix} \end{pmatrix}$$

$$= \begin{pmatrix} 5 & 6 & 10 & 12 \\ 7 & 8 & 14 & 16 \\ 15 & 18 & 20 & 24 \\ 21 & 24 & 28 & 32 \end{pmatrix}$$

また、行列のサイズを確認すると、これは$2 \cdot 2 \times 2 \cdot 2 = 4 \times 4$行列です。

複数の量子ビットに対するユニタリ発展を計算するときに頻繁に利用する定理を紹介します。

定理 2.8

A, A_1, A_2 を $m \times m$ 行列、B, B_1, B_2 を $n \times n$ 行列、z を複素数とする。このとき、次の式が成り立つ。

(1) $A \otimes (B_1 + B_2) = A \otimes B_1 + A \otimes B_2$
(2) $(A_1 + A_2) \otimes B = A_1 \otimes B + A_2 \otimes B$
(3) $(zA) \otimes B = A \otimes (zB) = z(A \otimes B)$
(4) $(A_1 \otimes B_1)(A_2 \otimes B_2) = A_1 A_2 \otimes B_1 B_2$
(5) $(A \otimes B)^\dagger = A^\dagger \otimes B^\dagger$
(6) A^{-1}, B^{-1} が存在するとき、$(A \otimes B)^{-1} = A^{-1} \otimes B^{-1}$
(7) $I_m \otimes I_n = I_{mn}$ (サイズ m の単位行列とサイズ n の単位行列のテンソル積は、サイズ mn の単位行列になる)

$\otimes$ はテンソル積を表し、記号を省略している積は通常の行列積を表します。

証明は省略しますが、具体例を計算して慣れましょう。

2.8 論理式を実現する古典回路

古典コンピュータは情報を0と1のビットで表現します。ビットに対する基本的な演算を組み合わせて**古典回路**（classical circuit）と呼ばれるものを構成し、計算を行います。

図 2.13：古典回路の例

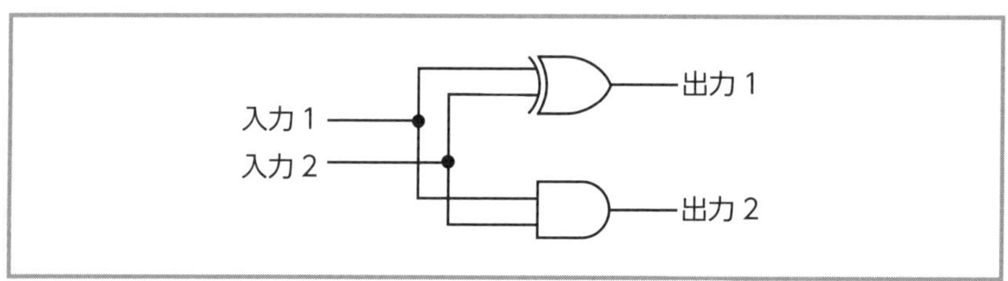

図 2.13 は古典回路の例です。「基本的な演算を組み合わせて、複雑な計算を行う」という考え方は量子コンピュータも同じで、古典回路とよく似た**量子回路**（quantum circuit）という形式で表現します。このため、古典回路の基礎を理解しておくと、量子回路を理解するのにも役立ちます。本節では、古典回路について説明します。

入力ビット A, B に対し、AND、OR、NOT の各演算を**表 2.3**、**表 2.4**、**表 2.5** のように定義します。

このような形の表を**真理値表**（truth table）と呼びます。表に記載した縦線の左側が入力で、右側が出力です。AND の場合は、入力が A と B の2個のデータで、出力が A AND B という1個のデータになります。

表 2.3：AND の演算

A	B	A AND B
0	0	0
0	1	0
1	0	0
1	1	1

表 2.4：OR の演算

A	B	A OR B
0	0	0
0	1	1
1	0	1
1	1	1

表 2.5：NOT の演算

A	NOT A
0	1
1	0

ANDはかけ算と同じ演算であるため、**論理積**と呼び、A・Bとも書きます。ORは足し算と似た演算[*6]であるため、**論理和**と呼び、A+Bとも書きます。また、NOTはビットを反転させる（0と1を入れ替える）演算です。

＊6　論理和では1+1が2ではなく1になっているため、一般的な意味での足し算とは少し違います。そのため、「足し算と似た演算」と表現しています。

古典回路を表現する際、各演算は**図 2.14**、**図 2.15**、**図 2.16** の記号で表記します。

図 2.14：AND の古典ゲート

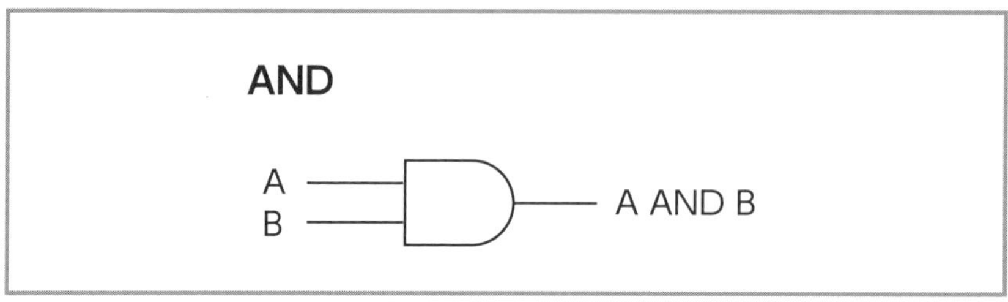

図 2.15：OR の古典ゲート

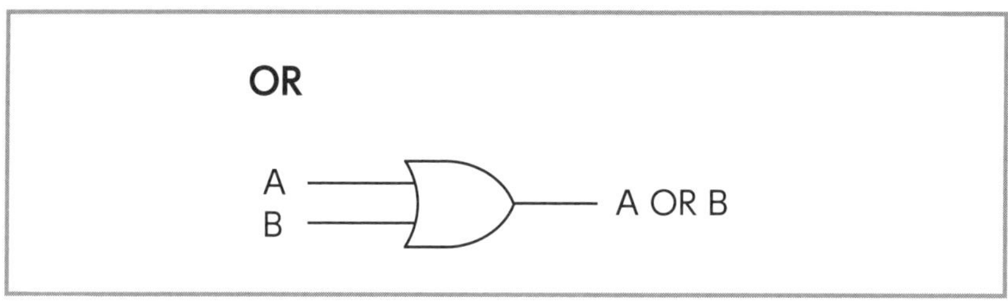

図 2.16：NOT の古典ゲート

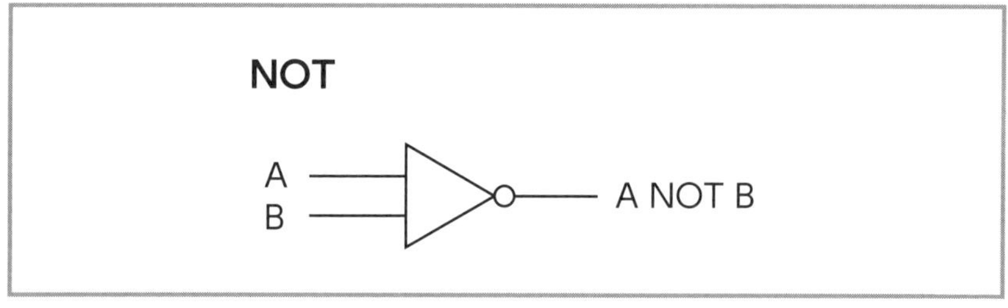

各記号につながっている左側の線から値を入力し、演算結果を右側の線から出力します。たとえば、「NOT((A AND B)OR C)」という回路は**図 2.17** のようになります。

図 2.17：NOT((A AND B)ORC) を表す回路

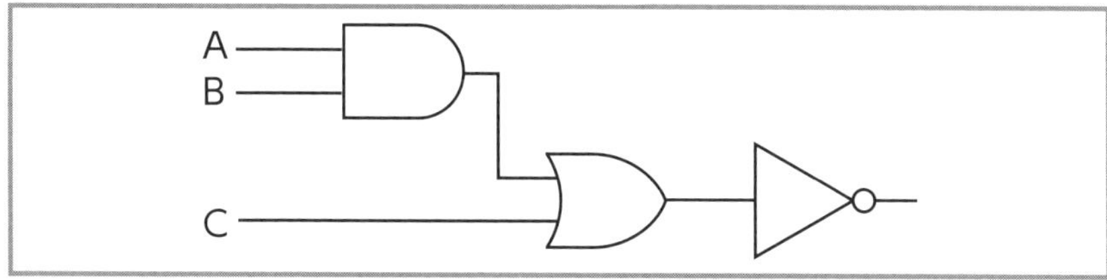

これらを使って、**半加算器**（half adder）と呼ばれる「2 個の 1 ビットデータの足し算」を行う古典回路を作成してみましょう。ただし、桁上げを考慮することにして、出力は 2 ビットとします。

半加算器の入力と出力の真理値表と、対応する 2 進数の計算をまとめたものが、**表 2.6** です。

表 2.6：半加算器の真理値表と対応する計算

入力 1	入力 2	出力 1	出力 2	対応する計算
0	0	0	0	$0+0=00$
0	1	0	1	$0+1=01$
1	0	0	1	$1+0=01$
1	1	1	0	$1+1=10$

「出力 1」の部分は桁上げを表現したもので、桁上げがない場合は 0 で、桁上げがある場合は 1 です。「出力 2」の部分は入力の足し算を 1 ビットで表現したものです。「出力 1」「出力 2」の順に並べてみると、2 進法での足し算と同じです。

先ほど紹介した AND、OR、NOT を使って、半加算器を作ってみましょう。**表 2.6** を見ると、出力 1 は**表 2.3** の論理積と同じです。出力 2 は**表 2.4** の論理和と似ていますが、入力が 2 個とも 1 の場合の出力が違います。そのため、入力が 2 個とも 1 の場合の出力を合わせようとすると、**図 2.18** のような工夫が必要になります。

図 2.18：半加算器の古典回路

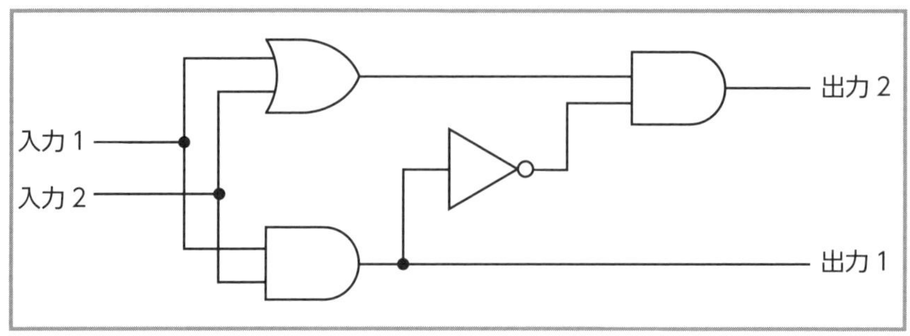

図 2.18 の入力値を変えて、**表 2.6** と一致していることを確認してみましょう。

「2 個の 1 ビットデータの足し算」を行うだけだったのに、**図 2.18** では 4 個ものゲートを必要としています。実は、別の演算を利用することでゲートの数を減らせます。

OR の入力が 2 個とも 1 の部分を変えた、XOR という演算を**表 2.7** のように定義します。

表 2.7：XOR の演算

A	B	A XOR B
0	0	0
0	1	1
1	0	1
1	1	0

XOR は「1 ビット同士の足し算を行い、桁上げを気にせず、下の桁のみ考慮した演算」と考えることができます。**表 2.7** を見ると、2 個ある入力のうち、どちらかひとつだけ 1 のとき結果が 1 になるため、**排他的論理和**（exclusive or）と呼び、$A \oplus B$ とも書きます。排他的論理和は**図 2.19** の記号で表記します。

図 2.19：XOR の古典ゲート

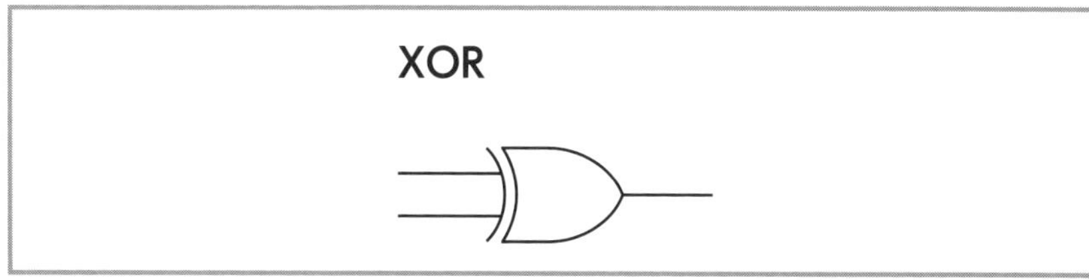

表 2.6 の出力 2 と**図 2.19** が一致しているため、XOR を使うと半加算器を**図 2.20** の形に簡略化できます。

図 2.20：半加算器の古典回路（XOR を利用して簡略化）

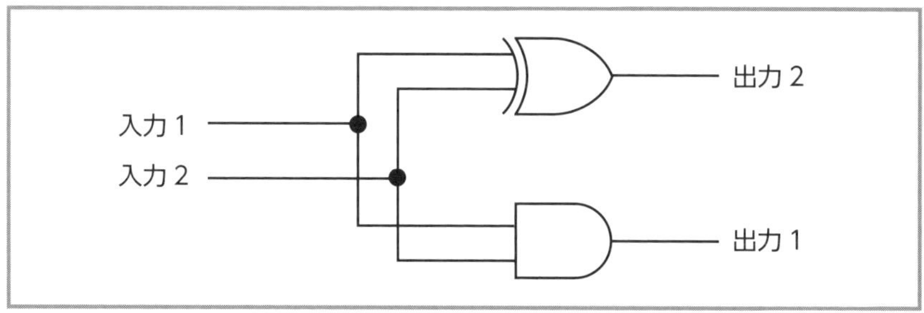

図 2.18 では 4 個のゲートを使ったのに対し、**図 2.20** では 2 個のゲートで実現できました。

このように、目的の結果を出力する回路は複数存在します。1 個のゲートを実行する時間が同じ場合は、ゲートの数が少なかったり、並列化できる回路の方が速く計算できます。

第3章
量子コンピュータの基本ルール

$$|\varphi\rangle = \begin{pmatrix} a \\ b \end{pmatrix} \in \mathbb{C}^2$$

3.1 この章で学ぶこと

第 1 章では数式を使わずに、量子コンピュータの概念やよくある誤解について説明しました。ここからは数式を使い、量子コンピュータの計算ルール（定義）について説明します。

ベクトル・行列・確率を使った数式が必要になりますが、手計算できる例を挙げますので、あまり構えずに進みましょう。量子コンピュータは、古典コンピュータとは異なる計算ルールで成り立っています。見慣れない概念が多く登場するとは思いますが、具体的に計算しながら少しずつ慣れましょう。数学的に分からない箇所があったときは、第 2 章の説明を読み返してみてください。

この章では、基本となる 1 量子ビットの計算ルールを説明します。特にユニタリ行列は、量子コンピュータの計算の基礎になる重要な概念です。1 度で理解できなかったとしても、手を動かし反復して理解を深めてください。

3.2 量子コンピュータの基礎「量子ビット」

まずは、古典ビットに対応する量子ビットや量子状態について説明します。第 1 章で説明した古典ビットと量子ビットの性質の違いを覚えているでしょうか。この章では両者の特徴について行列やベクトルを使ってより具体的に説明します。

古典ビットの 0、1 に対応する**量子ビット**（quantum bit、qubit）を $|0\rangle, |1\rangle$ と記し、次のベクトルとして定義します。

$$|0\rangle := \begin{pmatrix} 1 \\ 0 \end{pmatrix}$$

$$|1\rangle := \begin{pmatrix} 0 \\ 1 \end{pmatrix}$$

$|0\rangle$ はゼロベクトルでない点に注意してください。

$$|0\rangle \neq \begin{pmatrix} 0 \\ 0 \end{pmatrix}$$

古典ビットの状態は 0 か 1 のどちらかでしたが、量子ビットの状態は $|0\rangle$ と $|1\rangle$ 以外もあり得ます。

定義

複素数 a, b が $|a|^2 + |b|^2 = 1$ という条件を満たすとき、

$$a|0\rangle + b|1\rangle$$

の形をしたベクトルを量子状態（quantum state）という。

$|a|$ や $|b|$ は複素数の絶対値を表します（詳しくは第 2 章を参照してください）。複素数が難しいと感じる方は、実数の絶対値（符号をプラスにしたもの）をイメージしてください。

この記法を利用することで、

$$a|0\rangle + b|1\rangle = a\begin{pmatrix} 1 \\ 0 \end{pmatrix} + b\begin{pmatrix} 0 \\ 1 \end{pmatrix} = \begin{pmatrix} a \\ b \end{pmatrix}$$

と書けます。量子状態をベクトルの形で表したものを**状態ベクトル**（state vector）といいます。記法を変えただけですが、次の定義も同じ量子状態を表しています。

定義

以下に定義する集合 Q の要素を量子状態（quantum state）**と呼ぶ。**

$$Q := \left\{ \begin{pmatrix} a \\ b \end{pmatrix} \in \mathbb{C}^2 \;\middle|\; |a|^2 + |b|^2 = 1 \right\}$$

この定義は「複素数を成分とした 2 次元のベクトルで $|a|^2 + |b|^2 = 1$ を満たすもの」という意味です。

いくつか例を挙げると、次のものは量子状態です。

$$|0\rangle, \quad |1\rangle, \quad \frac{1}{\sqrt{5}}|0\rangle + \frac{2}{\sqrt{5}}|1\rangle, \quad -\frac{1}{\sqrt{3}}|0\rangle + \frac{1+i}{\sqrt{3}}|1\rangle$$

計算に慣れるため、実際に $|a|^2 + |b|^2 = 1$ を満たすことを確認してみてください。また、次のものは量子状態では**ありません**。

$$|0\rangle + |1\rangle \quad (|1|^2 + |1|^2 = 2 \neq 1 \text{ となるため})$$

量子状態は、内積を使って表すこともできます（内積については、第 2 章を参照してください）。量子状態

$$|\varphi\rangle = \begin{pmatrix} a \\ b \end{pmatrix} \in \mathbb{C}^2$$

の内積 $\langle\varphi|\varphi\rangle$ を計算すると、

$$\langle\varphi|\varphi\rangle \;=\; \begin{pmatrix} a^* & b^* \end{pmatrix} \begin{pmatrix} a \\ b \end{pmatrix}$$

$$= \quad a^*a + b^*b = |a|^2 + |b|^2$$

となります。これにより、量子状態全体集合を Q とすると、次のように表せます。

$$Q = \left\{ |\varphi\rangle \in \mathbb{C}^2 \;\middle|\; \langle\varphi|\varphi\rangle = 1 \right\}$$

定義

複素数を成分とした2次元ベクトルが $\langle\varphi|\varphi\rangle = 1$ という条件を満たすとき、$|\varphi\rangle$ を**量子状態**（quantum state）という。

量子状態を表す方法はいくつかあるため、状況に応じて扱いやすい方法を使います。

3.2.1 「重ね合わせ状態」とは？

$\frac{1}{\sqrt{5}}|0\rangle + \frac{2}{\sqrt{5}}|1\rangle$ のように、係数が0でない複数の量子ビットの和で表される量子状態を**重ね合わせ状態**（superposition、superposition state）と呼びます。1量子ビットの量子状態は $|0\rangle$ と $|1\rangle$ という、2種類の量子ビットの重ね合わせ状態を表せます。古典ビットは重ね合わせ状態にできないため、古典ビットと量子ビットで大きく異なる点です。

3.3 計算結果を得る「測定」

計算結果を確認するために古典コンピュータが保持している古典ビットを読み取った場合、0 を読み取ると 0 が返り、1 を読み取ると 1 が返ります。そして、何回読み取っても同じ結果になります。なんだか、当たり前のことに感じますが、量子コンピュータではこれが当たり前ではありません。量子コンピュータは $\frac{1}{\sqrt{5}}|0\rangle + \frac{2}{\sqrt{5}}|1\rangle$ のように $|0\rangle$ でも $|1\rangle$ でもない状態を表せました。これを読み取ると何が返ってくるのでしょうか。実は、$|0\rangle$ が返ってくることもあれば、$|1\rangle$ が返ってくることもあります。同じ量子状態を読み取っても、何が返ってくるかは毎回異なり、実際に読み取るまで分かりません。ただし、訳が分からない状態ではなく、何が返ってくるか確率で表せます。この読み取りのことを**測定**（measurement）といいます。

図 3.1：測定のイメージ

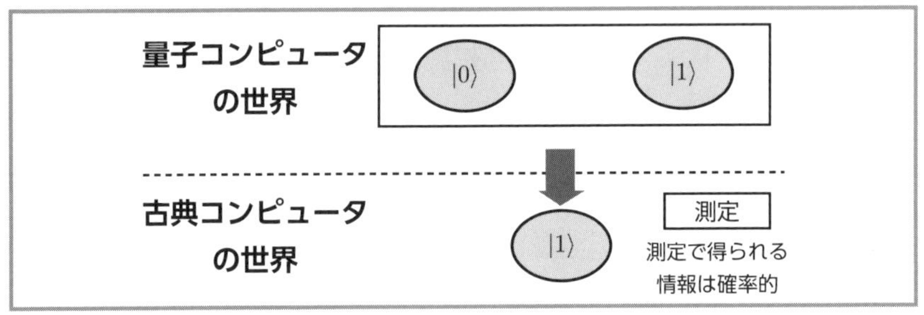

測定のルールを具体的に定式化すると、次のようになります[*1]。

＊1　量子力学では測定値は実数です。そのため、正確には「$|0\rangle$」「$|1\rangle$」ではなく、「0」「1」が測定値になります。本書では量子ビットを測定していることを強調したい場合はケット記号の付いた「$|0\rangle$」や「$|1\rangle$」を測定値として表記します。そのため、「測定値 $|0\rangle$ を得る」と「測定値 0 を得る」は同じ意味です。

定義

量子状態を測定すると、$|0\rangle$ または $|1\rangle$ を得る。このことを「測定値 $|0\rangle$ を得る」とか単に「$|0\rangle$ を得る」という。
量子状態 $a|0\rangle + b|1\rangle$ を測定したとき、各測定値を得る確率は次の通り。

- 測定値 $|0\rangle$ を得る確率は $|a|^2$
- 測定値 $|1\rangle$ を得る確率は $|b|^2$

測定後の量子状態は、得られた測定値に変化する。

古典ビットは何度測定しても同じ結果が返ってきました。

次の点は、量子コンピュータと古典コンピュータで大きく異なります。

(1) 得られる測定値は確率によって変わる
(2) 測定によって状態が変化する

たとえば、

$$|\varphi\rangle = \frac{1}{\sqrt{5}}|0\rangle + \frac{2}{\sqrt{5}}|1\rangle$$

とし、$|\varphi\rangle$ を測定すると、次のようになります。

- 測定値 $|0\rangle$ を得る確率は $\left|\frac{1}{\sqrt{5}}\right|^2 = \frac{1}{5} = 0.2$ となり、測定後の量子状態は $|0\rangle$ に変化する。
- 測定値 $|1\rangle$ を得る確率は $\left|\frac{2}{\sqrt{5}}\right|^2 = \frac{4}{5} = 0.8$ となり、測定後の量子状態は $|1\rangle$ に変化する。

これらを踏まえ、古典ビットと量子ビットに関する測定の違いをまとめると、**表 3.1** のようになります。

表 3.1：古典ビットと量子ビットの測定の違い

比較対象	古典ビット	量子ビット
測定で得られる結果	同じ操作なら一定	同じ操作でも確率的に変わる
測定時の状態の変化	なし	あり

古典ビット0を測定して得られる値の確率分布は**図 3.2** のようになります。必ず0が得られるので、0の確率は1、その他の確率は0です。

量子状態 $|\varphi\rangle = \frac{1}{\sqrt{5}}|0\rangle + \frac{2}{\sqrt{5}}|1\rangle$ を測定して得られる値の確率分布は、**図 3.3** のようになります。

図 3.2：古典ビット 0 を測定して得られる値の確率分布

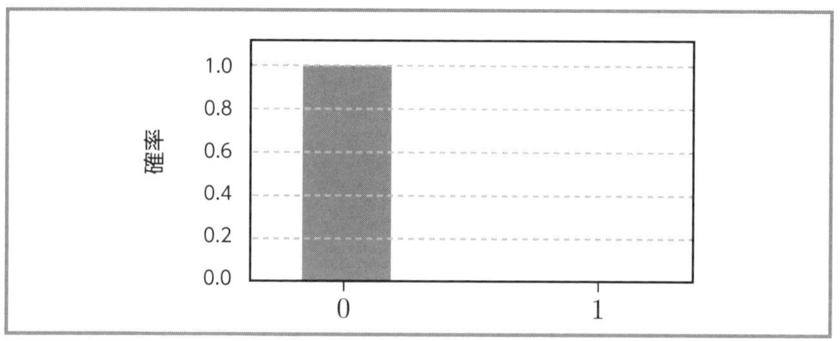

図 3.3：量子状態 $|\varphi\rangle = \frac{1}{\sqrt{5}}|0\rangle + \frac{2}{\sqrt{5}}|1\rangle$ を測定して得られる値の確率分布

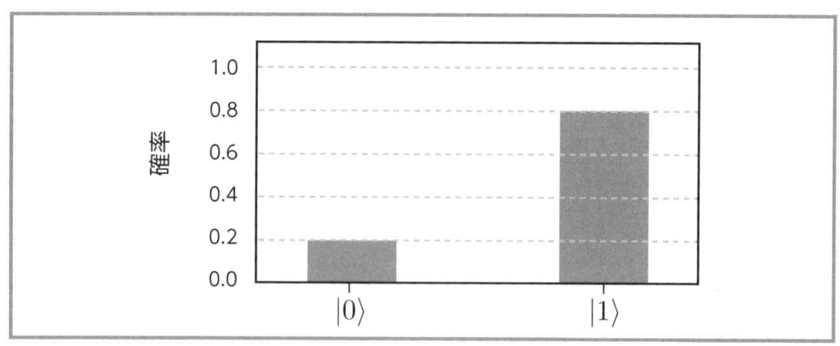

一般的には、量子状態を測定するたびに異なる値が得られますが、$|0\rangle$ の場合は何度測定しても $|0\rangle$ が得られます。また、$|1\rangle$ を何度測定しても $|1\rangle$ が得られます。

このように、重ね合わせ状態になっていない $|0\rangle$ や $|1\rangle$ の測定は、古典ビットと同じように振る舞います。

次の $|\psi\rangle$ を測定すると、どうなるでしょうか。

$$|\psi\rangle = \frac{1}{\sqrt{5}}|0\rangle - \frac{2}{\sqrt{5}}|1\rangle$$

測定の定義にあてはめると、次のようになります。

- 測定値 $|0\rangle$ を得る確率は $\left|\frac{1}{\sqrt{5}}\right|^2 = \frac{1}{5} = 0.2$ となり、測定後の量子状態は $|0\rangle$ に変化する。
- 測定値 $|1\rangle$ を得る確率は $\left|-\frac{2}{\sqrt{5}}\right|^2 = \frac{4}{5} = 0.8$ となり、測定後の量子状態は $|1\rangle$ に変化する。

先ほどの $|\varphi\rangle$ とこの $|\psi\rangle$ のように、「ベクトルとしては異なるが、測定したときの振舞いは一致する」というケースがある点は注意が必要です。

3.4 ビットの状態を変化させる「量子ゲート」

量子ビットの状態について説明し、それを測定できることも分かりました。しかし、これだけでは計算できません。古典コンピュータでは、ビット演算を行うゲート（AND、OR、XOR、NOT など）を使い、ビットの状態を変化させて計算します。古典コンピュータのゲートに相当するものが、量子ゲートです。この量子ゲートの操作にあたるものを、ユニタリ発展といいます。

定義

量子状態$|\varphi\rangle$は、2×2ユニタリ行列Uを使って$U|\varphi\rangle$という量子状態に写る。このような量子状態の変化をユニタリ発展(unitary evolution)という。

第2章で説明したように、ユニタリ行列は$U^\dagger U = I$が成り立つ行列です。量子コンピュータは、ユニタリ発展を行う回路を実装することで量子ビットの状態を変化させ、計算できます。

ユニタリ発展に利用するユニタリ行列のサイズが指数関数的に巨大になっても、量子コンピュータの計算時間への影響は古典コンピュータほどは大きくなりません。そのため、量子コンピュータは指数関数的に巨大なユニタリ発展を高速に行えます。あらゆる行列計算を高速化できる訳ではなく、ユニタリ発展による高速なアルゴリズムが発見されている場合だけ高速化できます。

量子コンピュータでよく利用するユニタリ発展については、第4章や第6章、第8章で具体的な計算例と共に紹介します。

3.4.1 量子状態をユニタリ発展させたものは、量子状態になる

ユニタリ発展した$U|\varphi\rangle$が量子状態にならないと、この定義は意味がありません。$|\varphi\rangle$を量子状態とし、Uをユニタリ行列したとき、$U|\varphi\rangle$が量子状態になることを、確認してみましょう。

$$
\begin{aligned}
\langle U\varphi|U\varphi\rangle &= (U\varphi)^\dagger(U\varphi) = \varphi^\dagger U^\dagger U\varphi = \varphi^\dagger I\varphi = \varphi^\dagger\varphi \\
&= \langle\varphi|\varphi\rangle = 1
\end{aligned}
$$

となります。これは、内積による量子状態の定義（87ページ）を満た

します。そのため、$U|\varphi\rangle$ も量子状態です。これにより、ユニタリ行列 U を量子状態から量子状態への関数と見ることができます。

3.4.2 任意のユニタリ発展は、ハードウェアとして実装可能

任意のユニタリ発展を近似的に実装できることが、理論的に分かっています。詳しい説明は本書の範囲を越えますが、**ソロベイ－キタエフの定理**（Solovay–Kitaev theorem）として知られています。興味ある方は巻末の参考文献［8］［9］［10］を参照してください。

3.4.3 ユニタリ発展の可逆性

ユニタリ行列は必ず逆行列を持ちます。そのため、$U|\varphi\rangle$ を U^{-1} でユニタリ発展させると、

$$U^{-1}U|\varphi\rangle = |\varphi\rangle$$

となり、$|\varphi\rangle$ に戻ります。状態の変化に対して、元に戻す変化が可能であることを**可逆**（reversible）と言います。そのため、任意のユニタリ発展は可逆です。

量子回路の可逆性は、古典回路と大きく異なる点です。たとえば、**図3.4** にある古典ビットの AND を考えてみましょう。

図 3.4：古典ビットの AND

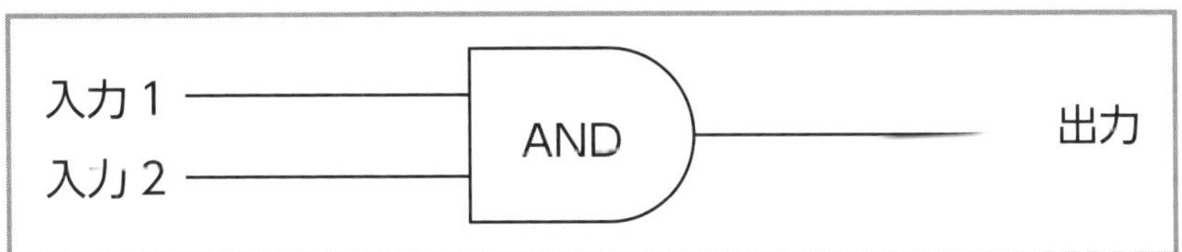

AND は 2 個のビットを入力し、1 個の出力を得る操作です。すべての入力が 1 のときに出力が 1 になり、それ以外は出力が 0 になります。

具体的には**表 3.2** のように動作します。

表 3.2：AND の入出力

入力 1	入力 2	出力
0	0	0
0	1	0
1	0	0
1	1	1

表 3.2 を見ると、出力が 0 となるときの入力の組み合わせが 3 種類あります。そのため、出力から入力に戻そうとしても、どの入力に戻せばよいのか判別できません。このように、古典回路では可逆性のない操作ができます。

一方で、ユニタリ発展の可逆性より、量子回路ではこのような操作はできません。「量子コンピュータは AND ができないのか」と驚かれるでしょうが、その点は大丈夫です。実は、入出力のビットを拡張することで、AND に相当するユニタリ発展を行えます。第 8 章で紹介するトフォリゲートが AND に相当します。

3.5 量子状態の区別がつくとき、つかないとき

量子状態は測定しないと分かりません。ただ、測定の定義のあとに注意したように、2 つの量子状態に対して $|0\rangle$ を測定する確率と $|1\rangle$ を測定する確率が同じになるケースがあります。

3.5.1 区別できる例

2つの量子状態 $\frac{1}{\sqrt{2}}(|0\rangle+|1\rangle)$ と $\frac{1}{\sqrt{2}}(|0\rangle-|1\rangle)$ を区別する方法について考えてみましょう。$\frac{1}{\sqrt{2}}(|0\rangle+|1\rangle)$ を測定すると、確率 $\frac{1}{2}$ で $|0\rangle$ を得て、確率 $\frac{1}{2}$ で $|1\rangle$ を得ます。また、$\frac{1}{\sqrt{2}}(|0\rangle-|1\rangle)$ を測定しても、確率 $\frac{1}{2}$ で $|0\rangle$ を得て、確率 $\frac{1}{2}$ で $|1\rangle$ を得ます。このまま測定しても量子状態を区別できません。

しかし、この場合は、第4章で説明するアダマール行列 $H=\frac{1}{\sqrt{2}}\begin{pmatrix}1 & 1\\ 1 & -1\end{pmatrix}$ でユニタリ発展させることで、測定時に量子ビットを得る確率を変えられます。これにより、$\frac{1}{\sqrt{2}}(|0\rangle-|1\rangle)$ と $\frac{1}{\sqrt{2}}(|0\rangle+|1\rangle)$ を区別できます。実際、

$$H\frac{1}{\sqrt{2}}(|0\rangle+|1\rangle)=|0\rangle$$
$$H\frac{1}{\sqrt{2}}(|0\rangle-|1\rangle)=|1\rangle$$

となるため、$\frac{1}{\sqrt{2}}(|0\rangle+|1\rangle)$ にアダマール行列をかけた後で測定すると、確率1で $|0\rangle$ を得ます。また、$\frac{1}{\sqrt{2}}(|0\rangle-|1\rangle)$ にアダマール行列をかけた後で測定すると、確率1で $|1\rangle$ を得ます。このような方法で、$\frac{1}{\sqrt{2}}(|0\rangle+|1\rangle)$ と $\frac{1}{\sqrt{2}}(|0\rangle-|1\rangle)$ を区別できます。

この状況のイメージを説明します。**図 3.5** の正立方体と横向きの円柱は正面から見ると、同じ図形に見えます（量子状態を変えずに測定する

ことに相当)。しかし、見る方向を変えると、別の図形に見えます(アダマール行列をかけてから測定することに相当)。このように、単純に測定するだけでは同じように見える量子状態でも、ユニタリ発展してから(見る方向を変えてから)測定することで、区別できるケースがあります。

図 3.5：見る向きを変えると、区別できる

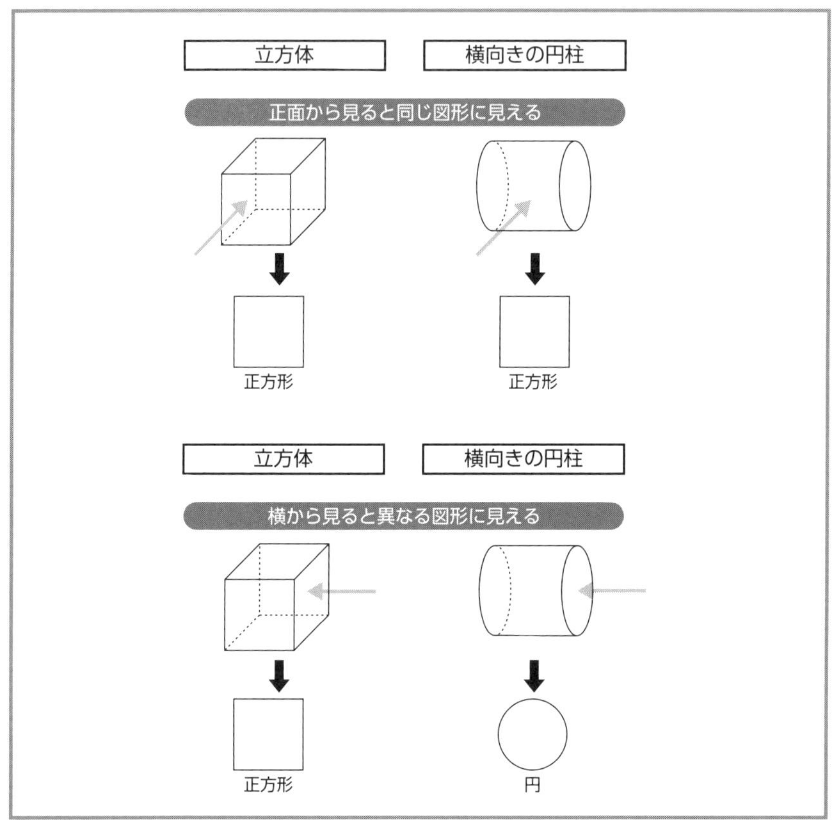

3.5.2 区別できない例

では、$\frac{1}{\sqrt{2}}(|0\rangle + |1\rangle)$ と $-\frac{1}{\sqrt{2}}(|0\rangle + |1\rangle)$ はどのようにすれば区別できるでしょうか。そのまま測定すると、どちらも確率 $\frac{1}{2}$ で $|0\rangle$ を得て、

確率 $\dfrac{1}{2}$ で $|1\rangle$ を得ます。これでは区別できないめ、さきほどと同様にアダマール行列 H をかけてみましょう。

$$H\frac{1}{\sqrt{2}}(|0\rangle + |1\rangle) = |0\rangle$$
$$H(-\frac{1}{\sqrt{2}}(|0\rangle + |1\rangle)) = -|0\rangle$$

アダマール行列 H でユニタリ発展させた後に測定しても、どちらも確率 1 で $|0\rangle$ を得るため、この方法でも区別できません。

別のユニタリ行列をかけた後に測定すれば、区別できるでしょうか。実は、次節で示すように、この 2 つの量子状態は原理的に区別できません。

3.5.3 区別できない理由

量子状態の区別について、もう少し詳しく調べます。

量子状態 $|\varphi\rangle = a|0\rangle + b|1\rangle$ について、$|0\rangle$ を得る確率は $|a|^2$、$|1\rangle$ を得る確率は $|b|^2$ です。ここで、複素数 z が $|z| = 1$ を満たすとします。$z|\varphi\rangle = za|0\rangle + zb|1\rangle$ を測定すると、$|0\rangle$ を得る確率は $|za|^2 = |z|^2|a|^2 = 1^2|a|^2 = |a|^2$ です。同様に、$|1\rangle$ を得る確率は $|b|^2$ です。そのため、このまま測定しても $|\varphi\rangle$ と $z|\varphi\rangle$ を区別できません。

では、ユニタリ発展させてから測定すれば区別できるでしょうか。

これを調べる準備として、測定する確率を内積を使って表現する方法を紹介します。量子状態 $|\varphi\rangle = a|0\rangle + b|1\rangle$ に対し、次の式が成り立ちます。

$$\begin{aligned}
\langle 0|\varphi\rangle &= \langle 0|(a|0\rangle + b|1\rangle) - a\langle 0|0\rangle + b\langle 0|1\rangle \\
&= a\begin{pmatrix} 1 & 0 \end{pmatrix}\begin{pmatrix} 1 \\ 0 \end{pmatrix} + b\begin{pmatrix} 1 & 0 \end{pmatrix}\begin{pmatrix} 0 \\ 1 \end{pmatrix} = a \cdot 1 + b \cdot 0 \\
&= a
\end{aligned}$$

そのため、$|\langle 0|\varphi\rangle|^2 = |a|^2$ となります。同様に、$|\langle 1|\varphi\rangle|^2 = |b|^2$ となります。

これを測定の言葉で表すと、定理 3.1 が成り立ちます。

定理 3.1

量子状態 $|\varphi\rangle = a|0\rangle + b|1\rangle$ について、次の式が成り立つ。

(1) $|a|^2 = |\langle 0|\varphi\rangle|^2$
(2) $|b|^2 = |\langle 1|\varphi\rangle|^2$

$z|\varphi\rangle$ をユニタリ発展させたものは、ユニタリ行列 U を使って、$Uz|\varphi\rangle$ と書けます。上記の定理と、第 2 章の定理 2.7 を使って $|0\rangle$ を得る確率を求めると、

$$|\langle 0|Uz\varphi\rangle|^2 = |\langle 0|U\varphi\rangle|^2$$

となります。$U|\varphi\rangle$ を測定して $|0\rangle$ を得る確率と、$Uz|\varphi\rangle$ を測定して $|0\rangle$ を得る確率が同じになります。そのため、ユニタリ発展させても $|0\rangle$ を得る確率で区別できません。また、同様の計算により、ユニタリ発展させても $|1\rangle$ を得る確率で区別できません。

これらから、定理 3.2 が分かります。

定理 3.2

$|z| = 1$ を満たす複素数 z に対して、量子状態 $|\varphi\rangle$ と $z|\varphi\rangle$ は区別できない（同一の量子状態）。

どんなユニタリ発展や測定を行っても区別できない量子状態は、同一の量子状態と考えます。数式では別の表現でも、実は同一の量子状態の

場合があります。そのため、2 つの量子状態が同一かどうか判定する場合は注意が必要です。

前節の $\frac{1}{\sqrt{2}}(|0\rangle + |1\rangle)$ と $-\frac{1}{\sqrt{2}}(|0\rangle + |1\rangle)$ を当てはめてみましょう。

$|\varphi\rangle = \frac{1}{\sqrt{2}}(|0\rangle + |1\rangle)$、$z = -1$ とすると、$z|\varphi\rangle = -\frac{1}{\sqrt{2}}(|0\rangle + |1\rangle)$ になり、定理 3.2 により $\frac{1}{\sqrt{2}}(|0\rangle + |1\rangle)$ と $-\frac{1}{\sqrt{2}}(|0\rangle + |1\rangle)$ は区別できません。

この状況のイメージを説明します。表面に何も書いていない正立方体 A があるとします。上下が入れ替わるように正立方体 A を回転したものを、正立方体 B とします。これらの正立方体はサイコロと違って表面に何も書かれていないため、面を区別できません。そのため、正立方体 A と正立方体 B をどの方向から見ても両者は同じ図形に見えます。このように、どのように操作（ユニタリ発展や測定）を行っても区別できない量子状態は、同一の量子状態と考えます。

図 3.6：見る向きを変えても、区別できない

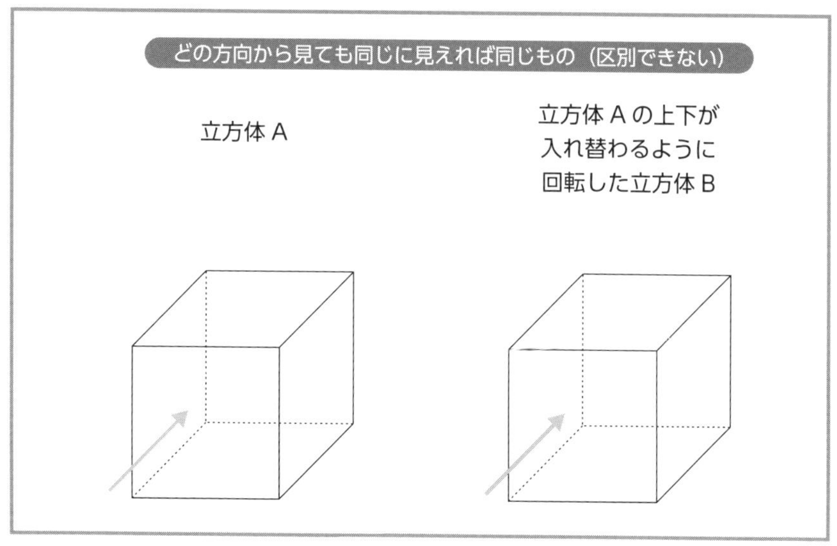

この章では新しい概念が多く登場し、大変だったかもしれません。1度で理解できなくても、具体的な例を計算して慣れましょう。

コラム：どうして量子コンピュータの演算はユニタリ行列なのか

量子力学の基本方程式であるシュレディンガー方程式を紹介し、量子コンピュータの演算（ユニタリ発展）にユニタリ行列が登場する理由を説明します。このコラムは本書の範囲を大きく越えるため、数式を理解できなくても、背景の雰囲気を感じて頂ければ十分です。

高校で習う古典力学の世界では、物体の運動（状態の変化）はニュートンの運動方程式 $F = ma$ によって決まりました。一方で、量子力学での運動（量子状態の変化）は**シュレディンガー方程式**と呼ばれる次の方程式で決まります。

$$i\hbar \frac{d}{dt} \left|\varphi(t)\right\rangle = \hat{H} \left|\varphi(t)\right\rangle$$

謎の記号がたくさん登場しましたが、分からなくて当たり前で、まずは「そういう方程式があるんだ」という事実を受け止めましょう。この方程式の雰囲気を感じるために、1量子ビットを例にそれぞれの記号が何を表しているのか説明します。

左辺の i は虚数単位です。h に横棒がついた $\hbar$（「エイチバー」と読みます）は**ディラック定数**（Dirac's constant）または**換算プランク定数**（reduced Planck constant）と呼ばれるもので、量子力学に登場する定数です。$\hbar$ は何か特定の実数だと思えばよいでしょう。$\varphi(t)$ は出力が列ベクトルになる関数で、時間 t によって変化する量子状態を表します。ケット記号を使わずに書くと、関数 $\varphi_0(t), \varphi_1(t)$ を使って

$\begin{pmatrix} \varphi_0(t) \\ \varphi_1(t) \end{pmatrix}$ と書けます。この方程式は「2次元ベクトル＝ 2次元ベクトル」という形の方程式になっています。

$\frac{d}{dt}$ は時間 t での微分を表しています。$|\varphi(t)\rangle$ の時間での微分は、時間が経ったときの $|\varphi(t)\rangle$ の変化量を表しています。そのため、この方程式の左辺は、量子状態の変化量（に定数 $i\hbar$ をかけたもの）を表しています。

右辺の $\hat{H}$ は**ハミルトニアン**（Hamiltonian）と呼ばれるもので、量子状態（2次元ベクトル）を量子状態（2次元ベクトル）に写す2次正方行列とみなせます。H の上についた ^ は**ハット**（hat）という記号で、$\hat{H}$ は「エイチハット」と読みます。また、$\hat{H}$ はエルミート行列になります。

これらを踏まえると、このシュレディンガー方程式は $\varphi_0(t)$ と $\varphi_1(t)$ に関する微分の連立方程式になっています。

$$i\hbar \begin{pmatrix} \frac{d}{dt}\varphi_0(t) \\ \frac{d}{dt}\varphi_1(t) \end{pmatrix} = \hat{H} \begin{pmatrix} \varphi_0(t) \\ \varphi_1(t) \end{pmatrix}$$

$$\text{量子状態の変化量} = \hat{H} \times \text{量子状態}$$

高校の範囲を越えますが、シュレディンガー方程式の形が時間経過によって変わらない場合の解を求めると、次のようになります。

$$|\varphi(t)\rangle = e^{-i\hat{H}/\hbar}|\varphi(0)\rangle$$

ここで、$|\varphi(0)\rangle$ は初期状態（演算を行う前の状態）の量子状態を表します。$e^{-i\hat{H}/\hbar}$ は行列指数関数と呼ばれるもので、この場合は2次正方行列になります。$\hat{H}$ がエルミート行列であることを使うと、$e^{-i\hat{H}/\hbar}$ はユニタリ行列になることが知られています。そのため、シュレディン

ガー方程式の解を標語的な表現で書くと、次のようになります。

$$\text{演算後の量子状態}\,|\varphi(t)\rangle = \text{ユニタリ行列} \times \text{初期状態}\,|\varphi(0)\rangle$$

この式から、量子状態を変化させる演算がユニタリ行列で表せることが分かります。これがユニタリ発展の正体です。

本書では今後シュレディンガー方程式は登場しないため、このコラムの内容が分からなかったとしても問題ありません。第 1 章のコラムでも説明したように、半導体の物理学を知らなくても、計算ルールを理解して古典コンピュータを使いこなせます。量子コンピュータも「入力のベクトルが行列によってどのような出力に変換されるか」という計算ルールを理解すれば、使いこなせます。ここでは、シュレディンガー方程式の解は標語的な表現で書いたような式になり、量子コンピュータで重要なユニタリ行列が出てくる、という雰囲気が伝われば十分です。

第 4 章
行列で読み解く量子回路の基本

$$|\varphi\rangle = \begin{pmatrix} a \\ b \end{pmatrix} \in \mathbb{C}^2$$

4.1　この章で学ぶこと

具体的な計算を通じて、代表的な 1 量子ビットの量子ゲートを理解します。これにより、量子回路がどのように動作するか計算できるようになります。行列の計算が多く登場しますが、新しい概念は第 3 章ほどは登場しないため、落ち着いて進んでいきましょう。

第 3 章までで、量子状態、ユニタリ発展、測定について学びました。ここからは、それらを組み合わせて量子回路がどのように動作するか学びます。本章では、代表的な 1 量子ビットの量子ゲートを使った量子回路について、具体的に計算します。行列の計算が多く登場しますので、実際に計算例を確認しながら慣れましょう。

4.2　量子ゲートと量子回路

古典コンピュータでの計算について説明するとき、第 2 章で説明した古典回路がよく使われます（**図 4.1**）。

図 4.1：古典回路の例

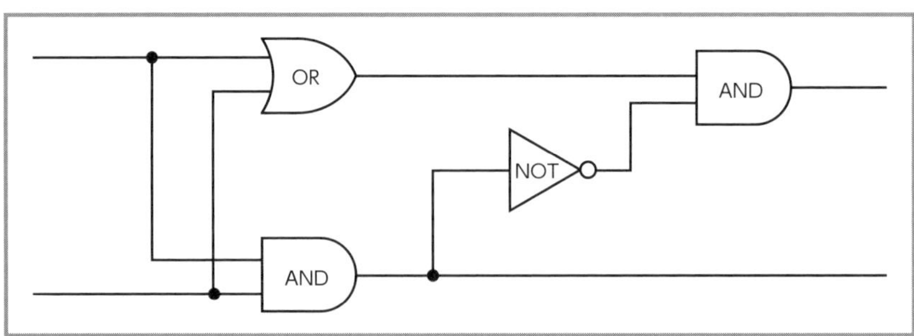

このようにAND、OR、NOTなどのゲート（素子）を組み合わせたものが、古典回路です。古典回路に古典ビットを入力することで計算が行われます。古典回路は左からデータを入力し、ゲートで計算した結果を右から出力します。1本の線には1ビットのデータが流れます。**図4.1**の場合は、入力は2ビット、出力も2ビットです。

量子コンピュータの場合も、量子ビットを操作する**量子ゲート**（量子素子、quantum gate）を組み合わせて**量子回路**（quantum circuit）を利用します。この量子回路に量子状態を入力することで、計算が行われます。量子状態は初期状態 $|0\rangle$ からはじまり、量子ゲートを使ってユニタリ発展し、測定して実行結果を量子回路から取り出します。ユニタリ発展を数学の言葉で表現したものがユニタリ行列であるため、量子ゲートとユニタリ行列を同一視して話を進めます。

また、量子回路の図の記法は、いくつか流儀があります。文献によっては、本書で説明する記法と異なるため、注意してください。

4.3 重ね合わせ状態を作る「アダマールゲート」

まずは第3章にも登場した行列で、数学者のアダマールに由来する**アダマール行列**（Hadamard matrix）H です。

$$H := \frac{1}{\sqrt{2}}\begin{pmatrix} 1 & 1 \\ 1 & -1 \end{pmatrix}$$

アダマール行列 H がユニタリ行列であることを確認しましょう。$H^\dagger = \frac{1}{\sqrt{2}}\begin{pmatrix} 1 & 1 \\ 1 & -1 \end{pmatrix}$ なので、

$$\begin{aligned}H^\dagger H &= \frac{1}{\sqrt{2}}\begin{pmatrix}1 & 1\\ 1 & -1\end{pmatrix}\cdot\frac{1}{\sqrt{2}}\begin{pmatrix}1 & 1\\ 1 & -1\end{pmatrix}\\ &= \frac{1}{2}\begin{pmatrix}2 & 0\\ 0 & 2\end{pmatrix} = \begin{pmatrix}1 & 0\\ 0 & 1\end{pmatrix} = I\end{aligned}$$

となります。これで、H がユニタリ行列であることを確認できました。

H により、量子状態 $|0\rangle$、$|1\rangle$、$\frac{1}{\sqrt{2}}(|0\rangle + |1\rangle)$、$\frac{1}{\sqrt{2}}(|0\rangle - |1\rangle)$ は次のように変化します。

$$\begin{aligned}H|0\rangle &= \frac{1}{\sqrt{2}}\begin{pmatrix}1 & 1\\ 1 & -1\end{pmatrix}\begin{pmatrix}1\\ 0\end{pmatrix} = \frac{1}{\sqrt{2}}\begin{pmatrix}1\\ 1\end{pmatrix}\\ &= \frac{1}{\sqrt{2}}(|0\rangle + |1\rangle)\\ H|1\rangle &= \frac{1}{\sqrt{2}}\begin{pmatrix}1 & 1\\ 1 & -1\end{pmatrix}\begin{pmatrix}0\\ 1\end{pmatrix} = \frac{1}{\sqrt{2}}\begin{pmatrix}1\\ -1\end{pmatrix}\\ &= \frac{1}{\sqrt{2}}(|0\rangle - |1\rangle)\\ H\frac{1}{\sqrt{2}}(|0\rangle + |1\rangle) &= \frac{1}{\sqrt{2}}\begin{pmatrix}1 & 1\\ 1 & -1\end{pmatrix}\begin{pmatrix}\frac{1}{\sqrt{2}}\\ \frac{1}{\sqrt{2}}\end{pmatrix} = \begin{pmatrix}1\\ 0\end{pmatrix} = |0\rangle\\ H\frac{1}{\sqrt{2}}(|0\rangle - |1\rangle) &= \frac{1}{\sqrt{2}}\begin{pmatrix}1 & 1\\ 1 & -1\end{pmatrix}\begin{pmatrix}\frac{1}{\sqrt{2}}\\ -\frac{1}{\sqrt{2}}\end{pmatrix} = \begin{pmatrix}0\\ 1\end{pmatrix} = |1\rangle\end{aligned}$$

アダマール行列 H を使うと、$|0\rangle$ や $|1\rangle$ から重ね合わせ状態を作るこ

とができます。逆に $\frac{1}{\sqrt{2}}(|0\rangle + |1\rangle)$、$\frac{1}{\sqrt{2}}(|0\rangle - |1\rangle)$ という重ね合わせ状態から、$|0\rangle$ や $|1\rangle$ を作ることができます。重ね合わせ状態を作り出して計算する量子アルゴリズムは非常に多いため、H は大活躍する量子ゲートのひとつです。

量子回路を書くときは、**図 4.2** のように表記します。左から量子状態を入力し、ユニタリ発展したあとの量子状態を右から出力します。

図 4.2：アダマール行列の量子回路

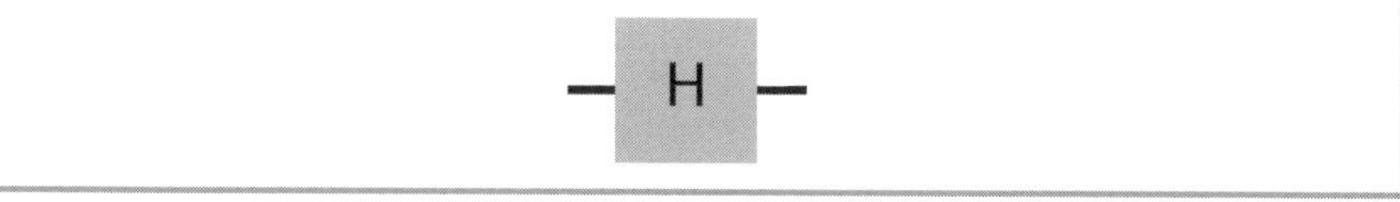

4.4 NOT の役割を果たす「X ゲート」

次は物理学者のパウリに由来する**パウリ行列**(Pauli matrices)[*1]です。

パウリ行列にはいくつか種類がありますが、今後よく利用することになる X と Z を紹介します。本書では、大文字の X や Z は変数としては使わず、パウリ行列を表します。

まずは、パウリ行列 X です。**X ゲート**（X gate）とも呼びます。

$$X := \begin{pmatrix} 0 & 1 \\ 1 & 0 \end{pmatrix}$$

パウリ行列 X がユニタリ行列であることを確認しましょう。

＊1　ブロッホ球という概念を導入すると、パウリ行列は量子状態を回転させるゲートとして捉えることができます。本書の範囲を越えるため、詳しくは参考文献 [7] [8] [9] [10] [11] を参照してください。

$X^\dagger = \begin{pmatrix} 0 & 1 \\ 1 & 0 \end{pmatrix}$ なので、

$$\begin{aligned} X^\dagger X &= \begin{pmatrix} 0 & 1 \\ 1 & 0 \end{pmatrix}\begin{pmatrix} 0 & 1 \\ 1 & 0 \end{pmatrix} \\ &= \begin{pmatrix} 1 & 0 \\ 0 & 1 \end{pmatrix} = I \end{aligned}$$

となります。これで、X がユニタリ行列であることを確認できました。

X により、量子状態 $|0\rangle$、$|1\rangle$、$\frac{1}{\sqrt{2}}(|0\rangle + |1\rangle)$、$\frac{1}{\sqrt{2}}(|0\rangle - |1\rangle)$ は次のように変化します。

$$\begin{aligned} X|0\rangle &= \begin{pmatrix} 0 & 1 \\ 1 & 0 \end{pmatrix}\begin{pmatrix} 1 \\ 0 \end{pmatrix} = \begin{pmatrix} 0 \\ 1 \end{pmatrix} = |1\rangle \\ X|1\rangle &= \begin{pmatrix} 0 & 1 \\ 1 & 0 \end{pmatrix}\begin{pmatrix} 0 \\ 1 \end{pmatrix} = \begin{pmatrix} 1 \\ 0 \end{pmatrix} = |0\rangle \\ X\frac{1}{\sqrt{2}}(|0\rangle + |1\rangle) &= \begin{pmatrix} 0 & 1 \\ 1 & 0 \end{pmatrix}\begin{pmatrix} \frac{1}{\sqrt{2}} \\ \frac{1}{\sqrt{2}} \end{pmatrix} = \begin{pmatrix} \frac{1}{\sqrt{2}} \\ \frac{1}{\sqrt{2}} \end{pmatrix} \\ &= \frac{1}{\sqrt{2}}(|0\rangle + |1\rangle) \\ X\frac{1}{\sqrt{2}}(|0\rangle - |1\rangle) &= \begin{pmatrix} 0 & 1 \\ 1 & 0 \end{pmatrix}\begin{pmatrix} \frac{1}{\sqrt{2}} \\ -\frac{1}{\sqrt{2}} \end{pmatrix} = \begin{pmatrix} -\frac{1}{\sqrt{2}} \\ \frac{1}{\sqrt{2}} \end{pmatrix} \\ &= -\frac{1}{\sqrt{2}}(|0\rangle - |1\rangle) \end{aligned}$$

パウリ行列 X を使うと $|0\rangle$ が $|1\rangle$ に、$|1\rangle$ が $|0\rangle$ に変化します。これにより、**ビット反転**（bit flip）を実現できます。古典ゲートでいうとNOT に相当します。また、$\frac{1}{\sqrt{2}}(|0\rangle + |1\rangle)$ は、$|0\rangle$ と $|1\rangle$ が反転しても $\frac{1}{\sqrt{2}}(|0\rangle + |1\rangle)$ のままです。$\frac{1}{\sqrt{2}}(|0\rangle - |1\rangle)$ は、$|0\rangle$ と $|1\rangle$ が反転すると、-1 倍した $-\frac{1}{\sqrt{2}}(|0\rangle - |1\rangle)$ に変化します。

量子回路を書くときは、**図 4.3** のように表記します。

図 4.3：パウリ行列 X の量子回路

4.5 位相反転させる「Z ゲート」

次はパウリ行列 Z です。**Z ゲート**（Z gate）とも呼びます。

$$Z := \begin{pmatrix} 1 & 0 \\ 0 & -1 \end{pmatrix}$$

パウリ行列 Z がユニタリ行列であることを確認しましょう。

$Z^\dagger = \begin{pmatrix} 1 & 0 \\ 0 & -1 \end{pmatrix}$ なので、

$$
\begin{aligned}
Z^{\dagger}Z &= \begin{pmatrix} 1 & 0 \\ 0 & -1 \end{pmatrix}\begin{pmatrix} 1 & 0 \\ 0 & -1 \end{pmatrix} \\
&= \begin{pmatrix} 1 & 0 \\ 0 & 1 \end{pmatrix} = I
\end{aligned}
$$

となります。これで、Z がユニタリ行列であることを確認できました。パウリ行列 Z により、量子状態 $|0\rangle$、$|1\rangle$、$\frac{1}{\sqrt{2}}(|0\rangle + |1\rangle)$、$\frac{1}{\sqrt{2}}(|0\rangle - |1\rangle)$ は次のように変化します。

$$
\begin{aligned}
Z|0\rangle &= \begin{pmatrix} 1 & 0 \\ 0 & -1 \end{pmatrix}\begin{pmatrix} 1 \\ 0 \end{pmatrix} = \begin{pmatrix} 1 \\ 0 \end{pmatrix} = |0\rangle \\
Z|1\rangle &= \begin{pmatrix} 1 & 0 \\ 0 & -1 \end{pmatrix}\begin{pmatrix} 0 \\ 1 \end{pmatrix} = \begin{pmatrix} 0 \\ -1 \end{pmatrix} = -|1\rangle \\
Z\frac{1}{\sqrt{2}}(|0\rangle + |1\rangle) &= \begin{pmatrix} 1 & 0 \\ 0 & -1 \end{pmatrix}\begin{pmatrix} \frac{1}{\sqrt{2}} \\ \frac{1}{\sqrt{2}} \end{pmatrix} = \begin{pmatrix} \frac{1}{\sqrt{2}} \\ -\frac{1}{\sqrt{2}} \end{pmatrix} \\
&= \frac{1}{\sqrt{2}}(|0\rangle - |1\rangle) \\
Z\frac{1}{\sqrt{2}}(|0\rangle - |1\rangle) &= \begin{pmatrix} 1 & 0 \\ 0 & -1 \end{pmatrix}\begin{pmatrix} \frac{1}{\sqrt{2}} \\ -\frac{1}{\sqrt{2}} \end{pmatrix} = \begin{pmatrix} \frac{1}{\sqrt{2}} \\ \frac{1}{\sqrt{2}} \end{pmatrix} \\
&= \frac{1}{\sqrt{2}}(|0\rangle + |1\rangle)
\end{aligned}
$$

パウリ行列 Z は $|0\rangle$ を変化させませんが、$|1\rangle$ の係数の符号を反転させます。これを、**位相反転**（phase flip）と言います。

第2章で説明したように、複素数 $z = a + bi$（a, b は実数、i は虚数単位）を**図 4.4** のように複素平面にプロットしたとき、θ を z の**位相**（phase）と呼びます。

図 4.4：位相の概念

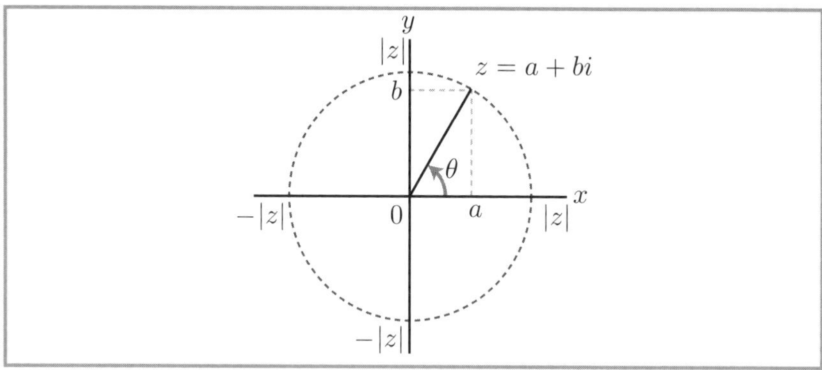

$|1\rangle$ の係数の符号を反転（-1 倍）[*2] すると**図 4.5** のように位相が半周変化するため、位相反転と呼ばれます。

図 4.5：位相反転

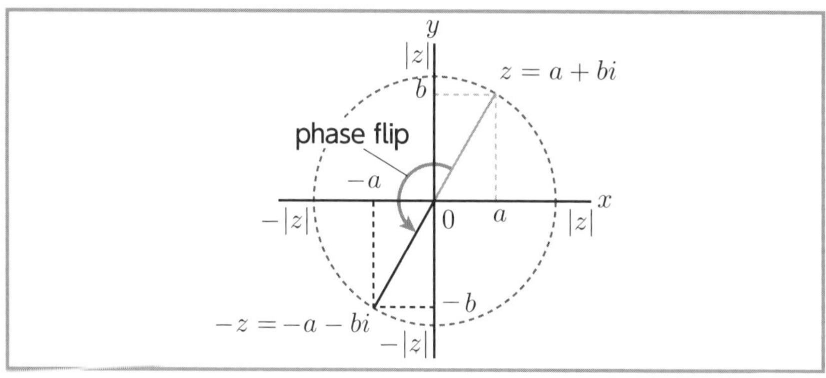

量子回路を書くときは、**図 4.6** のように表記します。

＊2　反転させるのは「量子状態の符号」ではなく、「$|1\rangle$ の係数の符号」である点に注意してください。

図 4.6：パウリ行列 Z の量子回路

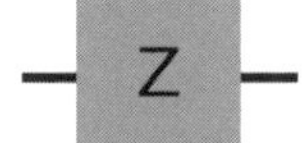

パウリ行列とアダマール行列の関係

パウリ行列とアダマール行列には次のような関係があります。

$$H = \frac{1}{\sqrt{2}}(X + Z)$$

行列の中身を具体的に書くと次のようになります。

$$\frac{1}{\sqrt{2}}\begin{pmatrix} 1 & 1 \\ 1 & -1 \end{pmatrix} = \frac{1}{\sqrt{2}}\left\{\begin{pmatrix} 0 & 1 \\ 1 & 0 \end{pmatrix} + \begin{pmatrix} 1 & 0 \\ 0 & -1 \end{pmatrix}\right\}$$

また、パウリ行列をアダマール行列で挟むと X が Z になり、Z が X になり、入れ替わります（実際に計算して確かめてみましょう）。

$$HXH = Z$$
$$HZH = X$$

この関係を使うと、**図 4.7**、**図 4.8** のように量子回路を簡略化できます。

図 4.7：量子回路 HXH の簡略化

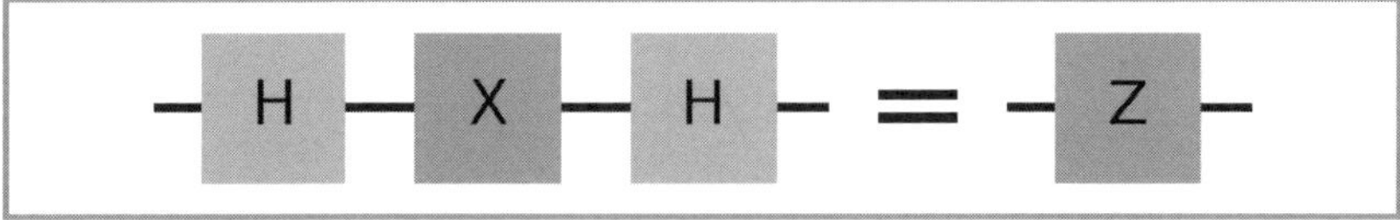

図 4.8：量子回路 HZH の簡略化

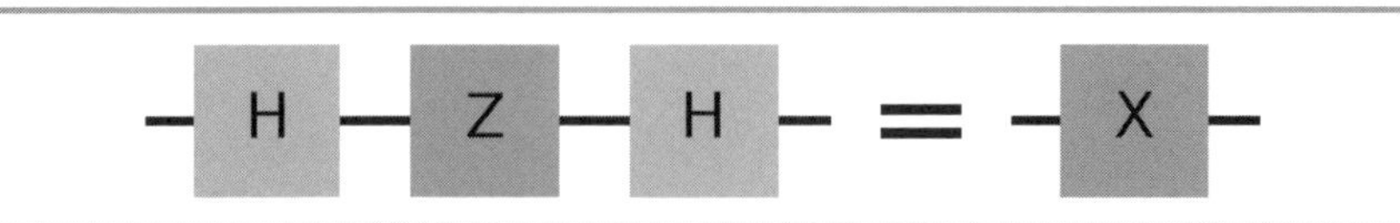

4.6 "ゲートがない"状態を作る

単位行列はもっとも基本的な量子ゲートです。

$$I := \begin{pmatrix} 1 & 0 \\ 0 & 1 \end{pmatrix}$$

単位行列 I がユニタリ行列になることを、実際に確認してみてください。

I により、量子状態 $|0\rangle$、$|1\rangle$、$\frac{1}{\sqrt{2}}(|0\rangle + |1\rangle)$、$\frac{1}{\sqrt{2}}(|0\rangle - |1\rangle)$ は次のように変化します。

$$\begin{aligned}
I|0\rangle &= \begin{pmatrix} 1 & 0 \\ 0 & 1 \end{pmatrix}\begin{pmatrix} 1 \\ 0 \end{pmatrix} = \begin{pmatrix} 1 \\ 0 \end{pmatrix} = |0\rangle \\
I|1\rangle &= \begin{pmatrix} 1 & 0 \\ 0 & 1 \end{pmatrix}\begin{pmatrix} 0 \\ 1 \end{pmatrix} = \begin{pmatrix} 0 \\ 1 \end{pmatrix} = |1\rangle \\
I\frac{1}{\sqrt{2}}(|0\rangle + |1\rangle) &= \begin{pmatrix} 1 & 0 \\ 0 & 1 \end{pmatrix}\begin{pmatrix} \frac{1}{\sqrt{2}} \\ \frac{1}{\sqrt{2}} \end{pmatrix} = \begin{pmatrix} \frac{1}{\sqrt{2}} \\ \frac{1}{\sqrt{2}} \end{pmatrix} \\
&= \frac{1}{\sqrt{2}}(|0\rangle + |1\rangle) \\
I\frac{1}{\sqrt{2}}(|0\rangle - |1\rangle) &= \begin{pmatrix} 1 & 0 \\ 0 & 1 \end{pmatrix}\begin{pmatrix} \frac{1}{\sqrt{2}} \\ -\frac{1}{\sqrt{2}} \end{pmatrix} = \begin{pmatrix} \frac{1}{\sqrt{2}} \\ -\frac{1}{\sqrt{2}} \end{pmatrix} \\
&= \frac{1}{\sqrt{2}}(|0\rangle - |1\rangle)
\end{aligned}$$

単位行列ですので、量子状態は元のままですね。元のままなので使い道がなさそうな気もしますが、複数の量子ビットを扱うときに「特定の量子ビットを変化させないゲート」として活躍します。

量子回路を書くときは、**図 4.9** のように表記します。

図 4.9：単位行列の量子回路

4.7 量子ゲートの性質

第 12 章でオラクルという操作を行いますが、その際に入力に利用した量子ビットを変化させてしまった場合、元の入力に戻す必要があります。たとえば、X ゲートを使って入力が変化してしまった場合、逆行列である $X^\dagger$ を使って元に戻す必要があります。

実は、本章で紹介したユニタリ行列はいずれも随伴行列（右上に†がついた行列）が自分自身に一致します。

$$U^\dagger = U$$

随伴行列が自分自身に一致する行列を**エルミート行列**（Hermitian matrix）と呼びます。

$$I^\dagger = I, \quad X^\dagger = X, \quad Z^\dagger = Z, \quad H^\dagger = H$$

そのため、自分自身が逆行列になり、2 乗すると I になります。

$$II = I^\dagger I = I, \quad XX = X^\dagger X = I, \quad ZZ = Z^\dagger Z = I, \quad HH = H^\dagger H = I$$

このことから、任意の量子状態 $|x\rangle$ に対して、次が成り立ちます。

$$I^2|x\rangle = I|x\rangle = |x\rangle$$

$$X^2|x\rangle = I|x\rangle = |x\rangle$$

$$Z^2|x\rangle = I|x\rangle = |x\rangle$$

$$H^2|x\rangle = I|x\rangle = |x\rangle$$

I, X, Z, H は「2回ユニタリ発展させると元に戻る」という性質があるため、オラクルで変化した入力を元に戻す場合、もう一度同じユニタリ発展をさせればよいです。

I, X, Z, H はユニタリ行列でありエルミート行列でもありますが、一般的にはユニタリ行列とエルミート行列は関係ないため、注意してください。

ユニタリ行列であるが、エルミート行列でない例：$U_1 = \begin{pmatrix} 1 & 0 \\ 0 & i \end{pmatrix}$

$$U_1 U_1^\dagger = I, \quad U_1 = \begin{pmatrix} 1 & 0 \\ 0 & i \end{pmatrix} \neq \begin{pmatrix} 1 & 0 \\ 0 & -i \end{pmatrix} = U_1^\dagger$$

ユニタリ行列でないが、エルミート行列である例：$U_2 = \begin{pmatrix} 1 & 0 \\ 0 & 2 \end{pmatrix}$

$$U_2 U_2^\dagger = \begin{pmatrix} 1 & 0 \\ 0 & 2 \end{pmatrix}\begin{pmatrix} 1 & 0 \\ 0 & 2 \end{pmatrix} = \begin{pmatrix} 1 & 0 \\ 0 & 4 \end{pmatrix} \neq I, \quad U_2 = U_2^\dagger$$

4.8 量子ビットを測定する

第 3 章でも説明したように、量子状態を測定することで計算結果を得ます。また、測定前の量子状態が何であっても、測定後の量子状態は $|0\rangle$ か $|1\rangle$ になることに注意が必要です。

量子回路を書くときは、**図 4.10** のように表記します。

図 4.10：測定を表現する量子回路

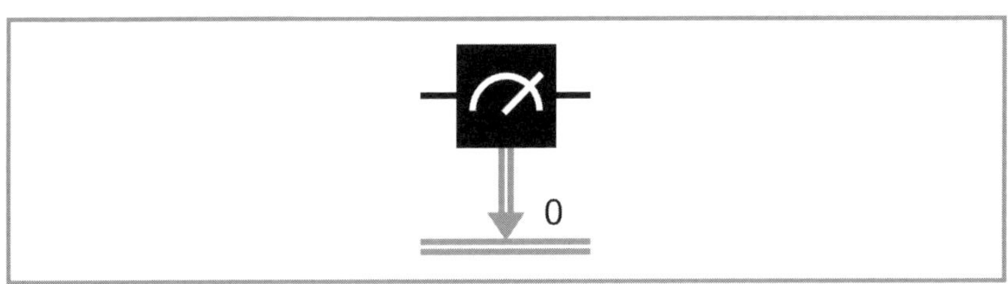

この回路の上側の線は、量子ビットを表します。この回路の下側の二重線は、古典ビットを表します。量子ビットを測定し、測定値を古典ビットに格納します。下向きの矢印の先の数字は、格納する古典ビットの添え字です。

4.9 1 量子ビットの量子回路を数学的に表す

これまで説明した知識を使い、量子回路を説明します。とはいっても、1 量子ビットのため、かなり単純な量子回路です。たとえば、

(1) 量子ビットの初期値を $|0\rangle$ とする。

(2) パウリ行列 X でビット反転させる。

(3) アダマール行列 H で重ね合わせ状態を作る。

(4) 測定する。

という計算を行う量子回路は、**図 4.11** のように表記します。

図 4.11：量子回路の例

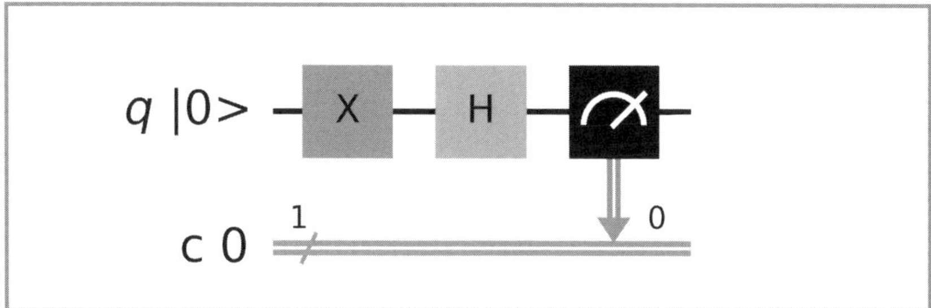

見た目の雰囲気は古典回路に似ていますが、量子ビットと古典ビットの線があったりと、違いがあります。

左側の $|0\rangle$ は量子ビットの初期状態、0 は古典ビットの初期状態です。

行列を使って具体的に計算すると、次のようになります。

$$
\begin{aligned}
HX|0\rangle &= H\begin{pmatrix} 0 & 1 \\ 1 & 0 \end{pmatrix}\begin{pmatrix} 1 \\ 0 \end{pmatrix} = H\begin{pmatrix} 0 \\ 1 \end{pmatrix} \\
&= \frac{1}{\sqrt{2}}\begin{pmatrix} 1 & 1 \\ 1 & -1 \end{pmatrix}\begin{pmatrix} 0 \\ 1 \end{pmatrix} = \frac{1}{\sqrt{2}}\begin{pmatrix} 1 \\ -1 \end{pmatrix} \\
&= \frac{1}{\sqrt{2}}(|0\rangle - |1\rangle)
\end{aligned}
$$

量子回路の操作は左から右の順に実行しますが、対応するユニタリ行列の積は右から左に並べるので注意してください。$HX|0\rangle$ を測定して

$|0\rangle$ を得る確率は $\left|\frac{1}{\sqrt{2}}\right|^2 = \frac{1}{2}$、$|1\rangle$ を得る確率は $\left|\frac{-1}{\sqrt{2}}\right|^2 = \frac{1}{2}$ となります。

簡潔な計算方法

ここで例に挙げた量子回路は比較的シンプルなものですが、具体的な行列を考えた途端、計算が煩雑になったように感じます。量子回路を見るたびにこのような行列計算を行うのは、正直言って大変です。ただ、このような計算を何度か行っていると、行列計算をせずに量子ビットがどのように変化するか分かるようになってきます。

たとえば、「パウリ行列 X はビット反転」と知っていれば、行列計算をしなくても計算できます。

量子状態同士を矢印でつなぎ、矢印の上に対応するユニタリ行列を書くことで、簡潔にユニタリ発展を表現できます。たとえば、**図 4.11** のユニタリ発展は次のように表現できます。

$$
\begin{aligned}
|0\rangle &\xrightarrow{X} |1\rangle \\
&\xrightarrow{H} \frac{1}{\sqrt{2}}(|0\rangle - |1\rangle)
\end{aligned}
$$

このような計算経験を積み重ねることで、行列計算することなく量子状態の変化が分かるようになります。代表的な量子ゲートの計算方法が分かれば済んでしまうケースが多いです。スムーズに計算するためにも、本章の量子ゲートの計算は理解しておきましょう。

今回の例は 1 量子ビットなのでシンプルですが、今後もっと複雑な量子回路が登場します。量子ゲートの計算に慣れるため、様々な計算を行うと理解が定着しやすくなります。たとえば、量子状態 $a|0\rangle + b|1\rangle$ が各量子ゲートでどのように変化するのか、計算してみるとよいでしょう。

第 5 章

2量子ビットに拡張する

$$|\varphi\rangle = \begin{pmatrix} a \\ b \end{pmatrix} \in \mathbb{C}^2$$

5.1 この章で学ぶこと

この章では、第3章で学んだ1量子ビットのルールを拡張し、ベクトル・行列・確率を使って2量子ビットの計算を学びます。2量子ビットになるとテンソル積という概念が登場し、計算の複雑さが増します。一方で、それ以外の概念は1量子ビットの自然な拡張になっているため、理解しやすいと思います。

この章で学ぶ考え方は、複数の量子ビットを扱うときに大切になります。数学的に分からない箇所は、第2章の説明を参照し、手を動かしながら進みましょう。

5.2 2量子ビットは「テンソル積」で表す

2古典ビットは00、01、10、11のように、1古典ビットを並べて書きます。これに対応する2量子ビットは $|0\rangle \otimes |0\rangle$、$|0\rangle \otimes |1\rangle$、$|1\rangle \otimes |0\rangle$、$|1\rangle \otimes |1\rangle$ のように行列のテンソル積 $\otimes$ を使って表します。ベクトルのテンソル積は次のように計算します。

$$
|0\rangle \otimes |0\rangle = \begin{pmatrix} 1 \\ 0 \end{pmatrix} \otimes \begin{pmatrix} 1 \\ 0 \end{pmatrix} = \begin{pmatrix} 1 \begin{pmatrix} 1 \\ 0 \end{pmatrix} \\ 0 \begin{pmatrix} 1 \\ 0 \end{pmatrix} \end{pmatrix} = \begin{pmatrix} 1 \\ 0 \\ 0 \\ 0 \end{pmatrix}
$$

$$
|0\rangle \otimes |1\rangle = \begin{pmatrix} 1 \\ 0 \end{pmatrix} \otimes \begin{pmatrix} 0 \\ 1 \end{pmatrix} = \begin{pmatrix} 1 \begin{pmatrix} 0 \\ 1 \end{pmatrix} \\ 0 \begin{pmatrix} 0 \\ 1 \end{pmatrix} \end{pmatrix} = \begin{pmatrix} 0 \\ 1 \\ 0 \\ 0 \end{pmatrix}
$$

$$
|1\rangle \otimes |0\rangle = \begin{pmatrix} 0 \\ 1 \end{pmatrix} \otimes \begin{pmatrix} 1 \\ 0 \end{pmatrix} = \begin{pmatrix} 0 \begin{pmatrix} 1 \\ 0 \end{pmatrix} \\ 1 \begin{pmatrix} 1 \\ 0 \end{pmatrix} \end{pmatrix} = \begin{pmatrix} 0 \\ 0 \\ 1 \\ 0 \end{pmatrix}
$$

$$
|1\rangle \otimes |1\rangle = \begin{pmatrix} 0 \\ 1 \end{pmatrix} \otimes \begin{pmatrix} 0 \\ 1 \end{pmatrix} = \begin{pmatrix} 0 \begin{pmatrix} 0 \\ 1 \end{pmatrix} \\ 1 \begin{pmatrix} 0 \\ 1 \end{pmatrix} \end{pmatrix} = \begin{pmatrix} 0 \\ 0 \\ 0 \\ 1 \end{pmatrix}
$$

2×1 行列と 2×1 行列のテンソル積であるため、4×1 行列となります。そのため、2量子ビットの量子状態は4次元のベクトルになります。

$|0\rangle \otimes |0\rangle$ はゼロベクトルでない点に注意してください。

$$
|0\rangle \otimes |0\rangle \neq \begin{pmatrix} 0 \\ 0 \\ 0 \\ 0 \end{pmatrix}
$$

また、テンソル積の記号 $\otimes$ を省略して $|0\rangle|0\rangle$ と表したり、さらに省略して $|00\rangle$ と表すことも多いです。

$$|0\rangle \otimes |0\rangle = |0\rangle|0\rangle = |00\rangle$$

2古典ビットの状態は00、01、10、11のいずれかでしたが、量子ビットの状態は $|00\rangle$ 、$|01\rangle$ 、$|10\rangle$ 、$|11\rangle$ 以外もあり得ます。

定義

複素数 a,b,c,d が $|a|^2+|b|^2+|c|^2+|d|^2=1$ という条件を満たすとき、

$$a|00\rangle + b|01\rangle + c|10\rangle + d|11\rangle$$

の形をしたベクトルを2量子ビットの**量子状態**（quantum state）という。

$|a|$、$|b|$、$|c|$、$|d|$ は複素数の絶対値を表します（詳しくは第2章を参照してください）。複素数が難しいと感じる方は、実数の絶対値（符号をプラスにしたもの）をイメージしてください。

この記法を利用することで、

$$\begin{aligned}\begin{pmatrix} a \\ b \\ c \\ d \end{pmatrix} &= a\begin{pmatrix} 1 \\ 0 \\ 0 \\ 0 \end{pmatrix} + b\begin{pmatrix} 0 \\ 1 \\ 0 \\ 0 \end{pmatrix} + c\begin{pmatrix} 0 \\ 0 \\ 1 \\ 0 \end{pmatrix} + d\begin{pmatrix} 0 \\ 0 \\ 0 \\ 1 \end{pmatrix} \\ &= a|00\rangle + b|01\rangle + c|10\rangle + d|11\rangle\end{aligned}$$

と書けます。量子状態をベクトルの形で表したものを**状態ベクトル**（state vector）といいます。記法を変えただけですが、次の定義も2量子ビットの量子状態を表しています。

定義

以下に定義する集合 Q の要素を量子状態（quantum state）と呼ぶ。

$$Q := \left\{ \begin{pmatrix} a \\ b \\ c \\ d \end{pmatrix} \in \mathbb{C}^4 \;\middle|\; |a|^2 + |b|^2 + |c|^2 + |d|^2 = 1 \right\}$$

この定義は「複素数を成分とした4次元のベクトルで $|a|^2 + |b|^2 + |c|^2 + |d|^2 = 1$ を満たすもの」という意味です。

いくつか例を挙げると、次のものは2量子ビットの量子状態です。

$$|00\rangle, \quad \frac{1}{\sqrt{2}}(|00\rangle + |11\rangle), \quad \frac{1}{2}(|00\rangle + |01\rangle + |10\rangle + |11\rangle)$$

計算に慣れるため、実際に $|a|^2 + |b|^2 + |c|^2 + |d|^2 = 1$ を満たすことを確認してみてください。また、次のものは量子状態では**ありません**。

$$|00\rangle + |11\rangle \quad (|1|^2 + |1|^2 = 2 \neq 1 \text{となるため})$$

量子状態は、内積を使って表すこともできます（内積については、第2章を参照してください）。量子状態

$$|\varphi\rangle = \begin{pmatrix} a \\ b \\ c \\ d \end{pmatrix} \in \mathbb{C}^4$$

の内積 $\langle\varphi|\varphi\rangle$ を計算すると、

$$
\begin{aligned}
\langle\varphi|\varphi\rangle &= \begin{pmatrix} a^* & b^* & c^* & d^* \end{pmatrix}\begin{pmatrix} a \\ b \\ c \\ d \end{pmatrix} \\
&= a^*a + b^*b + c^*c + d^*d \\
&= |a|^2 + |b|^2 + |c|^2 + |d|^2
\end{aligned}
$$

となります。これにより、量子状態全体の集合をQとすると、次のように表せます。

$$
Q = \left\{|\varphi\rangle \in \mathbb{C}^4 \;\middle|\; \langle\varphi|\varphi\rangle = 1\right\}
$$

定義

複素数を成分とした4次元ベクトルが$\langle\varphi|\varphi\rangle = 1$という条件を満たすとき、$|\varphi\rangle$を量子状態（quantum state）という。

量子状態を表す方法はいくつかあるため、状況に応じて扱いやすい方法を使います。

$\frac{1}{2}(|00\rangle + |01\rangle + |10\rangle + |11\rangle)$のように、複数の量子ビットの和で表される量子状態を**重ね合わせ状態**（superposition、superposition state）と呼びます。2量子ビットの量子状態は$|00\rangle$、$|01\rangle$、$|10\rangle$、$|11\rangle$という、4種類の量子ビットの重ね合わせ状態を表せます。古典ビットは重ね合わせ状態にできないため、古典ビットと量子ビットで大きく異なる点です。

電脳会議

紙面版

新規送付のお申し込みは…

電脳会議事務局　検索

検索するか、以下の QR コード・URL へ、パソコン・スマホから検索してください。

https://gihyo.jp/site/inquiry/dennou

一切無料！

「電脳会議」紙面版の送付は送料含め費用は一切無料です。
登録時の個人情報の取扱については、株式会社技術評論社のプライバシーポリシーに準じます。

技術評論社のプライバシーポリシーはこちらを検索。

https://gihyo.jp/site/policy/

技術評論社　電脳会議事務局
〒162-0846　東京都新宿区市谷左内町21-13

紙面版 電脳会議 DENNOUKAIGI 一切無料

今が旬の情報を満載してお送りします！

『電脳会議』は、年6回の不定期刊行情報誌です。A4判・16頁オールカラーで、弊社発行の新刊・近刊書籍・雑誌を紹介しています。この『電脳会議』の特徴は、単なる本の紹介だけでなく、著者と編集者が協力し、その本の重点や狙いをわかりやすく説明していることです。現在200号を超えて刊行を続けている、出版界で評判の情報誌です。

毎号、厳選ブックガイドもついてくる!!

『電脳会議』とは別に、テーマごとにセレクトした優良図書を紹介するブックカタログ（A4判・4頁オールカラー）が同封されます。

◆電子書籍・雑誌を読んでみよう！

技術評論社　GDP　検 索

と検索するか、以下のQRコード・URLへ、パソコン・スマホから検索してください。

https://gihyo.jp/dp

1. アカウントを登録後、ログインします。【外部サービス(Google、Facebook、Yahoo!JAPAN)でもログイン可能】
2. ラインナップは入門書から専門書、趣味書まで3,500点以上！
3. 購入したい書籍を カート に入れます。
4. お支払いは「PayPal」にて決済します。
5. さあ、電子書籍の読書スタートです！

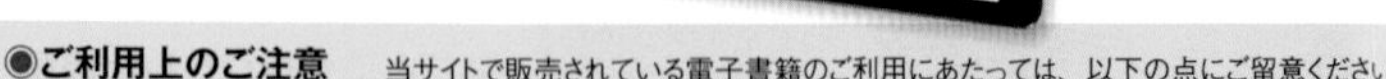

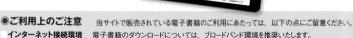

◆ Software Design WEB+DB PRESS も電子版で読める！

電子版定期購読がお得に楽しめる！

くわしくは、「Gihyo Digital Publish のトップページをご覧くださ

◆電子書籍をプレゼントしよ

Gihyo Digital Publishing でお買い求めいただける特品と引き替えが可能な、ギフトコードをご購入いただけるりました。おすすめの電子書籍や電子雑誌を贈ってみませ

こんなシーンで…
- ご入学のお祝いに　●新社会人への贈り
- イベントやコンテストのプレゼントに　……

◉**ギフトコードとは？**　Gihyo Digital Publishing で販る商品と引き替えできるクーポンコードです。コードと対一で結びつけられています。

くわしい**ご利用方法**は、「Gihyo Digital Publishing」をご

◉**ご利用上のご注意**　当サイトで販売されている電子書籍のご利用にあたっては、以下の点にご留意ください。

- **インターネット接続環境**　電子書籍のダウンロードについては、ブロードバンド環境を推奨いたします。
- **閲覧環境**　PDF版については、Adobe ReaderなどのPDFリーダーソフト、EPUB版については、EPUBリーダーソフトのインストールが必要となります。
- **電子書籍の複製**　当サイトで販売されている電子書籍は、購入した個人のご利用を目的としてのみ、閲覧、保存、印刷を行うことができます。法人・学校での一括購入においても、利用者1人につき1アカ ご覧いただく人数分をご購入いただきます。
- **改ざん・複製・共有の禁止**　電子書籍の著作権はコンテンツの著作権者にありますので、許可を得ない改ざん、他人への譲渡、共有はすべて著作権法および規約違反です。

5.3　2量子ビットでの測定とユニタリ発展

1量子ビットの測定は、古典ビットの測定と異なり、確率で表されました。また、測定すると量子状態は変化しました。これは、2量子ビットでも同様です。

2量子ビットの測定のルールを具体的に定式化すると、次のようになります。

定義

2量子ビットの量子状態を**測定**（measurement）すると、$|00\rangle, |01\rangle, |10\rangle, |11\rangle$ のいずれかを得る。このことを「測定値 $|00\rangle$ を得る」とか単に「$|00\rangle$ を得る」という。
量子状態 $a|00\rangle + b|01\rangle + c|10\rangle + d|11\rangle$ を測定したとき、各測定値を得る確率は次の通り。

- 測定値 $|00\rangle$ を得る確率は $|a|^2$
- 測定値 $|01\rangle$ を得る確率は $|b|^2$
- 測定値 $|10\rangle$ を得る確率は $|c|^2$
- 測定値 $|11\rangle$ を得る確率は $|d|^2$

測定後の量子状態は、得られた測定値に変化する。

1量子ビットと同様に、次の点は量子コンピュータと古典コンピュータで大きく異なります。

(1) 得られる測定値は確率によって変わる

(2) 測定によって状態が変化する

たとえば、

$$|\varphi\rangle = \frac{1}{\sqrt{5}}|00\rangle + \frac{2}{\sqrt{5}}|11\rangle$$

とし、$|\varphi\rangle$ を測定すると、次のようになります。

- 測定値 $|00\rangle$ を得る確率は $\left|\frac{1}{\sqrt{5}}\right|^2 = \frac{1}{5} = 0.2$ となり、測定後の状態は $|00\rangle$ に変化する。
- 測定値 $|11\rangle$ を得る確率は $\left|\frac{2}{\sqrt{5}}\right|^2 = \frac{4}{5} = 0.8$ となり、測定後の状態は $|11\rangle$ に変化する。

量子ビット $|\varphi\rangle = \frac{1}{\sqrt{5}}|00\rangle + \frac{2}{\sqrt{5}}|11\rangle$ を測定して得られる値の確率分布は、**図 5.1** のようになります。

図 5.1 :2 量子ビットを測定して得られる値の確率分布の例

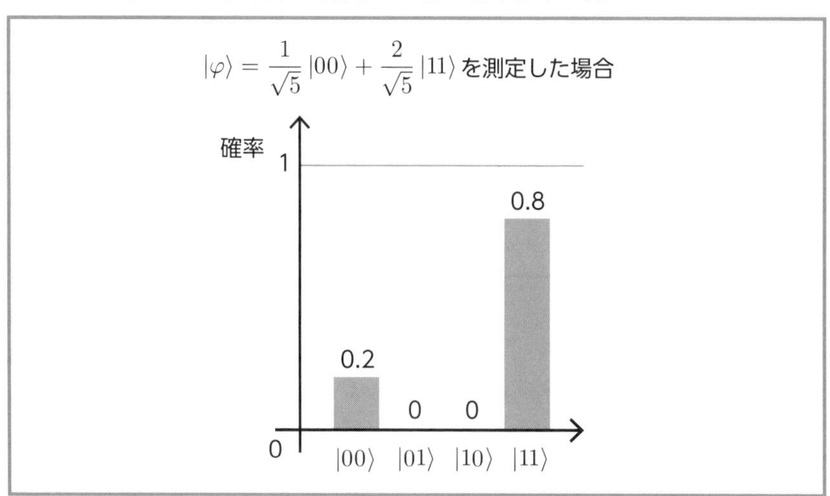

2量子ビットのユニタリ発展も、1量子ビットと同じように定式化されます。

> **定義**
>
> **2量子ビットの量子状態 $|\varphi\rangle$ は、4×4 ユニタリ行列 U を使って $U|\varphi\rangle$ という量子状態に写る。このような量子状態の変化をユニタリ発展（unitary evolution）という。**

ユニタリ行列は第2章で説明したように、$U^\dagger U = I$ が成り立つ行列です。第3章ではサイズが 2×2 のユニタリ行列を考えましたが、2量子状態のユニタリ発展ではサイズが 4×4 のユニタリ行列を考えます。

5.3.1　計算例

たとえば、ユニタリ行列 $\begin{pmatrix} 0 & 0 & 1 & 0 \\ 0 & 0 & 0 & -1 \\ 1 & 0 & 0 & 0 \\ 0 & -1 & 0 & 0 \end{pmatrix}$ で量子状態 $\begin{pmatrix} 1 \\ 0 \\ 0 \\ 0 \end{pmatrix}$ をユニタリ発展させると、

$$\begin{pmatrix} 0 & 0 & 1 & 0 \\ 0 & 0 & 0 & -1 \\ 1 & 0 & 0 & 0 \\ 0 & -1 & 0 & 0 \end{pmatrix} \begin{pmatrix} 1 \\ 0 \\ 0 \\ 0 \end{pmatrix} = \begin{pmatrix} 0 \\ 0 \\ 1 \\ 0 \end{pmatrix}$$

となり、これもまた量子状態になります（これらが本当に量子状態やユニタリ行列の定義を満たすことを確認してみましょう）。

2量子ビットになった途端、急に計算が複雑になってきました。この形で手計算を進めると時間もかかりますし、計算ミスもしやすくなりま

す。第 6 章で説明しますが、実は条件によっては簡潔に計算できる方法があります。

5.3.2　2 × 2のユニタリ行列から4 × 4のユニタリ行列を作る

テンソル積を使うことで、2×2 のユニタリ行列から 4×4 のユニタリ行列を作ることができます。パウリ行列 X と Z のテンソル積 $X \otimes Z$ を計算してみましょう。

$$
\begin{aligned}
X \otimes Z &= \begin{pmatrix} 0 & 1 \\ 1 & 0 \end{pmatrix} \otimes \begin{pmatrix} 1 & 0 \\ 0 & -1 \end{pmatrix} \\
&= \begin{pmatrix} 0 \cdot \begin{pmatrix} 1 & 0 \\ 0 & -1 \end{pmatrix} & 1 \cdot \begin{pmatrix} 1 & 0 \\ 0 & -1 \end{pmatrix} \\ 1 \cdot \begin{pmatrix} 1 & 0 \\ 0 & -1 \end{pmatrix} & 0 \cdot \begin{pmatrix} 1 & 0 \\ 0 & -1 \end{pmatrix} \end{pmatrix} \\
&= \begin{pmatrix} 0 & 0 & 1 & 0 \\ 0 & 0 & 0 & -1 \\ 1 & 0 & 0 & 0 \\ 0 & -1 & 0 & 0 \end{pmatrix}
\end{aligned}
$$

となるので、$(X \otimes Z)^\dagger (X \otimes Z)$ を計算すると、

$$(X \otimes Z)^\dagger (X \otimes Z) = \begin{pmatrix} 0 & 0 & 1 & 0 \\ 0 & 0 & 0 & -1 \\ 1 & 0 & 0 & 0 \\ 0 & -1 & 0 & 0 \end{pmatrix}^\dagger \begin{pmatrix} 0 & 0 & 1 & 0 \\ 0 & 0 & 0 & -1 \\ 1 & 0 & 0 & 0 \\ 0 & -1 & 0 & 0 \end{pmatrix}$$

$$= \begin{pmatrix} 1 & 0 & 0 & 0 \\ 0 & 1 & 0 & 0 \\ 0 & 0 & 1 & 0 \\ 0 & 0 & 0 & 1 \end{pmatrix} = I_4$$

となります。そのため、$X \otimes Z$ もユニタリ行列になります。

これを一般的に表現すると、定理 5.1 になります。

定理 5.1

U, V をサイズが 2×2 のユニタリ行列とする。このとき、テンソル積 $U \otimes V$ はサイズが 4×4 のユニタリ行列になる。

$$(U \otimes V)^\dagger (U \otimes V) = I_4$$

$\otimes$ はテンソル積を表します。記号を省略している積は通常の行列積を表します。

第 2 章の定理 2.8 を使い、次のように証明できます。

$$\begin{aligned} (U \otimes V)^\dagger (U \otimes V) &\overset{\text{定理2.8(5)}}{=} (U^\dagger \otimes V^\dagger)(U \otimes V) \\ &\overset{\text{定理2.8(4)}}{=} U^\dagger U \otimes V^\dagger V = I_2 \otimes I_2 \overset{\text{定理2.8(7)}}{=} I_{2 \cdot 2} \\ &= I_4 \end{aligned}$$

第 6 章で 2 量子ビットの量子回路を扱いますが、1 量子ビットのユニタリ発展のテンソル積を使うと、簡潔に記述できて見通しが良くなります。

5.4 積状態と量子もつれ状態

2量子ビットの量子状態の中には、1量子ビットの量子状態のテンソル積で表せるものがあります。

$$
\begin{aligned}
&|00\rangle = |0\rangle \otimes |0\rangle \\
&\frac{1}{2}(|00\rangle + |01\rangle + |10\rangle + |11\rangle) = \frac{1}{\sqrt{2}}(|0\rangle + |1\rangle) \otimes \frac{1}{\sqrt{2}}(|0\rangle + |1\rangle)
\end{aligned}
$$

一方、$\frac{1}{\sqrt{2}}(|00\rangle + |11\rangle)$ は1量子ビットの量子状態のテンソル積では表せません。これを証明してみましょう。まず、ベクトルの形で書くと、

$$
\begin{aligned}
\frac{1}{\sqrt{2}}(|00\rangle + |11\rangle) &= \frac{1}{\sqrt{2}}(|0\rangle \otimes |0\rangle + |1\rangle \otimes |1\rangle) \\
&= \frac{1}{\sqrt{2}}\left\{\begin{pmatrix}1\\0\end{pmatrix} \otimes \begin{pmatrix}1\\0\end{pmatrix} + \begin{pmatrix}0\\1\end{pmatrix} \otimes \begin{pmatrix}0\\1\end{pmatrix}\right\} \\
&= \frac{1}{\sqrt{2}}\left\{\begin{pmatrix}1\\0\\0\\0\end{pmatrix} + \begin{pmatrix}0\\0\\0\\1\end{pmatrix}\right\} = \frac{1}{\sqrt{2}}\begin{pmatrix}1\\0\\0\\1\end{pmatrix}
\end{aligned}
$$

となります。1量子ビットの量子状態 $|\varphi\rangle = \begin{pmatrix}a\\b\end{pmatrix}$ と $|\psi\rangle = \begin{pmatrix}c\\d\end{pmatrix}$

のテンソル積を計算すると、

$$|\varphi\rangle \otimes |\psi\rangle = \begin{pmatrix} a \\ b \end{pmatrix} \otimes \begin{pmatrix} c \\ d \end{pmatrix} = \begin{pmatrix} a\begin{pmatrix} c \\ d \end{pmatrix} \\ b\begin{pmatrix} c \\ d \end{pmatrix} \end{pmatrix} = \begin{pmatrix} ac \\ ad \\ bc \\ bd \end{pmatrix}$$

となります。もし、$\frac{1}{\sqrt{2}}(|00\rangle + |11\rangle) = |\varphi\rangle \otimes |\psi\rangle$ と書けると、ベクトルの各成分を比べることで

$$\begin{cases} \frac{1}{\sqrt{2}} = ac \\ 0 = ad \\ 0 = bc \\ \frac{1}{\sqrt{2}} = bd \end{cases}$$

となるはずです。$ad = 0$ であるため、$a = 0$ または $d = 0$ となります。しかし、$a = 0$ の場合、$\frac{1}{\sqrt{2}} = ac$ は成り立ちません。同様に、$d = 0$ の場合、$\frac{1}{\sqrt{2}} = bd$ は成り立ちません。これは $\frac{1}{\sqrt{2}}(|00\rangle + |11\rangle) = |\varphi\rangle \otimes |\psi\rangle$ に矛盾します。

そのため、$\frac{1}{\sqrt{2}}(|00\rangle + |11\rangle)$ は1量子ビットの量子状態のテンソル積では表せません。

1量子ビットの量子状態のテンソル積で表せるものを**積状態**(product state)といい、表せないものを**量子もつれ状態**(エンタングル状態、entangled state)といいます。

量子もつれ状態になると、複数の量子ビットの間にある種の相関関係が発生します。

$\frac{1}{\sqrt{2}}(|00\rangle + |11\rangle)$ の左側の量子ビットを測定して $|0\rangle$ を得たとしましょう。このとき、量子状態は $|00\rangle$ になるため、右側の量子ビットも $|0\rangle$ に確定します。また、左側の量子ビットを測定して $|1\rangle$ を得たときは、右側の量子ビットは $|1\rangle$ に確定します。このような相関関係は、左側の量子ビットと右側の量子ビットが遠く離れた場合でも成り立ちます。

一方、積状態 $\frac{1}{2}(|0\rangle + |1\rangle)(|0\rangle + |1\rangle)$ の左側の量子ビットを測定して $|0\rangle$ を得たとしましょう。このとき、量子状態は $\frac{1}{\sqrt{2}}|0\rangle(|0\rangle + |1\rangle)$ になるため、右側の量子ビットは確定していません。積状態の場合は、各量子ビットに相関関係はありません。

量子もつれ状態を利用した技術のひとつに**量子テレポーテーション**（quantum teleportation）と呼ばれるものがあります。量子テレポーテーションを利用すると、量子状態を遠隔地に伝えられます。量子テレポーテーションについては第 9 章で詳しく説明します。

5.5 量子複製不可能定理

4×4 のユニタリ行列 U と 1 量子ビットの量子状態 $|\varphi\rangle$ に対して、$U(|\varphi\rangle|0\rangle) = |\varphi\rangle|\varphi\rangle$ となるとき、「$|\varphi\rangle$ を複製できる」といいます。古典コンピュータの計算と異なり、任意の量子状態を複製できるユニタリ行列は存在しないことを示すのが、この節の目標です。

量子コンピュータでは、**量子複製不可能定理**（no-cloning theorem）と呼ばれる次の定理が成り立ちます。

定理 5.2

任意の量子状態を複製可能なユニタリ行列は存在しない。
言い換えると、次のような万能な複製が可能なサイズ 4×4 のユニタリ行列 U は存在しない。

・任意の量子状態 $|\varphi\rangle$（1 量子ビット）に対して、$U(|\varphi\rangle|0\rangle) = |\varphi\rangle|\varphi\rangle$

この定理を量子回路の形で書くと、**図 5.2** のようになります。

図 5.2：量子複製不可能定理

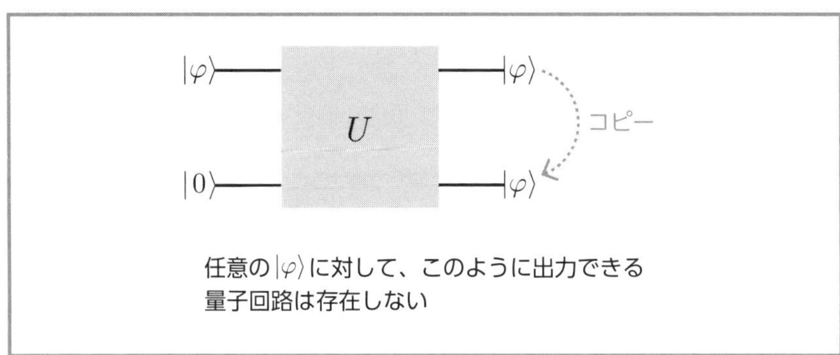

この定理を証明します。もし、このようなユニタリ行列Uが存在すると、$|0\rangle$や$|1\rangle$を複製できるので、$U(|0\rangle|0\rangle) = |0\rangle|0\rangle$、$U(|1\rangle|0\rangle) = |1\rangle|1\rangle$となります。$|\varphi\rangle = \frac{1}{\sqrt{2}}(|0\rangle + |1\rangle)$とおき、$U(|\varphi\rangle|0\rangle)$を2通りの方法で計算します。まず、$U(|\varphi\rangle|0\rangle)$の$|\varphi\rangle$を展開すると、

$$
\begin{aligned}
U(|\varphi\rangle|0\rangle) &= U\left\{\frac{1}{\sqrt{2}}(|0\rangle + |1\rangle)|0\rangle\right\} = \frac{1}{\sqrt{2}}U(|0\rangle|0\rangle) + \frac{1}{\sqrt{2}}U(|1\rangle|0\rangle) \\
&= \frac{1}{\sqrt{2}}(|0\rangle|0\rangle + |1\rangle|1\rangle)
\end{aligned}
$$

となります。一方で、$U(|\varphi\rangle|0\rangle)$で$|\varphi\rangle$を複製すると、

$$
\begin{aligned}
U(|\varphi\rangle|0\rangle) &= |\varphi\rangle|\varphi\rangle = \frac{1}{\sqrt{2}}(|0\rangle + |1\rangle)\frac{1}{\sqrt{2}}(|0\rangle + |1\rangle) \\
&= \frac{1}{2}(|0\rangle|0\rangle + |0\rangle|1\rangle + |1\rangle|0\rangle + |1\rangle|1\rangle)
\end{aligned}
$$

となります。この2通りの計算を合わせると、次のようになります。

$$
\begin{aligned}
U(|\varphi\rangle|0\rangle) &= \frac{1}{\sqrt{2}}(|0\rangle|0\rangle + |1\rangle|1\rangle) \\
&\neq \frac{1}{2}(|0\rangle|0\rangle + |0\rangle|1\rangle + |1\rangle|0\rangle + |1\rangle|1\rangle) \\
&= U(|\varphi\rangle|0\rangle)
\end{aligned}
$$

$U(|\varphi\rangle|0\rangle) \neq U(|\varphi\rangle|0\rangle)$となり矛盾するため、万能な複製が可能なサイズ$4 \times 4$のユニタリ行列$U$は存在しません。これで量子複製不可能定理を証明できました。

量子複製不可能定理が主張している「不可能」とは、「コピーが難しいので現在の技術ではまだ実現していない」という意味ではなく、「量子力学の法則にしたがう限り、原理的にコピーできない」という意味です。この制約は大きく、古典コンピュータと量子コンピュータが異なる

点のひとつです。

古典コンピュータでは情報のコピーは欠かせない存在になっています。たとえば、テキストデータをコピー&ペーストしたり、バックアップのためのコピーを日常的に行っています。量子複製不可能定理により、このようなコピーは量子コンピュータでは行えません。そのため、第10章で紹介する量子誤り訂正ではコピーを行わずに済むよう工夫しています。

量子複製不可能定理の証明で、U は $|\varphi\rangle = \frac{1}{\sqrt{2}}(|0\rangle + |1\rangle)$ を複製できないことを示しました。しかし、重ね合わせ状態になっていない $|0\rangle$ や $|1\rangle$ は複製が可能です。実際、

$$U = \begin{pmatrix} 1 & 0 & 0 & 0 \\ 0 & 1 & 0 & 0 \\ 0 & 0 & 0 & 1 \\ 0 & 0 & 1 & 0 \end{pmatrix}$$

とすると、$U(|0\rangle|0\rangle) = |0\rangle|0\rangle$、$U(|1\rangle|0\rangle) = |1\rangle|1\rangle$ となります（計算してみてください）。

$|0\rangle$ を測定すると確率1で $|0\rangle$ を得て量子状態も変化しないため、古典ビットと同じ挙動になります。$|1\rangle$ を測定しても同様で、古典ビットと同じ挙動になります。このように、$|0\rangle$ や $|1\rangle$ は古典ビットと同じように振る舞いますが、それだけでなく、古典ビットと同じように複製が可能です。この U は **CNOTゲート**（Controlled NOT gate）と呼ばれるゲートで、第6章で詳しく説明します。

第 6 章

2量子ビットの量子回路

$$|\varphi\rangle = \begin{pmatrix} a \\ b \end{pmatrix} \in \mathbb{C}^2$$

6.1　この章で学ぶこと

第４章にならって、２量子ビットの量子ゲートを理解しましょう。テンソル積を簡潔に計算できる定理を使い、これまで学んだことを活かせば、意外と複雑ではないはずです。

6.2　ややこしい計算をやさしくする工夫

第５章で見たように、２量子ビットの量子回路を扱う際、4×4 行列のまま計算を行うと複雑な計算が必要になります。実は、１量子ビットのテンソル積を使うことで、２量子ビットの計算が簡単になります。

6.2.1　1量子ビットのテンソル積で表す

計算を簡単にするために重要となるのは、次の定理です。

定理 6.1

U, V をサイズが 2×2 のユニタリ行列とし、$|\varphi\rangle, |\psi\rangle$ を１量子ビットの量子状態とする。
このとき、次の式が成り立ちます。

$$(U \otimes V)(|\varphi\rangle \otimes |\psi\rangle) = (U|\varphi\rangle) \otimes (V|\psi\rangle)$$

この定理の等式の左辺は「4×4 行列の行列積」を計算する必要がありますが、右辺は「2×2 行列の行列積のテンソル積」を計算するだけで済みます。サイズの大きな行列積の計算は複雑になりがちですが、サイズが小さな行列の行列積やテンソル積は見通しの良い計算になることが多いです。

定理 6.1 は第 2 章の定理 2.8 の（4）に、$A_1 = U$、$A_2 = V$、$B_1 = |\varphi\rangle$、$B_2 = |\psi\rangle$ を代入した形をしています（正確には条件が違いますが、実は B_1、B_2 を列ベクトルとしても成立します）。

言葉で書くだけでは分かりづらいので、実際に計算してみましょう。まずは、定理 6.1 の左辺に沿って、4×4 行列を計算します。

$$
\begin{aligned}
&(X \otimes Z)(|0\rangle \otimes |1\rangle) \\
&= \begin{pmatrix} 0 \cdot \begin{pmatrix} 1 & 0 \\ 0 & -1 \end{pmatrix} & 1 \cdot \begin{pmatrix} 1 & 0 \\ 0 & -1 \end{pmatrix} \\ 1 \cdot \begin{pmatrix} 1 & 0 \\ 0 & -1 \end{pmatrix} & 0 \cdot \begin{pmatrix} 1 & 0 \\ 0 & -1 \end{pmatrix} \end{pmatrix} \begin{pmatrix} 1 \cdot \begin{pmatrix} 0 \\ 1 \end{pmatrix} \\ 0 \cdot \begin{pmatrix} 0 \\ 1 \end{pmatrix} \end{pmatrix} \\
&= \begin{pmatrix} 0 & 0 & 1 & 0 \\ 0 & 0 & 0 & -1 \\ 1 & 0 & 0 & 0 \\ 0 & -1 & 0 & 0 \end{pmatrix} \begin{pmatrix} 0 \\ 1 \\ 0 \\ 0 \end{pmatrix} = \begin{pmatrix} 0 \\ 0 \\ 0 \\ -1 \end{pmatrix} \\
&= -|1\rangle \otimes |1\rangle
\end{aligned}
$$

実際に 4×4 行列の計算を行うと、複雑さを感じます。今度は定理 6.1 の右辺に沿って、2×2 行列の行列積のテンソル積を計算します。

$$
\begin{aligned}
(X \otimes Z)(|0\rangle \otimes |1\rangle) &= X|0\rangle \otimes Z|1\rangle \\
&= |1\rangle \otimes (-|1\rangle) = -|1\rangle \otimes |1\rangle
\end{aligned}
$$

このように、2 量子ビットのユニタリ発展を「2×2 行列の行列積のテンソル積」に分解できれば、簡潔に計算できます。

ただし、テンソル積で書けない場合は、このような簡略化はできません。たとえば、第5章で説明したように、量子もつれ状態は1量子ビットの量子状態のテンソル積には分解できません。

6.2.2 記法の工夫

2量子ビットの量子回路のうち、一部の量子ビットにアダマール行列を適用したものが**図 6.1** の点線内になります。

図 6.1：アダマール行列の部分

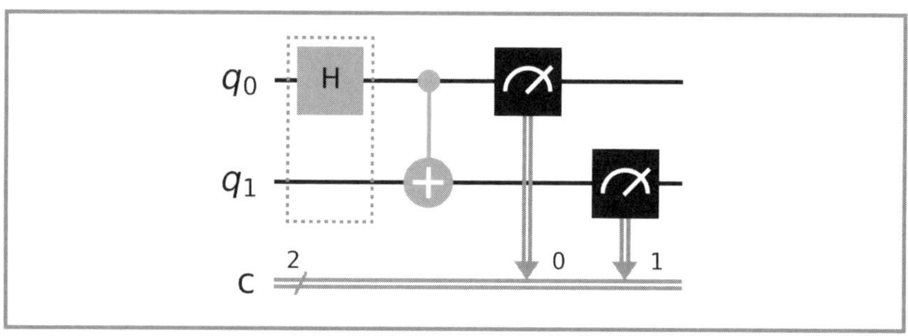

点線内の部分のユニタリ発展を実際に計算すると、次のようになります。

$$
\begin{aligned}
(H \otimes I)(|0\rangle \otimes |0\rangle) &= H|0\rangle \otimes I|0\rangle \\
&= \frac{1}{\sqrt{2}}(|0\rangle + |1\rangle) \otimes |0\rangle
\end{aligned}
$$

ユニタリ行列 $H \otimes I$ のうち、I の部分は量子状態に影響しません。量子回路でも線があるのみで、特にゲートを置かないのが一般的です。そのため、テンソル積 $H \otimes I$ の「I」を省略して、H_0 と記述します。H の添え字0は「0番目の量子ビットに H を適用する」という意味です[*1]。

量子ビットの順番に関する注意

量子ビットの順番には注意が必要です。量子アルゴリズムに関する説明では、左から右に向かって「○○番目」の数値が大きくなるケースが多いです。たとえば、$|0\rangle \otimes |1\rangle$ の場合は、$|0\rangle$ が 0 番目で $|1\rangle$ が 1 番目です。

一方で、量子プログラミング・ライブラリでは、右から左に向かって「○○番目」の数値が大きくなるケースが多いです。$|0\rangle \otimes |1\rangle$ の場合は、$|1\rangle$ が 0 番目で $|0\rangle$ が 1 番目です。

非常に混乱しやすい慣習ですが、本書もこの慣習にしたがうため注意してください。また、ビットを並べる順序（左右どちらから並べるか）のことを**バイト・オーダ**（byte order）といいます。

改めて書くと、$H_0 = H \otimes I$ になります。この記法は、2 量子ビットでは恩恵が少ないですが、量子ビットが増えるほど記述を簡略化できます。

また、$H \otimes H$ のように、同じユニタリ行列のテンソル積は $H^{\otimes 2}$ と省略して記述します。右上の「$\otimes 2$」は「2 個のテンソル積」という意味です。この記法もまた、量子ビットが増えるほど記述を簡略化できます。

＊1　ここでは量子プログラミングを意識して添え字を 0 から開始しています。文献によって 1 から開始する場合もあるため、注意してください。

6.3　標的ビットを制御する「CNOT ゲート」

本章では、代表的な量子ゲートについて説明します。第4章と同様に、具体的な計算例を書きます。手触りを感じたい方は、実際に計算例を追ってみましょう。

まずは**CNOT ゲート**（Controlled NOT gate）と呼ばれるユニタリ行列です。

$$\mathrm{CNOT} := \begin{pmatrix} 1 & 0 & 0 & 0 \\ 0 & 1 & 0 & 0 \\ 0 & 0 & 0 & 1 \\ 0 & 0 & 1 & 0 \end{pmatrix}$$

証明は書きませんが、この行列が本当にユニタリ行列であることを確認してみてください。

また、「CNOT」（シー・ノット）は4文字のひとかたまりで、1つの行列を表します。C・N・O・T のようにバラバラにしないでください。

CNOT ゲートにより、量子状態 $|0\rangle \otimes |0\rangle$、$|0\rangle \otimes |1\rangle$、$|1\rangle \otimes |0\rangle$、$|1\rangle \otimes |1\rangle$ は次のように変化します。

$$\mathrm{CNOT}(|0\rangle \otimes |0\rangle) = \begin{pmatrix} 1 & 0 & 0 & 0 \\ 0 & 1 & 0 & 0 \\ 0 & 0 & 0 & 1 \\ 0 & 0 & 1 & 0 \end{pmatrix} \begin{pmatrix} 1 \\ 0 \\ 0 \\ 0 \end{pmatrix} = \begin{pmatrix} 1 \\ 0 \\ 0 \\ 0 \end{pmatrix} = |0\rangle \otimes |0\rangle$$

$$\mathrm{CNOT}(|0\rangle \otimes |1\rangle) = \begin{pmatrix} 1 & 0 & 0 & 0 \\ 0 & 1 & 0 & 0 \\ 0 & 0 & 0 & 1 \\ 0 & 0 & 1 & 0 \end{pmatrix} \begin{pmatrix} 0 \\ 1 \\ 0 \\ 0 \end{pmatrix} = \begin{pmatrix} 0 \\ 1 \\ 0 \\ 0 \end{pmatrix} = |0\rangle \otimes |1\rangle$$

$$\mathrm{CNOT}(|1\rangle \otimes |0\rangle) = \begin{pmatrix} 1 & 0 & 0 & 0 \\ 0 & 1 & 0 & 0 \\ 0 & 0 & 0 & 1 \\ 0 & 0 & 1 & 0 \end{pmatrix} \begin{pmatrix} 0 \\ 0 \\ 1 \\ 0 \end{pmatrix} = \begin{pmatrix} 0 \\ 0 \\ 0 \\ 1 \end{pmatrix} = |1\rangle \otimes |1\rangle$$

$$\mathrm{CNOT}(|1\rangle \otimes |1\rangle) = \begin{pmatrix} 1 & 0 & 0 & 0 \\ 0 & 1 & 0 & 0 \\ 0 & 0 & 0 & 1 \\ 0 & 0 & 1 & 0 \end{pmatrix} \begin{pmatrix} 0 \\ 0 \\ 0 \\ 1 \end{pmatrix} = \begin{pmatrix} 0 \\ 0 \\ 1 \\ 0 \end{pmatrix} = |1\rangle \otimes |0\rangle$$

0番目の量子ビットが$|0\rangle$のときは、入力された量子状態をそのまま出力します。また、0番目の量子ビットが$|1\rangle$のときは、1番目の量子ビットをビット反転させます。

そのため、0番目の量子ビットを**制御ビット**（control bit）といい、1番目の量子ビットを**標的ビット**（target bit）といいます。「制御ビット、標的ビット」の順に添え字を明記して、$\mathrm{CNOT}_{0,1}$とも書きます。

量子回路を書くときは、**図6.2**のように表記します。「●」が制御ビット、「$\oplus$」が標的ビットです。

図 6.2：CNOT ゲートの量子回路

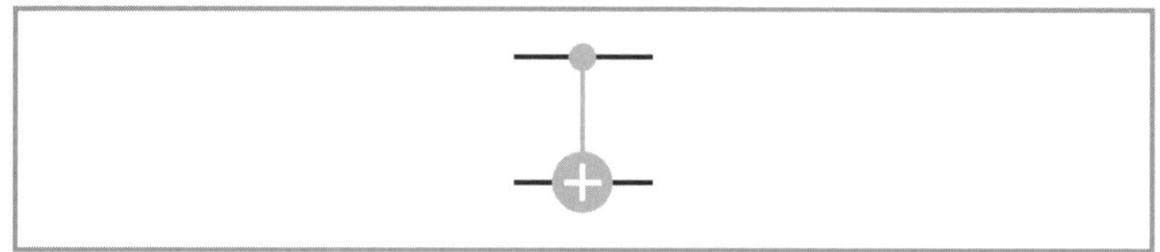

制御ビットと標的ビットの動きを量子回路で可視化すると、**図 6.3**、**図 6.4** のようになります。

図 6.3：CNOT ゲートの動作：制御ビットが $|0\rangle$ の場合は、何も変化しない

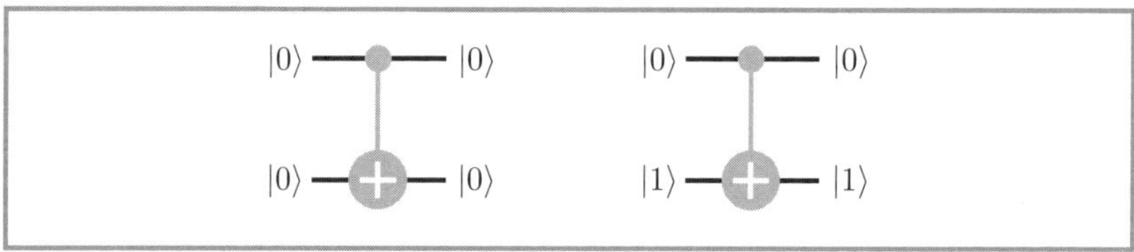

図 6.4：CNOT ゲートの動作：制御ビットが $|1\rangle$ の場合は、標的ビットを反転する

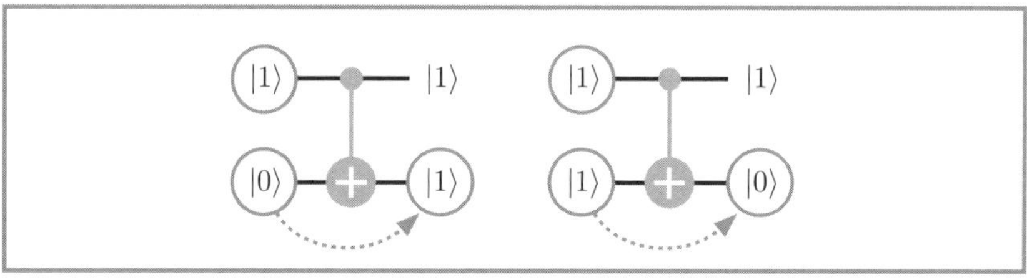

制御ビットと標的ビットを逆にした $\mathrm{CNOT}_{1,0}$ は次のユニタリ行列です。

$$\mathrm{CNOT}_{1,0} := \begin{pmatrix} 1 & 0 & 0 & 0 \\ 0 & 0 & 0 & 1 \\ 0 & 0 & 1 & 0 \\ 0 & 1 & 0 & 0 \end{pmatrix}$$

実際に、$\mathrm{CNOT}_{0,1}$ の制御ビットと標的ビットを逆にしたものになることを確認してみてください。

$$\mathrm{CNOT}_{1,0}(|0\rangle \otimes |0\rangle) = |0\rangle \otimes |0\rangle$$

$$\mathrm{CNOT}_{1,0}(|0\rangle \otimes |1\rangle) = |1\rangle \otimes |1\rangle$$

$$\mathrm{CNOT}_{1,0}(|1\rangle \otimes |0\rangle) = |1\rangle \otimes |0\rangle$$

$$\mathrm{CNOT}_{1,0}(|1\rangle \otimes |1\rangle) = |0\rangle \otimes |1\rangle$$

量子回路を書くときは、**図 6.5** のように表記します。

図 6.5：制御ビットと標的ビットを逆にした CNOT ゲートの量子回路

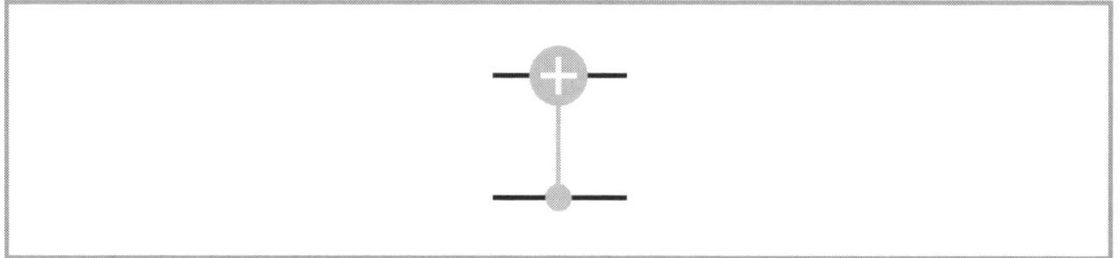

実は 3 量子ビット以上のユニタリ発展は、1 量子ビットのユニタリ発展と CNOT ゲートを組み合わせて実現できます。詳しく知りたい方は、参考文献 [8][9][10][11] を参照してください。

6.3.1 CNOT ゲートと量子複製不可能定理の関係

$\mathrm{CNOT}(|0\rangle |0\rangle) = |0\rangle |0\rangle$、$\mathrm{CNOT}(|1\rangle |0\rangle) = |1\rangle |1\rangle$ が成り立つため、CNOT ゲートは $|0\rangle$ や $|1\rangle$ を複製できます。これは、量子複製不可能定理と矛盾すると考えた方もいるのではないでしょうか。この節では、CNOT ゲートが量子複製不可能定理と**矛盾しない**ことを説明します。

CNOT ゲートが量子状態を複製しているのであれば、任意の量子状態に対して $\mathrm{CNOT}(|\varphi\rangle |0\rangle) = |\varphi\rangle |\varphi\rangle$ となるはずです。ここで、

$|\varphi\rangle = \frac{1}{\sqrt{2}}(|0\rangle + |1\rangle)$ の場合を計算してみましょう。

まず、$\mathrm{CNOT}(|\varphi\rangle\,|0\rangle)$ を計算してみましょう。

$$
\begin{aligned}
\mathrm{CNOT}(|\varphi\rangle\,|0\rangle) &= \mathrm{CNOT}\left(\frac{1}{\sqrt{2}}(|0\rangle + |1\rangle) \otimes |0\rangle\right) \\
&= \mathrm{CNOT}\left(\frac{1}{\sqrt{2}}\begin{pmatrix} 1 \\ 1 \end{pmatrix} \otimes \begin{pmatrix} 1 \\ 0 \end{pmatrix}\right) \\
&= \mathrm{CNOT}\left(\frac{1}{\sqrt{2}}\begin{pmatrix} 1 \cdot \begin{pmatrix} 1 \\ 0 \end{pmatrix} \\ 1 \cdot \begin{pmatrix} 1 \\ 0 \end{pmatrix} \end{pmatrix}\right) \\
&= \mathrm{CNOT}\left(\frac{1}{\sqrt{2}}\begin{pmatrix} 1 \\ 0 \\ 1 \\ 0 \end{pmatrix}\right) \\
&= \begin{pmatrix} 1 & 0 & 0 & 0 \\ 0 & 1 & 0 & 0 \\ 0 & 0 & 0 & 1 \\ 0 & 0 & 1 & 0 \end{pmatrix} \frac{1}{\sqrt{2}}\begin{pmatrix} 1 \\ 0 \\ 1 \\ 0 \end{pmatrix} \\
&= \frac{1}{\sqrt{2}}\begin{pmatrix} 1 \\ 0 \\ 0 \\ 1 \end{pmatrix}
\end{aligned}
$$

$$= \frac{1}{\sqrt{2}}\left\{\begin{pmatrix}1\\0\\0\\0\end{pmatrix}+\begin{pmatrix}0\\0\\0\\1\end{pmatrix}\right\}$$

$$= \frac{1}{\sqrt{2}}(|00\rangle + |11\rangle)$$

次に、$|\varphi\rangle|\varphi\rangle$ を計算してみましょう。

$$\begin{aligned}
|\varphi\rangle|\varphi\rangle &= \frac{1}{\sqrt{2}}(|0\rangle + |1\rangle) \otimes \frac{1}{\sqrt{2}}(|0\rangle + |1\rangle) \\
&= \frac{1}{\sqrt{2}}\begin{pmatrix}1\\1\end{pmatrix} \otimes \frac{1}{\sqrt{2}}\begin{pmatrix}1\\1\end{pmatrix} \\
&= \frac{1}{\sqrt{2}}\begin{pmatrix}1\cdot\frac{1}{\sqrt{2}}\begin{pmatrix}1\\1\end{pmatrix}\\ 1\cdot\frac{1}{\sqrt{2}}\begin{pmatrix}1\\1\end{pmatrix}\end{pmatrix} \\
&= \frac{1}{2}\begin{pmatrix}1\\1\\1\\1\end{pmatrix} \\
&= \frac{1}{2}\left\{\begin{pmatrix}1\\0\\0\\0\end{pmatrix}+\begin{pmatrix}0\\1\\0\\0\end{pmatrix}+\begin{pmatrix}0\\0\\1\\0\end{pmatrix}+\begin{pmatrix}0\\0\\0\\1\end{pmatrix}\right\} \\
&= \frac{1}{2}(|00\rangle + |01\rangle + |10\rangle + |11\rangle)
\end{aligned}$$

この2つの結果を比べると、$\mathrm{CNOT}(|\varphi\rangle|0\rangle) \neq |\varphi\rangle|\varphi\rangle$ となっており、$|\varphi\rangle$ の複製にはなっていません。CNOT は $|0\rangle$ や $|1\rangle$ を複製できますが、重ね合わせ状態 $\frac{1}{\sqrt{2}}(|0\rangle + |1\rangle)$ は複製できません。「任意の量子状態」を複製できるわけではないため、量子複製不可能定理とは**矛盾しない**ことが分かりました。

6.4 量子ビットを入れ替える「SWAP ゲート」

次は **SWAP ゲート**（SWAP gate、スワップゲート）と呼ばれるユニタリ行列です。

$$\mathrm{SWAP} := \begin{pmatrix} 1 & 0 & 0 & 0 \\ 0 & 0 & 1 & 0 \\ 0 & 1 & 0 & 0 \\ 0 & 0 & 0 & 1 \end{pmatrix}$$

証明は書きませんが、この行列が本当にユニタリ行列であることを確認してみましょう。

また、SWAP は4文字のひとかたまりで、1つの行列を表します。

SWAP ゲートにより、量子状態 $|0\rangle \otimes |0\rangle$、$|0\rangle \otimes |1\rangle$、$|1\rangle \otimes |0\rangle$、$|1\rangle \otimes |1\rangle$ は次のように変化します。

$$\mathrm{SWAP}(|0\rangle \otimes |0\rangle) = \begin{pmatrix} 1 & 0 & 0 & 0 \\ 0 & 0 & 1 & 0 \\ 0 & 1 & 0 & 0 \\ 0 & 0 & 0 & 1 \end{pmatrix} \begin{pmatrix} 1 \\ 0 \\ 0 \\ 0 \end{pmatrix} = \begin{pmatrix} 1 \\ 0 \\ 0 \\ 0 \end{pmatrix} = |0\rangle \otimes |0\rangle$$

$$
\mathrm{SWAP}(|0\rangle \otimes |1\rangle) = \begin{pmatrix} 1 & 0 & 0 & 0 \\ 0 & 0 & 1 & 0 \\ 0 & 1 & 0 & 0 \\ 0 & 0 & 0 & 1 \end{pmatrix} \begin{pmatrix} 0 \\ 1 \\ 0 \\ 0 \end{pmatrix} = \begin{pmatrix} 0 \\ 0 \\ 1 \\ 0 \end{pmatrix} = |1\rangle \otimes |0\rangle
$$

$$
\mathrm{SWAP}(|1\rangle \otimes |0\rangle) = \begin{pmatrix} 1 & 0 & 0 & 0 \\ 0 & 0 & 1 & 0 \\ 0 & 1 & 0 & 0 \\ 0 & 0 & 0 & 1 \end{pmatrix} \begin{pmatrix} 0 \\ 0 \\ 1 \\ 0 \end{pmatrix} = \begin{pmatrix} 0 \\ 1 \\ 0 \\ 0 \end{pmatrix} = |0\rangle \otimes |1\rangle
$$

$$
\mathrm{SWAP}(|1\rangle \otimes |1\rangle) = \begin{pmatrix} 1 & 0 & 0 & 0 \\ 0 & 0 & 1 & 0 \\ 0 & 1 & 0 & 0 \\ 0 & 0 & 0 & 1 \end{pmatrix} \begin{pmatrix} 0 \\ 0 \\ 0 \\ 1 \end{pmatrix} = \begin{pmatrix} 0 \\ 0 \\ 0 \\ 1 \end{pmatrix} = |1\rangle \otimes |1\rangle
$$

SWAP ゲートは、0 番目の量子ビットと 1 番目の量子ビットを入れ替えます。

量子回路を書くときは、**図 6.6** のように表記します。入れ替えの操作は対称なため、どちらの量子ビットも同じ記号「×」で書きます。

図 6.6：SWAP ゲートの量子回路

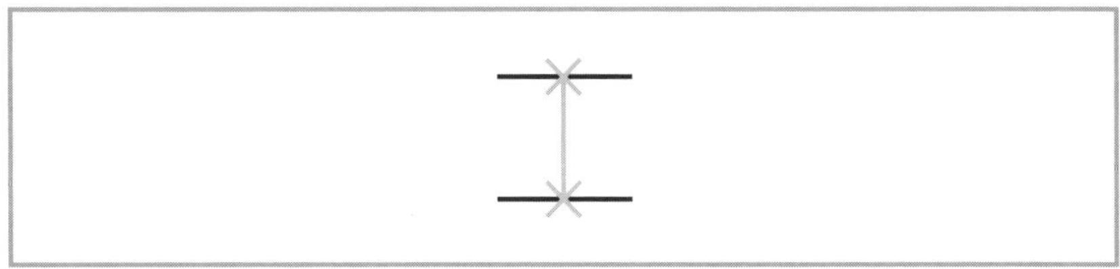

何番目の量子ビットを入れ替えるか添え字に明記するときは、$\mathrm{SWAP}_{0,1}$ と書きます。これは「0 番目と 1 番目の量子ビッ

トを入れ替える」という意味です。入れ替えの操作は対称なため、$\mathrm{SWAP}_{0,1} = \mathrm{SWAP}_{1,0}$ となります。

6.5 量子ビットを測定する

第 5 章でも説明したように、量子状態を測定することで計算結果を得ます。測定後の量子状態は $|00\rangle$ 、$|01\rangle$ 、$|10\rangle$ 、$|11\rangle$ のいずれかになることに注意が必要です。

量子回路を書くときは、**図 6.7** のように表記します。

図 6.7：測定を表現する量子回路

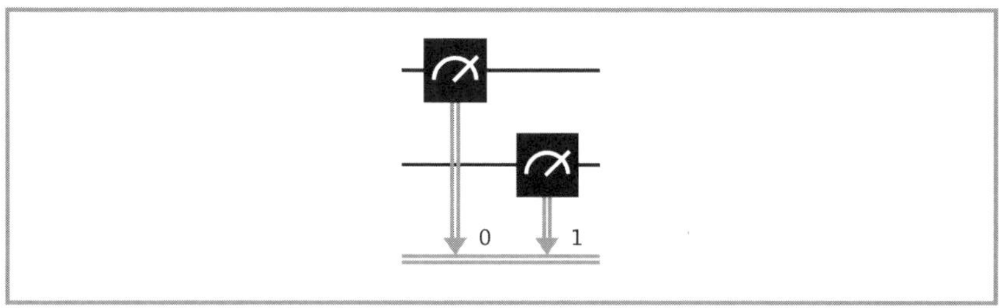

この回路の上側の一重線は、量子ビットを表します。この回路の下側の二重線は、古典ビットを表します。量子ビットを測定し、測定値を古典ビットに格納します。下向きの矢印の先の数字は、格納する古典ビットの添え字です。

6.6 2量子ビットの量子回路を数学的に表す

ここまで説明した知識を使い、量子回路を説明します。たとえば、

(1) 量子ビットの初期値を $|0\rangle \otimes |0\rangle$ とする。

(2) アダマール行列 H を 0 番目の量子ビットに適用する。

(3) 0 番目の量子ビットを制御ビット、1 番目の量子ビットを標的ビットにした CNOT ゲートを適用する。

(4) 測定する。

という計算を行う量子回路は、**図 6.8** のように表記します。

図 6.8 :2 量子ビットの量子回路の例

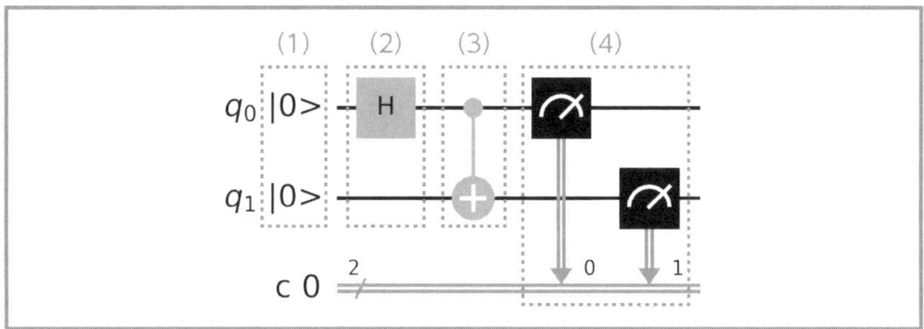

行列を使って具体的に計算すると、次のようになります。

$$
\begin{aligned}
\mathrm{CNOT}_{0,1}H_0(|0\rangle\otimes|0\rangle) &= \mathrm{CNOT}_{0,1}\left\{\frac{1}{\sqrt{2}}(|0\rangle+|1\rangle)\otimes|0\rangle\right\} \\
&= \frac{1}{\sqrt{2}}\mathrm{CNOT}_{0,1}(|0\rangle\otimes|0\rangle+|1\rangle\otimes|0\rangle) \\
&= \frac{1}{\sqrt{2}}\{\mathrm{CNOT}_{0,1}(|0\rangle\otimes|0\rangle)+\mathrm{CNOT}_{0,1}(|1\rangle\otimes|0\rangle)\} \\
&= \frac{1}{\sqrt{2}}(|0\rangle\otimes|0\rangle+|1\rangle\otimes|1\rangle) \\
&= \frac{1}{\sqrt{2}}(|00\rangle+|11\rangle)
\end{aligned}
$$

量子回路は左から右に進みますが、対応するユニタリ行列の積は右から左に並べるため、注意してください。$\mathrm{CNOT}_{0,1}\cdot H_0(|0\rangle\otimes|0\rangle)$ を測定して $|00\rangle$ を得る確率は $\left|\frac{1}{\sqrt{2}}\right|^2=\frac{1}{2}$、$|11\rangle$ を得る確率は $\left|\frac{1}{\sqrt{2}}\right|^2=\frac{1}{2}$ となります。

簡潔な計算方法

量子状態同士を矢印でつなぎ、矢印の上に対応するユニタリ行列を書くことで、簡潔にユニタリ発展を表現できます。

$$
\begin{aligned}
|0\rangle\otimes|0\rangle &\xrightarrow{H_0} \frac{1}{\sqrt{2}}(|0\rangle+|1\rangle)\otimes|0\rangle \\
&= \frac{1}{\sqrt{2}}(|0\rangle\otimes|0\rangle+|1\rangle\otimes|0\rangle) \\
&\xrightarrow{\mathrm{CNOT}_{0,1}} \frac{1}{\sqrt{2}}(|0\rangle\otimes|0\rangle+|1\rangle\otimes|1\rangle) \\
&= \frac{1}{\sqrt{2}}(|00\rangle+|11\rangle)
\end{aligned}
$$

量子ビットが多くなっても、大抵の量子アルゴリズムの計算は1量子ビットまたは2量子ビットのユニタリ発展の組み合わせに帰着できます。様々な量子回路を書き、このような計算経験を積み重ねることで、大きな量子状態のユニタリ発展も計算できるようになります。

コラム：量子コンピュータの実行結果を検証する技術 —量子状態トモグラフィ

付録では、量子コンピュータの実機に対して命令を実行します。そこで実感できると思いますが、量子コンピュータの実機にはノイズがあるため、理論値と誤差が生じます。

たとえば、**図 6.9** の量子回路を測定した場合、理論的には $|0\rangle$ と $|1\rangle$ を得る確率はそれぞれ $\frac{1}{2}$ です。しかし、実際に実行してみると、$\frac{1}{2}$ から数 % ずれることがあります。測定結果は確率的に決まるため統計誤差[*2]であれば仕方ないですが、十分大きな回数の測定を行っても統計誤差より大きくずれることがあります。

図 6.9：量子回路の例

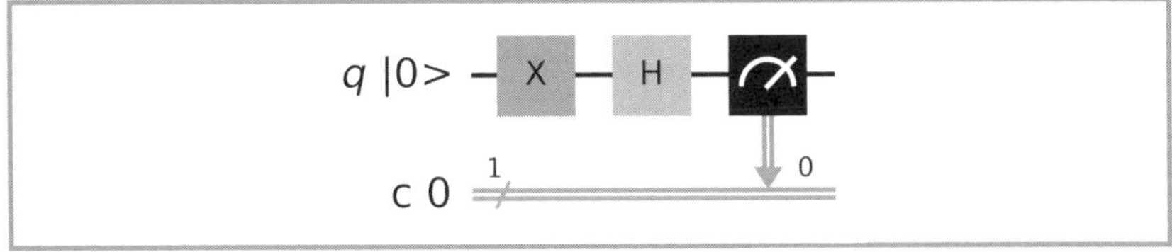

量子コンピュータを開発する側としては、できる限り理論値に近い状態にチューニングにしたいです。そのためには、量子回路で作った量子

＊2　コイン投げがイメージしやすいと思いますが、ランダム性があるため、確率が 1/2 であっても 100 回実行したときに 50 回ずつになるとは限りません。このように、ランダム性が原因で生じる理論上の確率との誤差を統計誤差といいます。

状態 $a|0\rangle + b|1\rangle$ のパラメータ（この場合は a と b）を具体的に推定し、実行結果を検証する必要があります。基本的には「量子状態を作成し、測定する」ということを何度も繰り返し、測定結果から量子状態を推定します（**図 6.10**）。

このように、量子状態を推定する技術を**量子状態トモグラフィ**（quantum state tomography）といいます。量子状態トモグラフィには様々な手法がありますが、ここではシンプルな手法を紹介します。

図 6.10：量子状態トモグラフィ

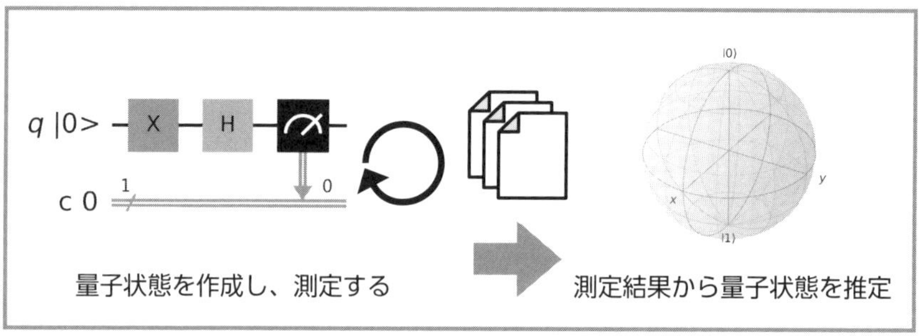

量子状態 $a|0\rangle + b|1\rangle$ の a と b の具体的な値が分かっていないとします。この量子状態を測定したとき、$|0\rangle$ を得る確率は $|a|^2$、$|1\rangle$ を得る確率は $|b|^2$ となります。そのため、「量子状態を作成し、測定する」ということを何度も繰り返して $|0\rangle$ や $|1\rangle$ を得る確率を調べれば、$|a|^2$ と $|b|^2$ を推定できます。

統計学を用いると、推定精度を ε にするには $\dfrac{1}{\varepsilon^2}$ 回程度の測定が必要になることが分かります。たとえば、小数第 1 位まで推定する場合は $\varepsilon = 0.1 = 1/10$ なので $\dfrac{1}{\varepsilon^2} = 10^2 = 100$ 回、小数第 2 位まで推定する場合は $\varepsilon = 0.01 = 1/100$ なので $\dfrac{1}{\varepsilon^2} = 100^2 = 10000$ 回程度の測定が必

要です。

ただし、このままだとシンプルすぎて $\frac{1}{\sqrt{2}}(|0\rangle + |1\rangle)$ と $\frac{1}{\sqrt{2}}(|0\rangle - |1\rangle)$ のような量子状態を区別できません。なぜかというと、どちらの量子状態を測定しても $|0\rangle$ を得る確率が $\frac{1}{2}$ になるため、単に測定するだけでは区別できないためです。

そこで、このような量子状態も区別できるよう、測定に工夫が必要になります。工夫の具体的な内容は省きますが、量子状態を区別するために複数の方向から測定するイメージです（「3.5 量子状態の区別がつくとき、つかないとき」を思い出してください）。これにより 3 種類の測定が必要となり、測定回数が 3 倍になります（**図 6.11**）。

図 6.11：測定の工夫により、量子状態を区別

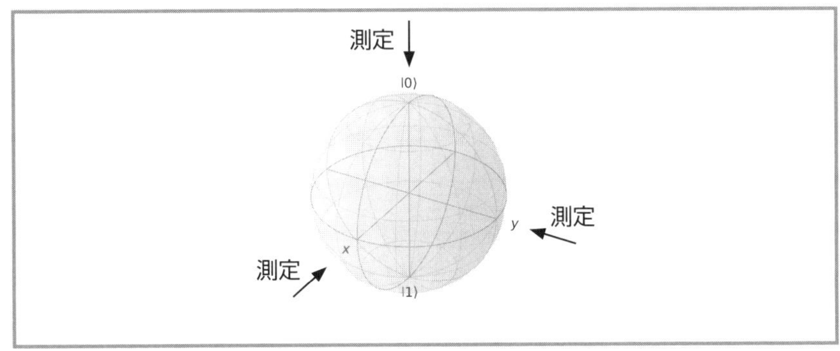

最終的に複素数 a と b を小数第 2 位まで推定するには、3 種類の測定を 10000 回ずつ行う必要があるため、30000 回程度の測定を行います。人間が計算すると大変ですが、コンピュータならそれほど時間はかかりません。この方法によって、目的の量子状態をどの程度正しく作成できたか推定でき、量子コンピュータの実行結果を検証できます。

しかし、実は、このシンプルな推定方法には問題があります。量子ビット数が増加すると、測定する方向が指数関数的に増加するため、推定に必要な測定回数が指数関数的に増加し、推定が困難になります。もちろん、量子ビット数を大幅に増やした量子コンピュータも、正しく動作しているか検証したいです。実行結果の検証は量子コンピュータに欠かせない技術であり、効率的に検証するために様々な量子トモグラフィの手法が研究されています。

第7章

量子プログラミング 入門編

$$|\varphi\rangle = \begin{pmatrix} a \\ b \end{pmatrix} \in \mathbb{C}^2$$

7.1 この章で学ぶこと

これまでの章では、机上で量子コンピュータの計算ルールを学びましたが、座学だけでは実感がなかったり忘れやすいと思います。この章では、量子コンピュータ向けのプログラミング（量子プログラミング）を学び、量子コンピュータのシミュレータを使って動作を確認します。量子プログラミングを実際に行うことで、漠然とした量子コンピュータのイメージではなく、体験を伴った理解を深めましょう。理解が深まることで、量子コンピュータのニュース等も「よく分からないけど凄そう」ではなく、よりリアルに見ることができるようになります。

7.2 量子プログラミング言語・ライブラリ

量子コンピュータで計算するためのプログラミング言語・ライブラリは、いくつも存在します。特に、量子コンピュータのハードウェアを開発している企業は、プログラミング言語・ライブラリも開発していることが多いです。付録Aで IBM が無料で公開している量子コンピュータの実機を利用するため、ここでは、IBM が開発しているライブラリ「Qiskit（キスキット）」を紹介します。

IBM が開発しているといっても、オープンソース・ソフトウェアとして公開されており、無料で利用できます。また、Qiskit は Python のライブラリとして動作します。本書では、読者が Python の基本的な処理を実行できるものとして、Qiskit を説明します。

IBM は「IBM Quantum」という量子コンピュータのクラウドサー

ビスを公開しており、このサービスの利用方法についても説明します。

Qiskit のサイト

https://qiskit.org/

Qiskit の GitHub

https://github.com/Qiskit/qiskit-metapackage

IBM Quantum のサイト

https://quantum-computing.ibm.com/

図 7.1：Qiskit のサイト https://qiskit.org/

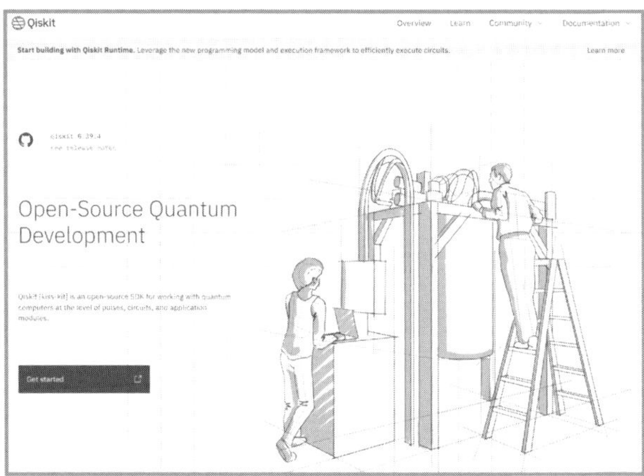

7.3 Qiskit を利用する

7.3.1 Qiskit の概要

本書では、Qiskit を利用した量子プログラミングについて説明します。Qiskit の利点としては、次のものが挙げられます。

(1)Python は利用者が多いプログラミング言語のため、導入しやすい
(2) シミュレータとして動作することも、量子コンピュータの実機にアクセスして実行することもできる
(3) 提供している機能が充実しているため、初心者を卒業しても利用しやすい

Qiskit はバージョンアップによってインタフェースが変わることがあるため、注意が必要です。

7.3.2 Qiskit の実行方法

できれば量子コンピュータの実機を動かしながらプログラミングを行いたいですが、一般公開されている量子コンピュータは台数が少ないです。実機は世界中のユーザが利用するため、実行する際に待ち時間が発生し、リアルタイムの動作確認には向いていません。そのため、量子プログラミングしたものを実機で動かす前に、量子コンピュータの動きを真似するシミュレータを使って動作確認します。シミュレータは普通のコンピュータで動作可能です。

次に挙げたのは、Qiskit の代表的な実行方法です。

IBM Quantum の「Quantum Composer」で実行

IBM Quantum には「Quantum Composer」という機能があり、ブラウザからビジュアルに量子回路を組み立てて実行できます（**図 7.2**）。本書では具体的な使い方は説明しませんが、量子回路に慣れた方であれば直感的に操作できます。IBM Quantum を利用するには、後ほど説明するアカウント登録（無料）が必要になります。「Quantum Composer」には次の URL からアクセスできます。

https://quantum-computing.ibm.com/composer

IBM Quantum の「IBM Quantum Lab」で実行

IBM Quantum には「IBM Quantum Lab」という機能があり、インタラクティブにプログラムを実行できる JupyterLab を利用して、プログラミングします（**図 7.3**）。実行に必要なソフトウェアがインストールされた状態の環境が提供されるため、Python や Qiskit のインストールが不要です。IBM Quantum を利用するには、後ほど説明するアカウント登録（無料）が必要になります。「IBM Quantum Lab」には次の URL からアクセスできます。

https://quantum-computing.ibm.com/jupyter

自分の PC で実行

自分のコンピュータでプログラミングを行い、量子回路を実行します。Python や Qiskit のインストールが必要です。この章の後半でも説明しますが、インストールについては次の URL を参照してください。

https://qiskit.org/documentation/getting_started.html

図 7.2：Quantum Composer で実行

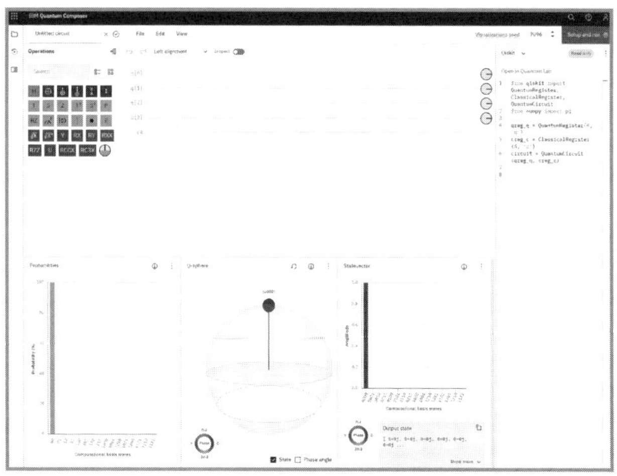

図 7.3：IBM Quantum Lab で実行

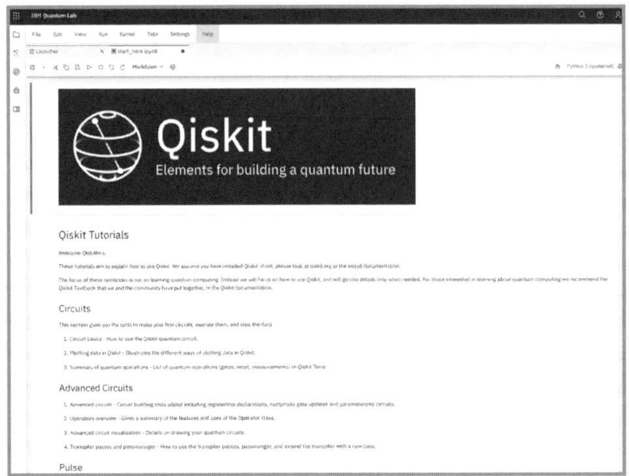

7.3.3 IBM Quantum のアカウント作成

IBM Quantum を利用するには、アカウントを作成する必要があります（無料で作成できます）。次の URL をブラウザで表示してください。

https://quantum-computing.ibm.com/

図 7.4：IBM Quantum のログイン画面

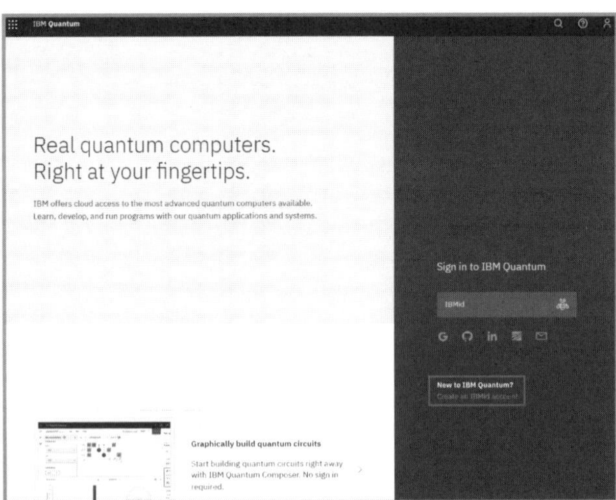

図 7.4 のログイン画面で「Create an IBMid account.」をクリックし、その先の画面でアカウントを作成してください。アカウントを作成して IBM Quantum にログインすると、**図 7.5** のようなダッシュボード画面が表示されます（ユーザ名などは人により異なります）。

図 7.5：IBM Quantum のダッシュボード画面

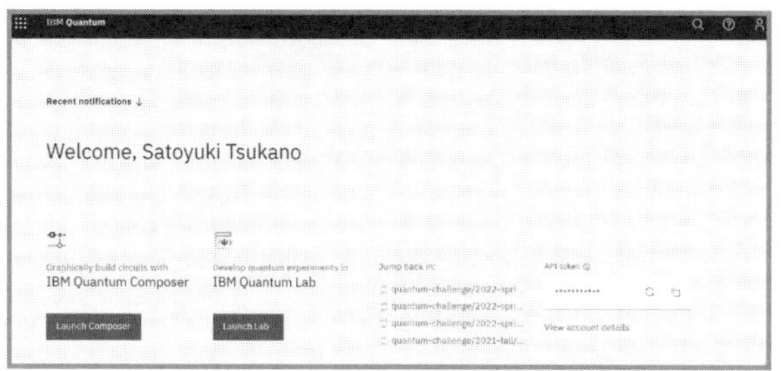

7.4 量子回路に関する用語

量子プログラミングに必要な、量子回路に関する用語をまとめておきます。以前の章で紹介した内容と重複する部分もありますが、復習を兼ねてまとめます。

量子回路は**図 7.6** のように書きます。**図 7.7** はこれに補足説明を付けたものです。

図 7.6：量子回路

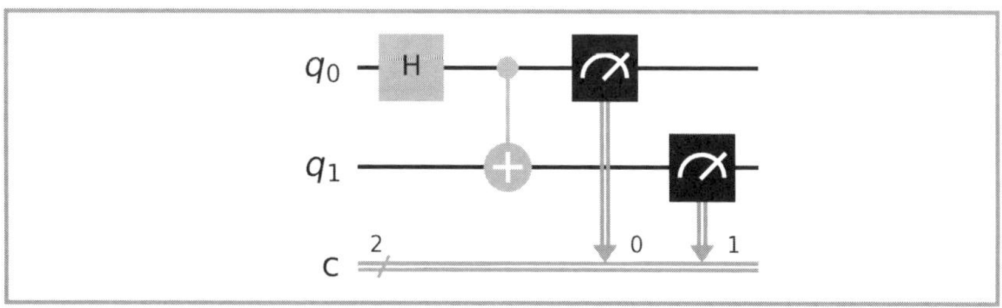

図 7.7：量子回路（補足説明付き）

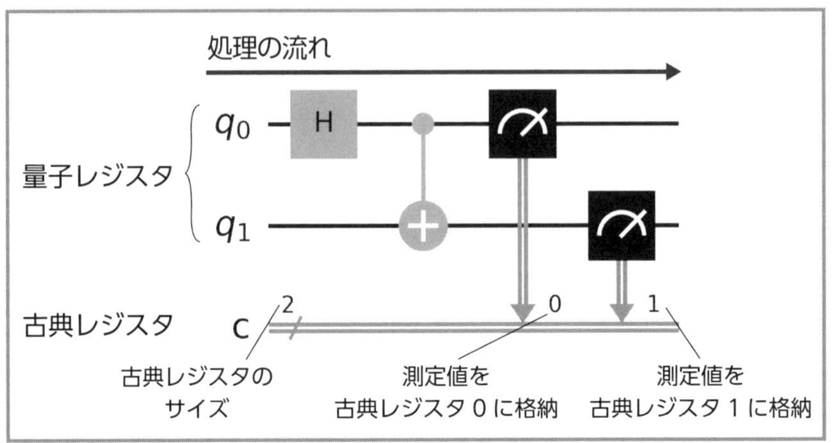

左側に q_0 や q_1 と書いてある線は、量子ビットを格納する領域を表しています。この領域を**量子レジスタ**（quantum register）といいます。利用する量子レジスタの数（量子ビットの数）を、量子回路の**サイズ**（size）といいます。量子レジスタの数は、量子レジスタのサイズともいいます。**図 7.7** の量子回路はサイズは 2 です。

左側に c と書いてある二重線は、古典ビットを格納する領域を表しています。この領域を**古典レジスタ**（classical register）といいます。利用する古典レジスタの数（古典ビットの数）を、古典レジスタのサイズといいます。**図 7.7** の古典レジスタはサイズは 2 です。

複数の古典レジスタは、1 個の二重線にまとめて書くことが多いです。その場合、古典レジスタのサイズは、二重線の左端に記載します。

量子回路の操作は左から右にかけて順番に実行します。一方、量子状態にユニタリ行列をかける場合は、右から左に並べるので注意してください。**図 7.7** の H などの記号はゲートを表しており、この量子回路は H 、CNOT、測定の順番で実行します。

メーターのような記号は測定を表しています。測定で得た値を古典レジスタに格納するため「測定する量子レジスタ」から「値を格納する古典レジスタ」にかけて二重線の矢印を引きます。この例では、古典レジスタは1個の二重線にまとめて書かれているため、古典レジスタを識別できるよう、測定した値を格納する古典レジスタの添え字を書いています。**図 7.7** では、量子レジスタ 0 を測定した値を古典レジスタ 0 に格納し、量子レジスタ 1 を測定した値を古典レジスタ 1 に格納しています。

7.5 基本的な量子プログラミング

7.5.1 IBM Quantum Lab の起動

JupyterLab のように可視化できる環境を利用すると、量子回路や実行結果を視覚的に確認できて便利です。そのため、この章ではまず、IBM Quantum Lab で JupyterLab を利用して量子プログラミングを行う方法を紹介します。

IBM Quantum Lab は IBM Qunautm が提供している JupyterLab の実行環境です。ユーザが利用するイメージとしては**図 7.8** のようになります。**図 7.8** の「lab」という部分が、JupyterLab になります。

図 7.8：IBM Quantum Lab で実行

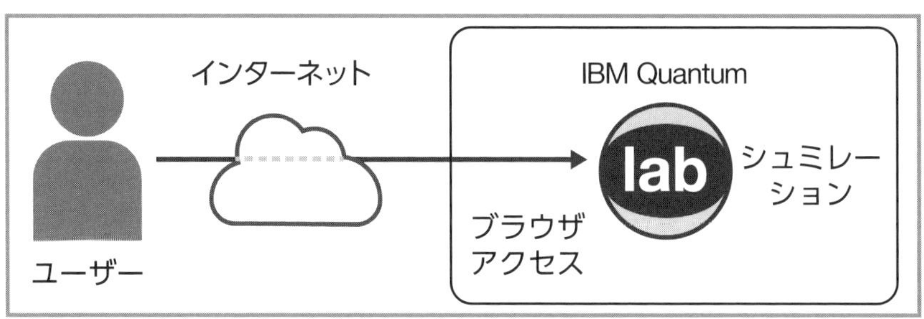

JupyterLab の詳細については、こちらを参照してください。

https://jupyter.org/

IBM Quantum Labを利用するため、IBM Quantumにログインし、ダッシュボード画面（**図7.5**）を表示してください。次に、ダッシュボード画面で「Launch Lab」ボタンをクリックします（**図7.9**）。

図7.9：ダッシュボード画面で「Launch Lab」ボタンをクリック

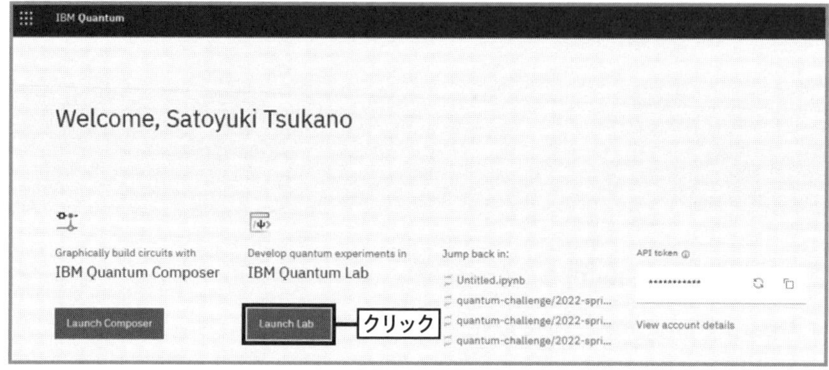

JupyterLabのサーバが未起動の場合は**図7.10**の画面が表示されるため、「Launch Server」ボタンをクリックします。

図7.10：JupyterLabのサーバが未起動の場合は「Launch Server」ボタンをクリック

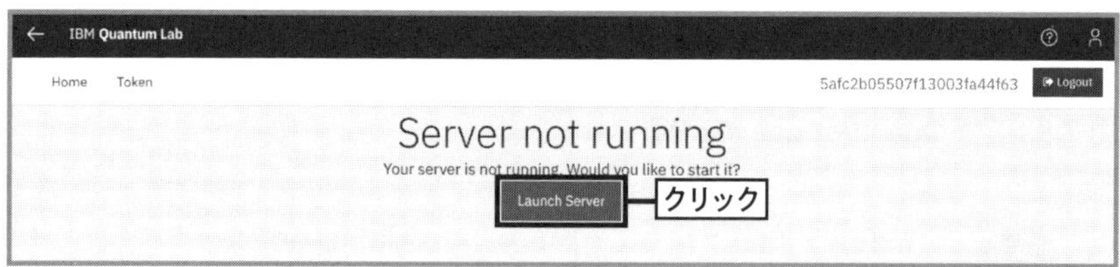

しばらくすると、JupyterLabが起動します。Notebookの欄の左側にある地球に似たマーク（Qiskitのアイコン）のボタンをクリックし、新規にノートブックを作成します。

図 7.11：新規にノートブックを作成

すると、**リスト 7.1** のコードがあらかじめ入力されたノートブックが起動します。

リスト 7.1：ノートブックにあらかじめ入力されたコード

```
import numpy as np

# Importing standard Qiskit libraries
from qiskit import QuantumCircuit, transpile, Aer, IBMQ
from qiskit.tools.jupyter import *
from qiskit.visualization import *
from ibm_quantum_widgets import *
from qiskit.providers.aer import QasmSimulator

# Loading your IBM Quantum account(s)
provider = IBMQ.load_account()
```

まずは、**リスト 7.1** のコードが入力されたセルを実行してください。Qiskit の量子プログラミングに必要なライブラリがインポートされます。

また、**リスト 7.2** を実行すると、IBM Quantum Lab で利用しているソフトウェアのバージョンを確認できます。筆者の環境では、**図 7.12**

の実行結果となりました。Qiskit はバージョンが変わると API が変更になることがあるため、利用している環境にインストールしたバージョンにはご注意ください。本書のプログラムは**図 7.12** のバージョンで動作確認しています。

リスト 7.2：ソフトウェアのバージョンを確認

```
import qiskit.tools.jupyter
%qiskit_version_table
```

図 7.12：実行結果

Version Information

Qiskit Software	Version
qiskit-terra	0.24.0
qiskit-aer	0.12.0
qiskit-ibmq-provider	0.20.2
qiskit	0.43.0
qiskit-nature	0.5.2
qiskit-finance	0.3.4
qiskit-optimization	0.5.0
qiskit-machine-learning	0.6.0
System information	
Python version	3.10.8
Python compiler	GCC 10.4.0
Python build	main, Nov 22 2022 08:26:04
OS	Linux
CPUs	8
Memory (Gb)	31.211318969726562
	Thu May 11 13:42:35 2023 UTC

7.5.2 基本的なプログラミング方法

次に、Qiskit を利用した基本的なプログラミング方法を紹介し、IBM Quantum Lab で動作するシミュレータを実行します。

図 7.6 の量子回路を例として、量子プログラミングについて紹介します。実行前に、この量子回路を実行するとどのような結果になるか、理論的に確認してみましょう。量子プログラミングを扱う場合、第 6 章までと異なり、バイト・オーダは右から左に向かって数値が大きくなるのが一般的です。$|01\rangle$ や $|0\rangle\,|1\rangle$ と書いた場合、0 番目の量子ビットが $|1\rangle$ で、1 番目の量子ビットが $|0\rangle$ です。

バイト・オーダーに注意して $|00\rangle$ からユニタリ発展で変化していく様子を記述すると、次のようになります。

$$
\begin{aligned}
|00\rangle \quad &\xrightarrow{H_0} \quad \frac{1}{\sqrt{2}}\,|0\rangle\,(|0\rangle + |1\rangle) \\
&\xrightarrow{\mathrm{CNOT}_{0,1}} \quad \frac{1}{\sqrt{2}}(|00\rangle + |11\rangle)
\end{aligned}
$$

最後の量子状態を測定すると、$|00\rangle$ と $|11\rangle$ がそれぞれ確率 $\left|\frac{1}{\sqrt{2}}\right|^2 = \frac{1}{2}$ で得られます。このことを頭の片隅に置いておきましょう。

では実装に入ります。まずは、**リスト 7.3** を実装し、量子回路を作成します。

リスト 7.3：量子回路の作成

```
# 量子回路の初期化
circuit = QuantumCircuit(2)

# 量子回路の組み立て
circuit.h(0) # アダマール行列を適用
circuit.cx(0, 1) # CNOTを適用

```

```
8 # 測定
9 circuit.measure_all()
```

量子回路の初期化

2行目で量子回路 QuantumCircuit の初期化を行います。QuantumCircuit のコンストラクタの引数には、量子回路のサイズを指定します。2量子ビットの量子回路なので、量子ビットの添え字は0と1です。それぞれ、**図 7.6** の q_0 と q_1 に対応します。

量子回路の組み立て

5行目-6行目で量子回路を組み立てています。

5行目で、量子ビット0に対してアダマール行列を適用します。**図 7.6** の左側にある q_0 が量子ビット0に該当します。量子ビット0にアダマール行列を適用するため、「circuit.h(0)」と書きます。

もし、複数の量子ビットにアダマール行列を適用する場合は引数に添え字のリストを指定します。たとえば、量子ビット0と1にアダマール行列を適用する場合は、「circuit.h([0, 1])」と書きます。アダマール行列以外のゲートも、適用対象に添え字のリストを指定できます。

6行目で、CNOTゲートを適用します。制御ビットは量子ビット0で、標的ビットは量子ビット1です。

このように、ユニタリ発展を組み合わせて、量子回路を組み立てます。古典プログラミング言語と比較すると、かなり雰囲気が異なります。古典プログラミング言語ではソートなどの抽象度の高い関数がありますが、このサンプルでは量子ビットを操作する命令を直接記述する必要があります。レジスタを操作するアセンブリ言語に近いイメージです。

測定

9行目の measure_all 関数ですべての量子ビットを測定し、各測定値（0または1）を古典レジスタに格納します。このとき、量子状態が変化します。

ここまでが、量子回路の組み立てです。組み立てた時点では、まだ量子回路は実行されない点に注意してください。

リスト7.3に続けて**リスト7.4**を実装し、量子回路の実行・結果取得を行います。

リスト7.4：実行と結果取得

```
1 from qiskit import execute
2
3 # 実行と結果取得
4 backend = Aer.get_backend("qasm_simulator") # バックエンドを指定
5 job = execute(circuit, backend) # 量子プログラムを実行
6 result = job.result() # 結果を取得
7 print(result.get_counts(circuit)) # 結果をテキスト表示
```

実行と結果取得

4行目のget_backend関数の引数には計算処理を行うバックエンドを指定します。「qasm_simulator」は量子コンピュータを模したシミュレータで、実際の量子コンピュータではありません。

5行目のexecute関数を実行すると、量子回路はジョブという実行単位にまとめられます。シミュレータの場合は、すぐにジョブが実行されます。デフォルトでは量子回路が1024回実行されますが、引数shotsで変更できます。測定値が確率的であることを考慮し、何度か実行して測定値の分布を確認してみましょう。

リスト7.4を実行すると、**リスト7.5**の形式で測定値を出力します。

リスト7.5：実行結果

```
{'00': 540, '11': 484}
```

リスト7.5は、00が540回得られ、11が484回得られたことを表しています。おおよそ半々の確率になっており、理論上の値と整合しています。

測定値は確率的

これまでに学んだように、測定値は確率的に得られるため、実行する毎に結果の回数が変化します。そのため、**リスト7.5**の値はあくまでも「おおよそ半々」です。

このような動作は古典コンピュータとは異なりますが、量子コンピュータとしては正しいです。これはあくまでもシミュレータで実行したプログラムですが、量子コンピュータの確率的な振る舞いをシミュレートしています。「おおよそ半々」からあまりにも外れた場合は、プログラムの誤りを疑いましょう。

7.5.3　特定の量子レジスタのみを測定する方法

リスト7.3では測定するときに`measure_all`関数を利用しました。`measure_all`関数を使うとすべての量子ビットを測定しますが、特定の量子ビットのみ測定したい場合もあります。その場合は、**リスト7.6**の9行目のように`measure`関数を利用します。

リスト7.6：量子回路の作成

```
1 # 量子回路の初期化
2 circuit = QuantumCircuit(2, 2)
3 
4 # 量子回路の組み立て
5 circuit.h(0) # アダマール行列を適用
```

```
6 circuit.cx(0, 1) # CNOTを適用
7 
8 # 測定
9 circuit.measure([0, 1], [0, 1])
```

量子回路の初期化

2行目で量子回路 QuantumCircuit の初期化を行います。

QuantumCircuit の最初の引数には、量子レジスタのサイズを指定します。

QuantumCircuit の2番目の引数には、古典レジスタのサイズを指定します。量子ビットを測定した結果を古典レジスタに格納するため、測定したい量子ビットの数を指定します。

ここでは、量子レジスタと古典レジスタにそれぞれ2ビット分の領域を指定して、初期化します。

量子回路の組み立て

この部分は、**リスト7.3**と同様です。

測定

9行目の measure 関数で量子状態を測定し、測定値を古典レジスタに格納します。measure 関数の最初の引数は測定する量子レジスタの添え字のリスト、2番目の引数は測定結果を書き込む古典レジスタの添え字のリストです。**リスト7.6**では、量子レジスタ0を測定した結果を古典レジスタ0に、量子レジスタ1を測定した結果を古典レジスタ1に格納しています。

1個の量子レジスタを測定する場合は、引数にリストではなく「measure(0, 0)」のように添え字の数字を指定できます。

measure 関数を実行すると、測定により量子状態は変化します。

7.5.4 レジスタを直接利用した実装

第9章で紹介する量子テレポーテーションでは、古典レジスタの値により量子ゲートを適用するかどうか決める必要があります。これには、プログラミングの if 文に似た処理が必要になります。このような処理を行うため、Qiskit ではレジスタを直接利用した実装が必要になります。具体的な実装を**リスト7.7**に示します。

リスト7.7：量子回路の作成

```
1 from qiskit import QuantumCircuit
2 from qiskit import ClassicalRegister, QuantumRegister
3
4 # 量子回路の初期化
5 qr = QuantumRegister(2, "q") # 量子レジスタを作成
6 cr = ClassicalRegister(2, "c") # 古典レジスタを作成
7 circuit = QuantumCircuit(qr, cr) # レジスタを使い量子回路を初期化
8
9 # 量子回路の組み立て
10 circuit.h(qr[0]) # アダマール行列を適用
11 circuit.cx(qr[0], qr[1]) # CNOTを適用
12
13 # 測定
14 circuit.measure(qr, cr)
```

量子回路の初期化

5行目-7行目で量子回路の初期化を行います。

5行目で量子レジスタ QuantumRegister を初期化し、6行目で古典レジスタ ClassicalRegister を初期化します。量子ビットを測定した結果を古典レジスタに格納するため、古典レジスタの初期化が必要です。QuantumRegister と ClassicalRegister にはレジスタのサイズを指定します。ここでは、量子レジスタに2量子ビット、古典レジスタに2古典ビットの領域を初期化しています。

7行目では、量子レジスタと古典レジスタを使い、量子回路 QuantumCircuit を初期化しています。

量子回路の組み立て

10行目-11行目で量子回路を組み立てています。

10行目で、量子ビット0に対してアダマール行列を適用します。レジスタを直接利用した実装の場合は、レジスタを引数に指定できます。レジスタは添え字を利用して配列のようにアクセスできます。変数 qr[0] が量子ビット0のレジスタに対応します。

11行目で、CNOTゲートを適用します。レジスタの指定方法は、アダマール行列の場合と同様です。

測定

14行目の measure 関数で量子状態を測定し、測定値を古典レジスタに格納します。

最初の引数に測定する量子レジスタを指定し、2番目の引数に測定結果を格納する古典レジスタを指定します。

7.6 実行結果と量子回路の可視化

7.6.1 実行結果の可視化

量子プログラムのデバッグに使える便利な機能を紹介します。**リスト7.5** の出力だけでは、視覚的に結果を捉えづらいです。Qiskit には測定値の分布を表示する機能があるため、これを使ってみましょう。JupyterLab のように可視化可能な実行環境が必要ですが、**リスト7.4** に続けて**リスト7.8** を実行してください。

リスト 7.8：確率分布を表示

```
plot_distribution(job.result().get_counts(circuit))
```

plot_distribution 関数を実行すると、**図 7.13** の確率分布を表示します。

図 7.13：確率分布を表示

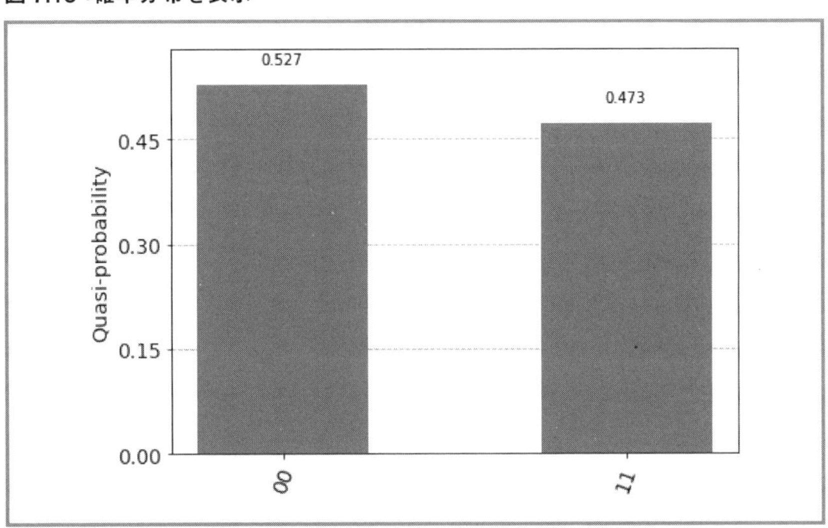

図 7.13 は、00 が確率 0.527 で得られ、11 が確率 0.473 で得られたことを表しています。

また、Qiskit で測定値のヒストグラムを表示するには、**リスト 7.9** を実行してください。

リスト 7.9：ヒストグラムを表示

```
plot_histogram(job.result().get_counts(circuit))
```

図 7.14：ヒストグラムを表示

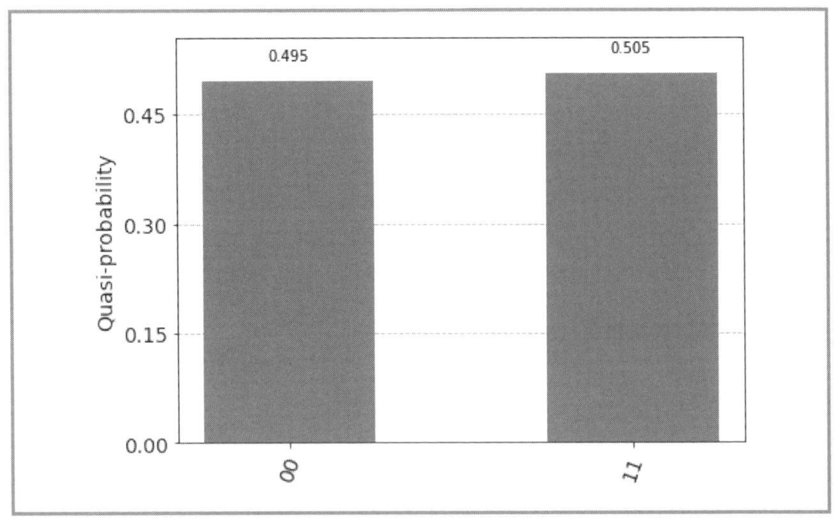

7.6.2 量子回路の可視化

量子回路を可視化するには、**リスト 7.10** を実行します。

リスト 7.10：量子回路を描画

```
circuit.draw(output="mpl")
```

リスト 7.6 で実装した量子回路に対して、**リスト 7.10** を実行した結果が**図 7.6** になります。

量子回路全体が図として表示されるため、デバッグなどに役立ちます。本書の量子回路の図は、この機能で表示したものをベースにしています。

`draw` 関数の引数 `output` に `mpl` を指定すると、matplotlib 形式で出力します。`output` に `text` を指定するとテキスト形式（いわゆるアスキー・アート）で出力し、`latex` を指定すると LaTeX 形式で出力します。

図 7.15：量子回路を表示（テキスト形式）

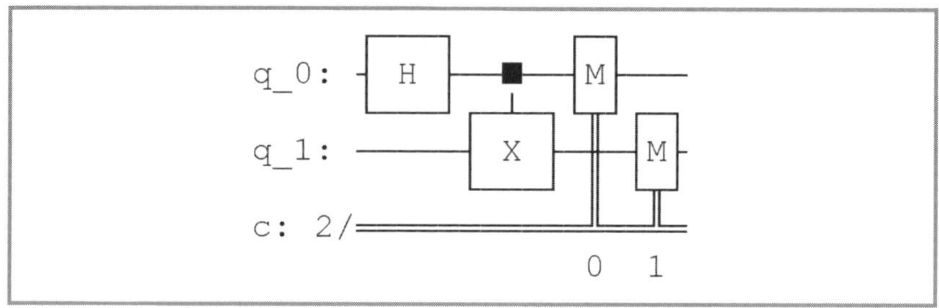

図 7.16：量子回路を表示（LaTeX 形式）

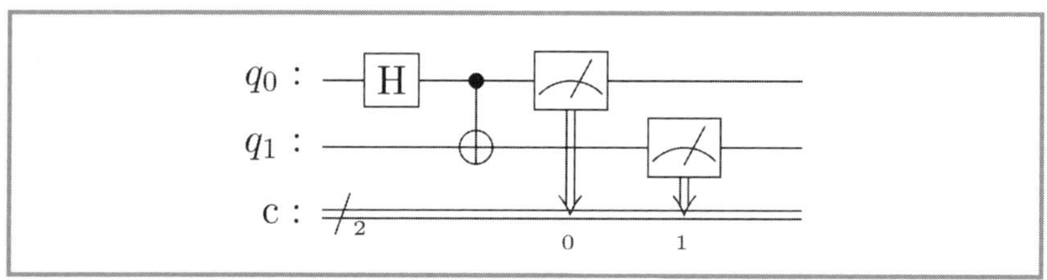

7.6.3 量子回路の可視化をサポートする機能

リスト 7.11 の量子回路を可視化すると、**図 7.17** を出力します。**リスト 7.11** では、各ゲートを適用した後に測定していますが、**図 7.17** では、X ゲートと測定が同じタイミング（縦に並んでいる）になっています。このように、実装した順番通りにならないのは、理論的に同一な表現を保ったまま量子回路を最適化するように、Qiskit が動作するためです。

リスト 7.11：実装した順番通りに可視化されない量子回路

```
# 量子回路の初期化
circuit = QuantumCircuit(2, 2)

# 量子回路の組み立て
circuit.h(0)
circuit.x(0)
circuit.h(1)

```

```
9 # 測定
10 circuit.measure([0, 1], [0, 1])
11
12 # 量子回路を可視化
13 circuit.draw(output="mpl")
```

図 7.17：X ゲートと測定が同じタイミングになっている

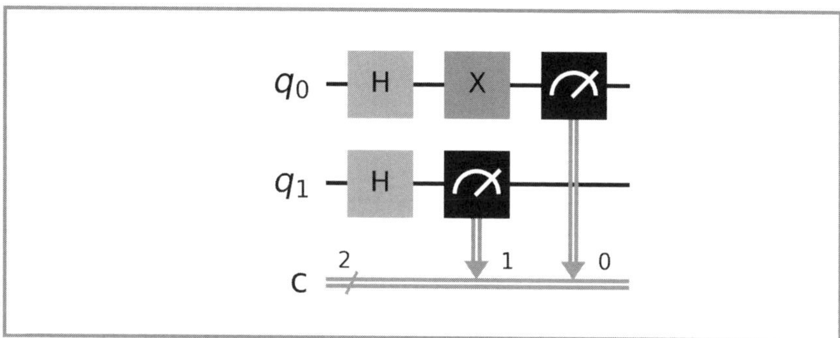

実装した順番で可視化するには、barrier 関数を利用します。

リスト 7.11 の 8 行目に barrier 関数を入れたものが、**リスト 7.12** です。**リスト 7.12** を実行し、量子回路を可視化したものが、**図 7.18** です。X ゲートと測定の間にある縦の点線が、barrier に相当します。Qiskit は barrier をまたがった最適化を行わないため、**図 7.18** では実装した順番通りに可視化されています。

リスト 7.12：実装した順番通りに可視化される量子回路

```
1 # 量子回路の初期化
2 circuit = QuantumCircuit(2, 2)
3
4 # 量子回路の組み立て
5 circuit.h(0)
6 circuit.x(0)
7 circuit.h(1)
8 circuit.barrier()
```

```

# 測定
circuit.measure([0, 1], [0, 1])

# 量子回路を可視化
circuit.draw(output="mpl")
```

図 7.18：X ゲートの後に測定している

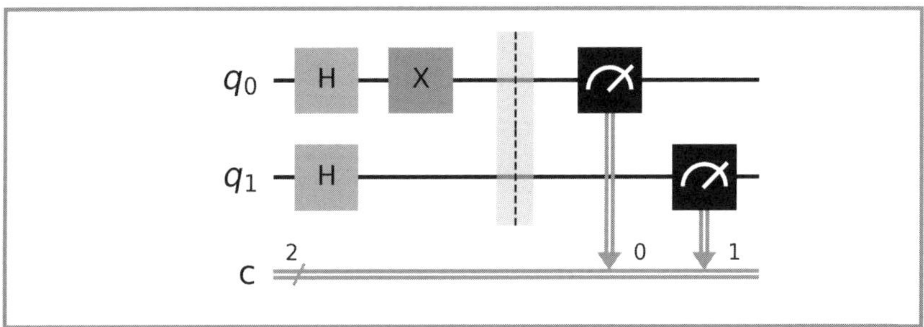

また、**図 7.19** のように、`draw` 関数が出力する量子回路に `barrier` を表示しないようにするには、引数 `plot_barriers` に `False` を指定します。

リスト 7.13：`barrier` を表示しないように引数 `plot_barriers=False` を指定

```
circuit.draw(output="mpl", plot_barriers=False)
```

図 7.19：`barrier` が表示されない

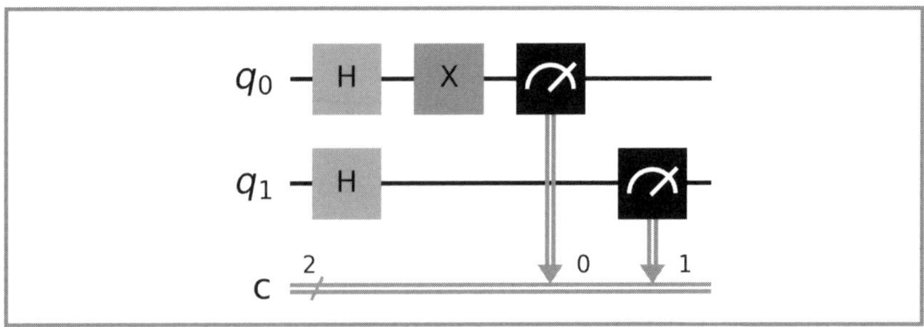

図 7.20 のように、量子回路の左側に初期値を表示するには、引数 initial_state に True を指定します。

リスト 7.14：初期値を表示するように引数 initial_state=True を指定

```
circuit.draw(output="mpl", initial_state=True)
```

図 7.20：初期値が表示される

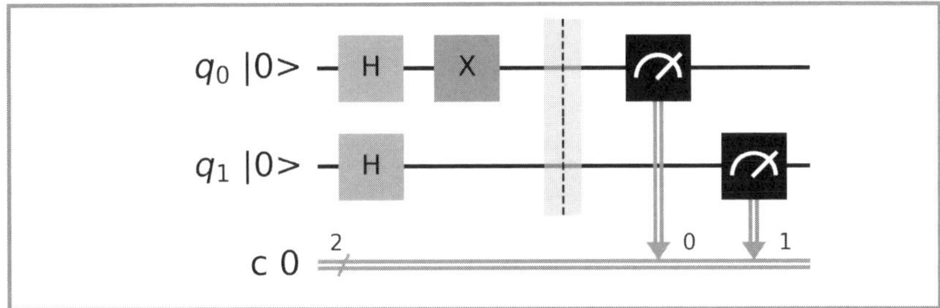

引数 plot_barriers と initial_state は、同時に利用することもできます。利用目的に応じて、使い分けてください。

7.7 ゲートと関数の対応

本書で説明している量子ゲートと、Qiskit の関数の対応は**表 7.1** の通りです。

表 7.1：ゲートと関数の対応

ゲート名	Qiskit の関数名
単位行列 I	i または id
パウリ行列 X	x
パウリ行列 Z	z
アダマール行列 H	h

ゲート名	Qiskit の関数名
CNOT	cx
CCNOT	ccx
SWAP	swap
CSWAP	cswap

基本的にはゲート名を小文字にすればQiskitの関数名になりますが、名前が多少異なるものもあります。

ビット反転を行うゲートは、古典コンピュータではNOT、量子コンピュータではパウリ行列Xです。このため、CNOT（Controlled NOT）はControlled Xともいいます。CNOTに対応するQiskitの関数名がcxになっているのは、このためです。

また、単位行列に対応する関数名はiとidのどちらでも動作します。

CCNOT、CSWAPは3量子ビットのゲートです。これらについては、第8章で説明します。

なお、本書では扱っていないゲートも含む、主なゲートを巻末にまとめています。ゲートの定義を確認したい場合に、参照してください。

7.8 自分のPCで実行する方法

クラウドにある環境ではなく自分のPCで実行したいケースもあります。その場合の詳しいインストール方法については、次のURLにあるQiskitのドキュメントを参照してください。

https://qiskit.org/documentation/install.html

ここでは、インストール時の注意点を記載します。

Qiskitをインストールする際に指定するパッケージは、可視化の機能が必要かどうかによって変わります。可視化の機能が**必要な場合**は、次のコマンドでインストールしてください。

```
pip install qiskit[visualization]
```

可視化の機能が**不要な場合**は、次のコマンドでインストールしてください。

```
pip install qiskit
```

可視化の機能があると便利ですので、基本的にはインストールした方がよいでしょう。

7.9 発展：人間が書いたプログラムを量子コンピュータ向けに変換する技術―量子コンパイラ

このコラムでは量子コンパイラ（トランスパイラ）について紹介します[*1]

CPUがプログラムを実行するとき、みなさんが書いたプログラムを直接実行するわけではありません。CPUは足し算やメモリへのアクセスなど、単純な命令しか実行できません。たとえば、ソートのような命令はCPUには用意されていません。また、「x=1」のような文字列を直接CPUに渡すことはできません。CPUはバイナリで表現された命令を処理します。

しかし、CPU用の単純な命令を人間が書くとソート処理を実装するのも大変ですし、人間がバイナリでプログラムを記述するのも現実的ではありません。そのため、本章でも紹介したように、人間が分かる表現でプログラムを記述します。プログラムをCPUで実行できる命令に変換するのが、コンパイラの役割です。

実は、量子コンピュータにもコンパイラが存在します。量子コンピュータ向けのコンパイラを**量子コンパイラ**(quantum compiler)と呼びます。

＊1　コンパイラとトランスパイラは本来別の概念ですが、簡単のため本書では区別せずに扱います。

7.9.1 量子コンパイラの機能

量子コンパイラはどのような機能があるのでしょうか。

ここでは、現在の量子コンパイラに備わっている機能をいくつかご紹介します。

(1) ハードウェアのトポロジーを考慮した量子回路に変換
(2) ハードウェアで実行できるゲートを考慮した量子回路に変換
(3) 短い量子回路に変換

それぞれの要素について、簡単に説明します。

7.9.2 ハードウェアのトポロジーを考慮した量子回路に変換

Qiskitをはじめとした量子プログラミング・ライブラリは、ハードウェアの制約にとらわれず実装できます。しかし、実際のハードウェアには、様々な制約があります。

たとえば、量子プログラミング・ライブラリでは、CNOTゲートの制御ビットと標的ビットを自由に指定できます。ですが、実際の量子コンピュータではそうはいきません。

ここでは、IBMの127量子ビットの量子コンピュータ`ibm_washington`を例に説明します。`ibm_washington`の量子ビットは**図7.21**のように配置されています。このような量子ビットの配置のことを**トポロジー**（topology）と呼びます。

図 7.21：ibm_washington のトポロジー

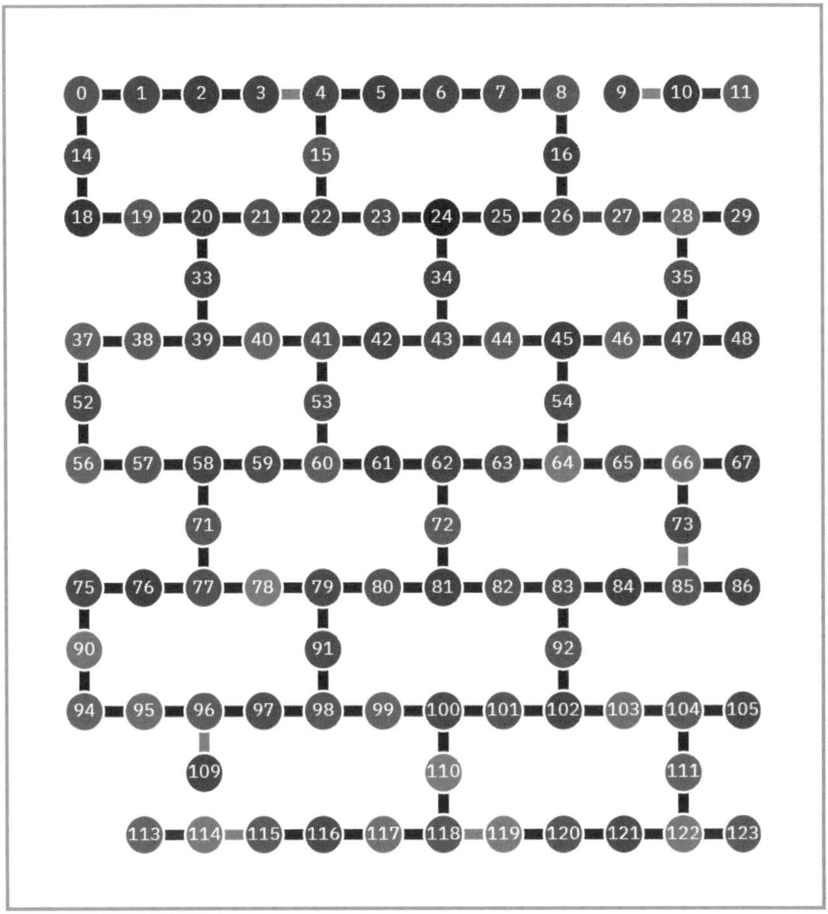

図の中の数字は量子ビットの添え字を表しており、線でつながった量子ビット同士だけCNOTゲートを実行できます。

図の左上の「0」と隣接しているのは「1」と「14」だけです。そのため、「0」の量子ビットとCNOT操作ができるのは、「1」と「14」だけです。したがって、隣接していない量子ビットを操作する場合は、SWAPゲートを使って量子ビットを入れ替え、隣接させてからCNOTを実行します。

たとえば、**図 7.22** の量子回路を `ibm_washington` で実行しようとすると、「0」と「2」が隣接していないためCNOTを実行できません。

図 7.22：トポロジーを考慮したコンパイルを行う前の量子回路

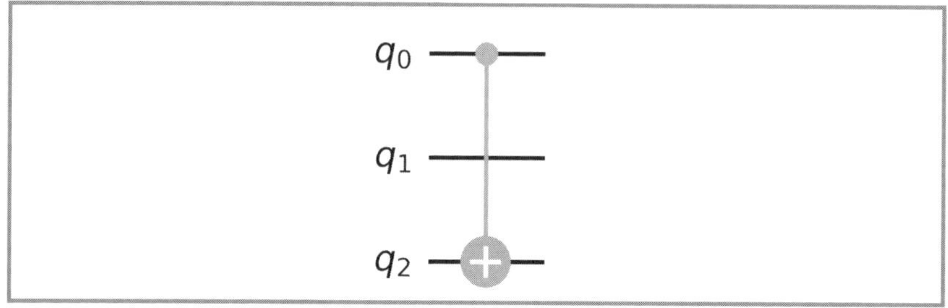

そこで、「0」と「2」でCNOTを行う場合は、次のようにSWAPを使います（**図 7.23**）。

- SWAPで「1」と「2」を入れ替える
- 「0」と（元々は「2」だった）「1」の間でCNOTを実行する
- SWAPで「1」と「2」を入れ替える（元の配置に戻る）

図 7.23：トポロジーを考慮したコンパイルを行った後の量子回路

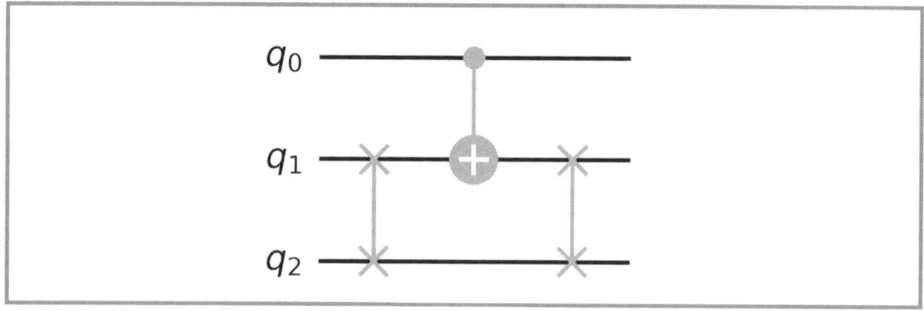

量子プログラミングを行うとき、トポロジーを意識しながら実装するのは面倒ですし、ハードウェアに依存した実装になってしまいます。そのため、トポロジーを気にせずに実装し、コンパイラがトポロジーを意

識した量子回路（**図 7.23**）に変換します。古典コンパイラがCPUアーキテクチャに依存したプログラムに変換するのと同じように、量子コンパイラもハードウェアに依存した量子回路に変換します。

7.9.3 ハードウェアで実行できるゲートを考慮した量子回路に変換

量子プログラミング・ライブラリでは**表 7.1** に挙げたものをはじめ、多様なゲートを記述できます。しかし、実際にハードウェアで直接実行できるゲートは限られています。CPU が単純な命令しか実行できないのと同様です。

たとえば、先ほどの ibm_washington で直接実行できるゲートは $I, X, \mathrm{RZ}, \sqrt{X}, \mathrm{CNOT}$ に限られます。ここで、RZ は Z を拡張したゲートです。また、$\sqrt{X}$ は2回実行すると X と同じ操作になるゲートです。

これらの中に H はないため、H は直接実行できません（**図 7.24**）。

図 7.24：ハードウェアで実行できるゲートを考慮したコンパイルを行う前の量子回路

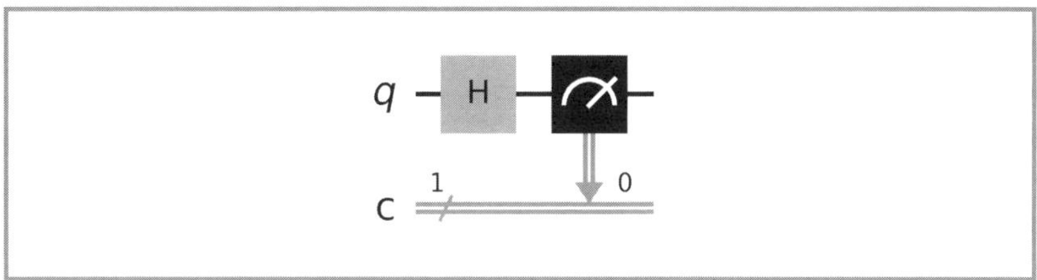

実は、$\alpha = e^{i\pi/4}$ とすると $H = \alpha \cdot \mathrm{RZ}(\pi/2) \cdot \sqrt{X} \cdot \mathrm{RZ}(\pi/2)$ という等式が成り立つため、H があるとコンパイラが RZ と $\sqrt{X}$ を組み合わせた量子回路に変換します（$|\alpha| = 1$ であるため、α 倍の違いは量子回路に影響しません）。

図 7.25：ハードウェアで実行できるゲートを考慮したコンパイルを行った後の量子回路

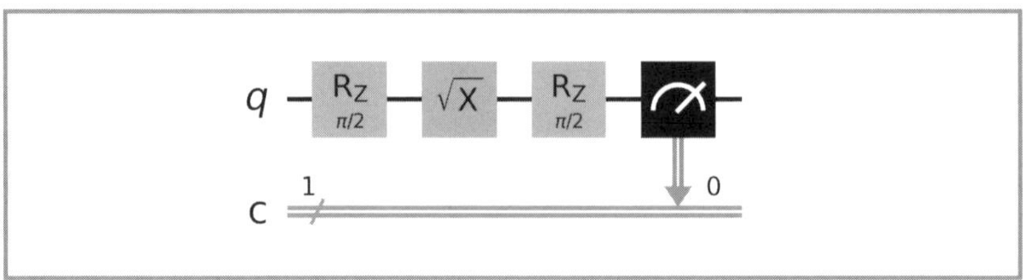

このように、量子コンパイラは、ハードウェアで直接実行できるゲートに変換します。

7.9.4 短い量子回路に変換

図 7.26 のような量子回路があったとします。この量子回路をそのまま実行すると、3 個の量子ゲートを実行することになります。

図 7.26：最適化前の量子回路

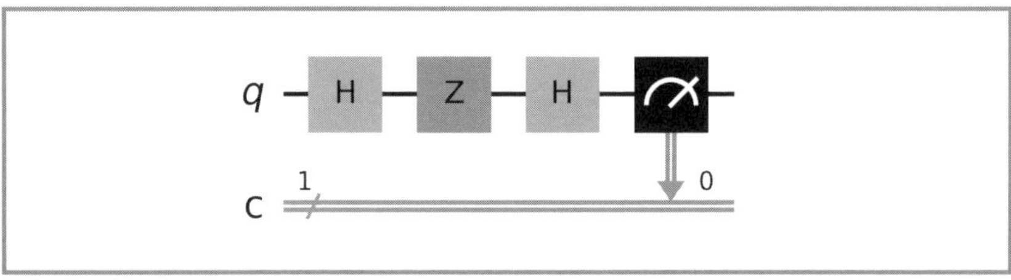

しかし、$X = H \cdot Z \cdot H$ という等式が成り立つため、**図 7.27** の量子回路を実行しても同じ結果になります。

図 7.27：最適化後の量子回路

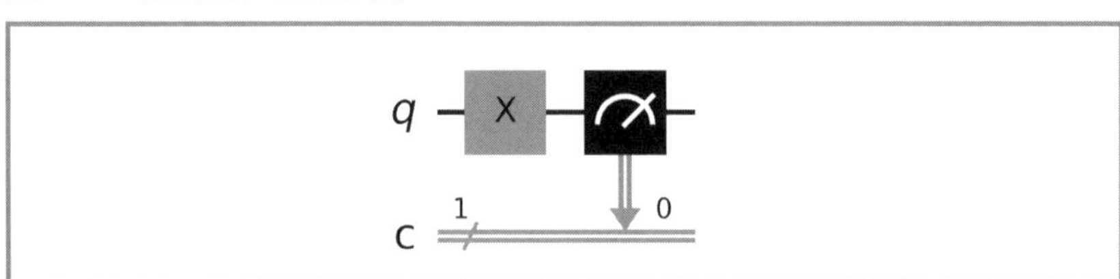

こちらは、1個の量子ゲートを実行するだけで結果が出ます。量子コンピュータの実機ではノイズを無視できないため、ゲート数が少ないほど計算精度が上がります。また、量子状態は時間が経つと壊れてしまうため、計算時間が短い（ゲート数が少ない）ほど計算精度が上がります。

そのため、同じ結果を出力する量子回路であれば、より少ないゲート数の量子回路を実行したいです。量子コンパイラは、より少ないゲート数で同じ結果を返す量子回路に最適化を行います。

7.9.5 その他の機能

その他にも、

- 量子ビットの制御装置が解釈できる低レイヤの制御命令に変換する
- （将来的には）`if`や`while`などで柔軟な条件分岐を行う（現在の量子コンピュータはまだ限られた条件分岐しか実行できません）
- （将来的には）量子誤り訂正を考慮した命令に変換する

などの機能が量子コンパイラは必要です。量子コンピュータが発展するにつれて必要な機能は増えていきます。計算の精度や時間にも影響するため、量子コンパイラは重要な技術のひとつです。

第 8 章

n量子ビットの世界

$$|\varphi\rangle = \begin{pmatrix} a \\ b \end{pmatrix} \in \mathbb{C}^2$$

8.1 この章で学ぶこと

本章では一般の n 量子ビットについて学びます。1-2 量子ビットの延長線であるため、1-2 量子ビットを理解できていれば n 量子ビットも理解しやすいと思います。一般の n 量子ビットについて理解すれば、量子コンピュータの様々なアルゴリズムを学ぶ準備は完了です。

8.2 量子ビットを一般化する

早速ですが、n 量子ビットの量子状態は次のように定義します。

定義

以下に定義する集合 Q の要素を量子状態（quantum state）と呼ぶ。

$$Q := \left\{ \begin{pmatrix} a_0 \\ a_1 \\ \vdots \\ a_{2^n-1} \end{pmatrix} \in \mathbb{C}^{2^n} \;\middle|\; |a_0|^2 + |a_1|^2 + \cdots + |a_{2^n-1}|^2 = 1 \right\}$$

n 量子ビットは、2^n 個の複素数を並べたベクトルです。a の添え字が $2^n - 1$ で終わっていますが、0 から開始しているため、2^n 個になります。添え字を 0 から始める理由は、後ほど説明します。

3 量子ビットなら $2^3 = 8$ 個、4 量子ビットなら $2^4 = 16$ 個…10 量子

ビットなら $2^{10} = 1024$ 個の複素数を並べたものになります。注目すべき点は、「n の数値が増えると、急速（指数関数的）にベクトルに並べる数（ベクトルの次元）が増える」ことです。後ほど説明しますが、これは量子コンピュータの計算能力の高さにつながります。

また、1 量子ビットなら $2^1 = 2$ 個、2 量子ビットなら $2^2 = 4$ 個であるため、1-2 量子ビットの定義とも合致しています。

古典ビット $00 \cdots 0$（長さ n の古典ビット）に対応する量子ビットは、$|0\rangle \otimes |0\rangle \otimes \cdots \otimes |0\rangle$（$n$ 個の $|0\rangle$ のテンソル積）になります。

たとえば、次の 3 量子ビットの量子状態をベクトルの形式で表すと次のようになります。

$$
|0\rangle \otimes |0\rangle \otimes |0\rangle = \begin{pmatrix} 1 \\ 0 \end{pmatrix} \otimes \begin{pmatrix} 1 \\ 0 \end{pmatrix} \otimes \begin{pmatrix} 1 \\ 0 \end{pmatrix} = \begin{pmatrix} 1 \\ 0 \end{pmatrix} \otimes \begin{pmatrix} 1 \begin{pmatrix} 1 \\ 0 \end{pmatrix} \\ 0 \begin{pmatrix} 1 \\ 0 \end{pmatrix} \end{pmatrix}
$$

$$
= \begin{pmatrix} 1 \\ 0 \end{pmatrix} \otimes \begin{pmatrix} 1 \\ 0 \\ 0 \\ 0 \end{pmatrix} = \begin{pmatrix} 1 \begin{pmatrix} 1 \\ 0 \\ 0 \\ 0 \end{pmatrix} \\ 0 \begin{pmatrix} 1 \\ 0 \\ 0 \\ 0 \end{pmatrix} \end{pmatrix} = \begin{pmatrix} 1 \\ 0 \\ 0 \\ 0 \\ 0 \\ 0 \\ 0 \\ 0 \end{pmatrix}
$$

3 個の 2×1 行列のテンソル積であるため、$2 \cdot 2 \cdot 2 \times 1 \cdot 1 \cdot 1 = 8 \times 1$ 行列になります。テンソル積について忘れた方は、第 2 章の定義を確認したり、第 5 章や第 6 章の計算例を確認してみたりしてください。

テンソル積は結合法則が成立するため、$(|0\rangle \otimes |0\rangle) \otimes |0\rangle = |0\rangle \otimes (|0\rangle \otimes |0\rangle)$ となります。どこから計算しても同じ結果になります。

実際、n 量子ビットの量子状態は、n 個の 2×1 行列のテンソル積であるため、$2^n \times 1$ 行列になり、定義と一致します。

$|0\rangle \otimes |0\rangle \otimes \cdots \otimes |0\rangle$ はゼロベクトルでない点に注意してください。

$$|0\rangle \otimes |0\rangle \otimes \cdots \otimes |0\rangle \neq \begin{pmatrix} 0 \\ 0 \\ \vdots \\ 0 \end{pmatrix} \text{（n 個の 0 が並んだベクトル）}$$

また、テンソル積の記号 $\otimes$ を省略して $|0\rangle |0\rangle \cdots |0\rangle$ と表したり、さらにケット記号をひとつにまとめて $|00\cdots 0\rangle$ と表したり、量子ビットの個数を右上に書いて $|0\rangle^{\otimes n}$ とも表します。

$$|0\rangle \otimes |0\rangle \otimes \cdots \otimes |0\rangle = |0\rangle |0\rangle \cdots |0\rangle = |00\cdots 0\rangle = |0\rangle^{\otimes n}$$

さらに、ビット列を 10 進法で表現したものをケット記号の中に書くこともあります。たとえば、ビット列 100 は 10 進法で 4 を表すため、$|100\rangle$ のことを $|4\rangle$ とも書きます。さまざまな表し方がありますが、文脈に応じて使いやすい表現を使います。

これらの記法を利用することで、n 量子ビットの量子状態は

$$\begin{aligned}
\begin{pmatrix} a_0 \\ a_1 \\ \vdots \\ a_{2^n-1} \end{pmatrix} &= a_0 \begin{pmatrix} 1 \\ 0 \\ \vdots \\ 0 \end{pmatrix} + a_1 \begin{pmatrix} 0 \\ 1 \\ \vdots \\ 0 \end{pmatrix} + \cdots + a_{2^n-1} \begin{pmatrix} 0 \\ 0 \\ \vdots \\ 1 \end{pmatrix} \\
&= a_0 |00\cdots 0\rangle + a_1 |00\cdots 1\rangle + \cdots + a_{2^n-1} |11\cdots 1\rangle \\
&= a_0 |0\rangle + a_1 |1\rangle + \cdots + a_{2^n-1} |2^n - 1\rangle
\end{aligned}$$

と書けます。a の添え字を 0 から開始したのは、ケット記号の中の数字と揃えるためです。量子状態をベクトルの形で表したものを**状態ベクト**

ル（state vector）といいます。

Qを次のように書くこともできます。

$$\begin{aligned} Q &= \{a_0\,|00\cdots0\rangle + a_1\,|00\cdots1\rangle + \cdots + a_{2^n-1}\,|11\cdots1\rangle \mid \\ &\quad a_0, a_1, \ldots, a_{2^n-1} \in \mathbb{C}\text{ で }|a_0|^2 + |a_1|^2 + \cdots + |a_{2^n-1}|^2 = 1\text{ を満たす}\} \\ &= \{a_0\,|0\rangle + a_1\,|1\rangle + \cdots + a_{2^n-1}\,|2^n-1\rangle \mid \\ &\quad a_0, a_1, \ldots, a_{2^n-1} \in \mathbb{C}\text{ で }|a_0|^2 + |a_1|^2 + \cdots + |a_{2^n-1}|^2 = 1\text{ を満たす}\} \end{aligned}$$

次のものはn量子ビットの量子状態です。

$$|00\cdots0\rangle, \quad \frac{1}{\sqrt{2}}(|00\cdots0\rangle + |11\cdots1\rangle), \quad \frac{1}{\sqrt{2^n}}(|0\rangle + |1\rangle + \cdots + |2^n-1\rangle)$$

計算に慣れるため、これらが$|a_0|^2 + |a_1|^2 + \cdots + |a_{2^n-1}|^2 = 1$を満たすことを確認してみてください。また、次のものは量子状態では**ありません**。

$$|00\cdots0\rangle + |11\cdots1\rangle \quad (|1|^2 + |1|^2 = 2 \neq 1\text{ となるため})$$

$\frac{1}{\sqrt{2}}(|00\cdots0\rangle + |11\cdots1\rangle)$のように、複数の量子ビットの和で表される量子状態を**重ね合わせ状態**（superposition、superposition state）と呼びます。n量子ビットの量子状態は$|0\rangle, |1\rangle, \ldots, |2^n-1\rangle$という、$2^n$種類の量子ビットの重ね合わせ状態を表せます。一方、n古典ビットの状態は$0, 1, \ldots, 2^n-1$のみであり、同時に表せる状態はこの中の1種類です。重ね合わせ状態にはできません。この点は、大きな違いです。

量子状態は、内積を使って表すこともできます。量子状態

$$|\varphi\rangle = \begin{pmatrix} a_0 \\ a_1 \\ \vdots \\ a_{2^n-1} \end{pmatrix} \in \mathbb{C}^{2^n}$$

の内積 $\langle\varphi|\varphi\rangle$ を計算すると、

$$\begin{aligned} \langle\varphi|\varphi\rangle &= \begin{pmatrix} a_0^* & a_1^* & \cdots & a_{2^n-1}^* \end{pmatrix} \begin{pmatrix} a_0 \\ a_1 \\ \vdots \\ a_{2^n-1} \end{pmatrix} \\ &= a_0^* a_0 + a_1^* a_1 + \cdots + a_{2^n-1}^* a_{2^n-1} \\ &= |a_0|^2 + |a_1|^2 + \cdots + |a_{2^n-1}|^2 \end{aligned}$$

となります。これにより、次のように Q を表すことができます。

$$Q = \left\{ |\varphi\rangle \in \mathbb{C}^{2^n} \;\middle|\; \langle\varphi|\varphi\rangle = 1 \right\}$$

Q を表す方法はいくつかあるため、状況に応じて扱いやすい方法を使います。

8.3 測定（確率の世界）

n 量子ビットの測定も、1-2 量子ビットと同じように定義します。

定義

n 量子ビットの量子状態を**測定**（measurement）することにより、$|00\cdots0\rangle, |00\cdots1\rangle, \ldots, |11\cdots1\rangle$ のいずれかを得ることができる。このことを「測定値 $|00\cdots0\rangle$ を得る」とか単に「$|00\cdots0\rangle$ を得る」という。
量子状態 $a_0|00\cdots0\rangle + a_1|00\cdots1\rangle + \cdots + a_{2^n-1}|11\cdots1\rangle$ を測定したとき、各測定値を得る確率は次の通り。

- 測定値 $|00\cdots0\rangle$ を得る確率は $|a_0|^2$
- 測定値 $|00\cdots1\rangle$ を得る確率は $|a_1|^2$
  ⋮
- 測定値 $|11\cdots1\rangle$ を得る確率は $|a_{2^n-1}|^2$

測定後の量子状態は、得られた測定値に変化する。

次の点は、量子コンピュータと古典コンピュータで大きく異なります。

（1）得られる測定値は確率によって変わる
（2）測定によって状態が変化する

たとえば、

$$|\varphi\rangle = \frac{1}{\sqrt{5}}|00\cdots0\rangle + \frac{2}{\sqrt{5}}|11\cdots1\rangle$$

とし、$|\varphi\rangle$ を測定すると、次のようになります。

- 測定値 $|00\cdots0\rangle$ を得る確率は $\left|\frac{1}{\sqrt{5}}\right|^2 = \frac{1}{5} = 0.2$ となり、測定後の状態は $|00\cdots0\rangle$ に変化する。

- 測定値 $|11\cdots1\rangle$ を得る確率は $\left|\frac{2}{\sqrt{5}}\right|^2 = \frac{4}{5} = 0.8$ となり、測定後の状態は $|11\cdots1\rangle$ に変化する。

量子ビット $|00\cdots0\rangle$ を得る確率は $\left|\frac{1}{\sqrt{5}}\right|^2 = \frac{1}{5}$ となり、量子ビット $|11\cdots1\rangle$ を得る確率は $\left|\frac{2}{\sqrt{5}}\right|^2 = \frac{4}{5}$ となります。

8.4 ユニタリ発展（行列の世界）

n 量子ビットのユニタリ発展も、1-2 量子ビットと同じように定義します。

定義

量子状態 $|\varphi\rangle$ は、$2^n \times 2^n$ ユニタリ行列 U を使って $U|\varphi\rangle$ という量子状態に写ることができる。このような量子状態の変化をユニタリ発展（unitary evolution）という。

ユニタリ行列は第 2 章で説明したように、$U^\dagger U = I$ が成り立つ行列です。

1 量子ビットではサイズが 2×2 のユニタリ行列、2 量子ビットではサイズが 4×4 のユニタリ行列を考えましたが、n 量子ビットの量子状態のユニタリ発展ではサイズが $2^n \times 2^n$ のユニタリ行列を考えます。n が大きくなるにつれて、行列のサイズが指数関数的に大きくなります。

8.5 一部の量子ビットの測定

n 量子ビットの量子状態のうち、一部の量子ビットのみ測定することもできます。具体例を用いて説明した後、一般的なルールを説明します。

8.5.1 一部の量子ビットの測定（具体例1）

3 量子ビットの量子状態

$$|\varphi\rangle = \frac{1}{\sqrt{55}}(|000\rangle + 2\,|001\rangle + 3\,|010\rangle + 4\,|110\rangle + 5\,|111\rangle)$$

があったとします。

$$\left|\frac{1}{\sqrt{55}}\right|^2 + \left|\frac{2}{\sqrt{55}}\right|^2 + \left|\frac{3}{\sqrt{55}}\right|^2 + \left|\frac{4}{\sqrt{55}}\right|^2 + \left|\frac{5}{\sqrt{55}}\right|^2 = \frac{55}{55} = 1$$

なので、$|\varphi\rangle$ は確かに量子状態になっています。このとき、$|\varphi\rangle$ の左側の 1 量子ビットを測定するとどうなるか、計算してみます。

まず、測定する量子ビットの種類ごとに、項をまとめます。この場合は、左側の量子ビットでまとめます。

$$|\varphi\rangle = \frac{1}{\sqrt{55}}\Big\{\underbrace{|0\rangle\,(|00\rangle + 2\,|01\rangle + 3\,|10\rangle)}_{\text{左側が}|0\rangle} + \underbrace{|1\rangle\,(4\,|10\rangle + 5\,|11\rangle)}_{\text{左側が}|1\rangle}\Big\}$$

このとき、左側の量子ビットが $|0\rangle$ になっている項の係数の絶対値 2 乗和が、$|0\rangle$ を得る確率になります。たとえば、$|\varphi\rangle$ の左側の量子ビットを測定して $|0\rangle$ を得る確率は次のようになります。

$$\left|\frac{1}{\sqrt{55}}\right|^2+\left|\frac{2}{\sqrt{55}}\right|^2+\left|\frac{3}{\sqrt{55}}\right|^2=\frac{14}{55}$$

また、$|\varphi\rangle$ の左側の量子ビットを測定して $|1\rangle$ を得る確率は次のようになります。

$$\left|\frac{4}{\sqrt{55}}\right|^2+\left|\frac{5}{\sqrt{55}}\right|^2=\frac{41}{55}$$

一部の量子ビットのみ測定した場合も、量子状態は変化します。$|\varphi\rangle$ の左側の量子ビットを測定して $|0\rangle$ を得た場合は、左側の量子ビットが $|0\rangle$ になっている $|000\rangle$、$|010\rangle$、$|011\rangle$ が残ります。しかし、$\left|\frac{1}{\sqrt{55}}\right|^2+\left|\frac{2}{\sqrt{55}}\right|^2+\left|\frac{3}{\sqrt{55}}\right|^2=\frac{14}{55}\neq 1$ なので、

$$\frac{1}{\sqrt{55}}(|000\rangle+2\,|001\rangle+3\,|010\rangle)$$

は量子状態になりません。残ったもの自体ではなく、残ったものを「量子ビットを得る確率の平方根」で割ったものが測定後の量子状態になります。この場合は、量子ビットを得る確率が $\frac{14}{55}$ なので、その平方根 $\sqrt{\frac{14}{55}}$ で割ったものが測定後の量子状態になります。

$$\begin{aligned}&\left\{\frac{1}{\sqrt{55}}(|000\rangle+2\,|001\rangle+3\,|010\rangle)\right\}\Bigg/\sqrt{\frac{14}{55}}\\&=\frac{1}{\sqrt{14}}(|000\rangle+2\,|001\rangle+3\,|010\rangle)\end{aligned}$$

このルールにしたがうと、

$$\left|\frac{1}{\sqrt{14}}\right|^2+\left|\frac{2}{\sqrt{14}}\right|^2+\left|\frac{3}{\sqrt{14}}\right|^2=\frac{14}{14}=1$$

となるので、量子状態の定義（192 ページ）を満たします。

$|\varphi\rangle$ の左側の量子ビットを測定して $|1\rangle$ を得た後の量子状態を計算してみましょう。$|1\rangle$ を得る確率は $\dfrac{41}{55}$ なので、$\sqrt{\dfrac{41}{55}}$ で割ったものになります。

$$\left\{\frac{1}{\sqrt{55}}(4\,|110\rangle+5\,|111\rangle)\right\}\Big/\sqrt{\frac{41}{55}}$$
$$=\frac{1}{\sqrt{41}}(4\,|110\rangle+5\,|111\rangle)$$

これらをまとめると、$|\varphi\rangle$ の左側の量子ビットを測定したとき、次のようになります。

- 測定値 $|0\rangle$ を得る確率は $\dfrac{14}{55}$ となり、測定後の状態は $\dfrac{1}{\sqrt{14}}(|000\rangle+2\,|001\rangle+3\,|010\rangle)$ に変化する。
- 測定値 $|1\rangle$ を得る確率は $\dfrac{41}{55}$ となり、測定後の状態は $\dfrac{1}{\sqrt{41}}(4\,|110\rangle+5\,|111\rangle)$ に変化する。

8.5.2 一部の量子ビットの測定（一般的なルール）

これを一般的なルールの形で説明すると、次のようになります。

定義

量子状態 $|\varphi\rangle$ の一部の量子ビットを**測定**（measurement）したときの振る舞いは、次のように計算する。

- ステップ1：測定する量子ビットの種類で項をまとめる。
- ステップ2：まとめた項の係数の絶対値2乗和がその量子ビットを得る確率になる。
- ステップ3：測定した量子ビットの項だけ残し、その量子ビットを得る確率の平方根で割ったものが、測定後の量子状態になる。

ルールの形にすると抽象的に感じますが、先ほどの $|\varphi\rangle$ の具体例と見比べると、イメージが掴めると思います。

8.5.3 一部の量子ビットの測定（具体例2）

もうひとつ、具体例を計算してみましょう。今度は、先ほどの $|\varphi\rangle$ の左側2量子ビットを測定したときの振る舞いを計算してみます。

まずは、ステップ1です。$|\varphi\rangle$ の項を、左側2量子ビットでまとめると次のようになります。

$$|\varphi\rangle = \frac{1}{\sqrt{55}}\Big\{\underbrace{|00\rangle(|0\rangle + 2|1\rangle)}_{\text{左側が}|00\rangle} + \underbrace{|01\rangle(3|0\rangle)}_{\text{左側が}|01\rangle} + \underbrace{|11\rangle(4|0\rangle + 5|1\rangle)}_{\text{左側が}|11\rangle}\Big\}$$

次にステップ2です。まとめた項の係数の絶対値2乗和を計算します。

$$\left|\frac{1}{\sqrt{55}}\right|^2 + \left|\frac{2}{\sqrt{55}}\right|^2 = \frac{5}{55}$$

$$\left|\frac{3}{\sqrt{55}}\right|^2 = \frac{9}{55}$$

$$\left|\frac{4}{\sqrt{55}}\right|^2 + \left|\frac{5}{\sqrt{55}}\right|^2 = \frac{41}{55}$$

これにより、測定で $|00\rangle$ を得る確率は $\frac{5}{55}$、$|01\rangle$ を得る確率は $\frac{9}{55}$、$|11\rangle$ を得る確率は $\frac{41}{55}$ となります。$|10\rangle$ の項はないため、測定しても $|10\rangle$ を得る確率は 0 です。

最後にステップ 3 です。量子ビットを得る確率の平方根で割ったものを計算し、測定後の量子状態を求めてみましょう。

$$\left\{\frac{1}{\sqrt{55}}(|000\rangle + 2\,|001\rangle)\right\} \Big/ \sqrt{\frac{5}{55}} = \frac{1}{\sqrt{5}}(|000\rangle + 2\,|001\rangle)$$

$$\left\{\frac{1}{\sqrt{55}}(3\,|010\rangle)\right\} \Big/ \sqrt{\frac{9}{55}} = |010\rangle$$

$$\left\{\frac{1}{\sqrt{55}}(4\,|110\rangle + 5\,|111\rangle)\right\} \Big/ \sqrt{\frac{41}{55}} = \frac{1}{\sqrt{41}}(4\,|110\rangle + 5\,|111\rangle)$$

$|010\rangle$ のところのように測定後の項が 1 個になる場合は、係数の 2 乗の平方根（= 元の係数）で割っているため、測定後の係数は（実質的に）1 になります[*1]。

ステップ 1 からステップ 3 までをまとめると、$|\varphi\rangle$ の左側 2 量子ビットを測定したとき、次のようになります。

- 測定値 $|00\rangle$ を得る確率は $\frac{5}{55}$ となり、測定後の状態は $\frac{1}{\sqrt{5}}(|000\rangle + 2\,|001\rangle)$ に変化する。
- 測定値 $|01\rangle$ を得る確率は $\frac{9}{55}$ となり、測定後の状態は $|010\rangle$ に変化する。

＊1　測定前の項が $\frac{3}{\sqrt{55}}\,|010\rangle$ ではなく $\frac{3i}{\sqrt{55}}\,|010\rangle$（虚数単位が入っている）のような場合、このルールで計算すると測定後の量子状態は $i\,|010\rangle$ となり、係数は 1 になりません。一見、$|010\rangle$ と異なりますが、$|i| = 1$ であるため、定理 3.2 により $|010\rangle$ と $i\,|010\rangle$ は同一の量子状態です。そのため、「実質的に」と表現しました。

- 測定値 $|10\rangle$ を得る確率は 0 となる。
- 測定値 $|11\rangle$ を得る確率は $\frac{41}{55}$ となり、測定後の状態は $\frac{1}{\sqrt{41}}(4|110\rangle + 5|111\rangle)$ に変化する。

このように、一部の量子ビットを測定するルールは少し複雑です。ですが、量子コンピュータを使ったアルゴリズムでは一部の量子ビットを測定することも多いため、具体的に計算して慣れましょう。

8.6　1 量子ビットのテンソル積を用いた計算

定理 6.1 を使うと、2 量子ビットを 1 量子ビットのテンソル積で書けて、計算が簡単になりました。これは、n 量子ビットになっても同様です。

8.6.1　1 量子ビットのテンソル積で表す

計算を簡単にするために重要なのは、次の定理です。

定理 8.1

$U_1, U_2, \ldots, U_n$ **をサイズが** 2×2 **のユニタリ行列とし、**$|\varphi_1\rangle, |\varphi_1\rangle, \ldots, |\varphi_n\rangle$ **を 1 量子ビットの量子状態とする。このとき、次の式が成り立ちます。**

$$(U_1 \otimes U_2 \otimes \cdots \otimes U_n)(|\varphi_1\rangle \otimes |\varphi_2\rangle \otimes \cdots \otimes |\varphi_n\rangle)$$
$$= (U_1 |\varphi_1\rangle) \otimes (U_2 |\varphi_2\rangle) \otimes \cdots \otimes (U_n |\varphi_n\rangle)$$

この定理の等式の左辺（1 行目）は「$2^n \times 2^n$ 行列の行列積」を計算する必要がありますが、右辺（2 行目）は「2×2 行列の行列積のテンソル積」を計算するだけで済みます。サイズの大きな行列積の計算は複雑になりがちですが、サイズが小さな行列の行列積やテンソル積に分解できれば計算しやすくなります。

3 量子ビットで具体的に計算してみましょう。3 量子ビットの場合は $2^3 \times 2^3 = 8 \times 8$ 行列になります。

$$
\begin{aligned}
&(X \otimes X \otimes Z)(|1\rangle \otimes |0\rangle \otimes |1\rangle) \\
&= [X \otimes (X \otimes Z)]\,[|1\rangle \otimes (|0\rangle \otimes |1\rangle)] \\
&= X \otimes \begin{pmatrix} 0 \cdot \begin{pmatrix} 1 & 0 \\ 0 & -1 \end{pmatrix} & 1 \cdot \begin{pmatrix} 1 & 0 \\ 0 & -1 \end{pmatrix} \\ 1 \cdot \begin{pmatrix} 1 & 0 \\ 0 & -1 \end{pmatrix} & 0 \cdot \begin{pmatrix} 1 & 0 \\ 0 & -1 \end{pmatrix} \end{pmatrix} \cdot |1\rangle \otimes \begin{pmatrix} 1 \cdot \begin{pmatrix} 0 \\ 1 \end{pmatrix} \\ 0 \cdot \begin{pmatrix} 0 \\ 1 \end{pmatrix} \end{pmatrix} \\
&= \begin{pmatrix} 0 & 1 \\ 1 & 0 \end{pmatrix} \otimes \begin{pmatrix} 0 & 0 & 1 & 0 \\ 0 & 0 & 0 & -1 \\ 1 & 0 & 0 & 0 \\ 0 & -1 & 0 & 0 \end{pmatrix} \cdot \begin{pmatrix} 0 \\ 1 \end{pmatrix} \otimes \begin{pmatrix} 0 \\ 1 \\ 0 \\ 0 \end{pmatrix} \\
&= \begin{pmatrix} 0 \cdot \begin{pmatrix} 0 & 0 & 1 & 0 \\ 0 & 0 & 0 & -1 \\ 1 & 0 & 0 & 0 \\ 0 & -1 & 0 & 0 \end{pmatrix} & 1 \cdot \begin{pmatrix} 0 & 0 & 1 & 0 \\ 0 & 0 & 0 & -1 \\ 1 & 0 & 0 & 0 \\ 0 & -1 & 0 & 0 \end{pmatrix} \\ 1 \cdot \begin{pmatrix} 0 & 0 & 1 & 0 \\ 0 & 0 & 0 & -1 \\ 1 & 0 & 0 & 0 \\ 0 & -1 & 0 & 0 \end{pmatrix} & 0 \cdot \begin{pmatrix} 0 & 0 & 1 & 0 \\ 0 & 0 & 0 & -1 \\ 1 & 0 & 0 & 0 \\ 0 & -1 & 0 & 0 \end{pmatrix} \end{pmatrix} \begin{pmatrix} 0 \cdot \begin{pmatrix} 0 \\ 1 \\ 0 \\ 0 \end{pmatrix} \\ 1 \cdot \begin{pmatrix} 0 \\ 1 \\ 0 \\ 0 \end{pmatrix} \end{pmatrix}
\end{aligned}
$$

$$
= \begin{pmatrix} 0 & 0 & 0 & 0 & 0 & 0 & 1 & 0 \\ 0 & 0 & 0 & 0 & 0 & 0 & 0 & -1 \\ 0 & 0 & 0 & 0 & 1 & 0 & 0 & 0 \\ 0 & 0 & 0 & 0 & 0 & -1 & 0 & 0 \\ 0 & 0 & 1 & 0 & 0 & 0 & 0 & 0 \\ 0 & 0 & 0 & -1 & 0 & 0 & 0 & 0 \\ 1 & 0 & 0 & 0 & 0 & 0 & 0 & 0 \\ 0 & -1 & 0 & 0 & 0 & 0 & 0 & 0 \end{pmatrix} \begin{pmatrix} 0 \\ 0 \\ 0 \\ 0 \\ 0 \\ 1 \\ 0 \\ 0 \end{pmatrix} = \begin{pmatrix} 0 \\ 0 \\ 0 \\ -1 \\ 0 \\ 0 \\ 0 \\ 0 \end{pmatrix}
$$

$$
= -|0\rangle \otimes |1\rangle \otimes |1\rangle
$$

実際に 8×8 行列の計算を行うと、かなり複雑です。今度は定理 8.1 の右辺に沿って、2×2 行列の行列積のテンソル積を計算します。

$$
\begin{aligned}
(X \otimes X \otimes Z)(|1\rangle \otimes |0\rangle \otimes |1\rangle) &= X|1\rangle \otimes X|0\rangle \otimes Z|1\rangle \\
&= |0\rangle \otimes |1\rangle \otimes (-|1\rangle) \\
&= -|0\rangle \otimes |1\rangle \otimes |1\rangle
\end{aligned}
$$

このように、n 量子ビットのユニタリ発展を「2×2 行列の行列積のテンソル積」に分解できれば、計算しやすくなります。

ただし、テンソル積で書けない場合は、このような分解はできません。たとえば、第 5 章で説明したように、量子状態がエンタングル状態の場合は、1 量子ビットの量子状態のテンソル積には分解できません。

8.6.2 記法の工夫

一部の量子ビットにだけユニタリ発展を行う場合、他の量子ビットは単位行列 I でユニタリ発展します。たとえば、全体で n 量子ビットあるうち 0 番目の量子ビットだけ H でユニタリ発展する場合、全体としてのユニタリ発展は $H \otimes I \otimes \cdots \otimes I$ となります。このとき、テンソル積の「I」を省略して、H_0 と記述します。H の右下の添え字 0 は「0 番目の量子ビットに H を適用する」という意味です。

また、n 量子ビットすべてに対して H でユニタリ発展を行う場合は、$H \otimes H \otimes \cdots \otimes H$ となります。このとき、$H^{\otimes n}$ と記述します。右上の「$\otimes n$」は「n 個のテンソル積」という意味です。

H_0 や $H^{\otimes n}$ を使うと、n 量子ビットのユニタリ発展を簡潔に表記できます。

8.7 代表的な n 量子ビットの量子ゲート

いくつかの代表的な量子ゲートについて説明します。手触りを感じたい方は、実際に計算して慣れましょう。

8.7.1 トフォリゲート

まずは、**トフォリゲート**（Toffoli gate）と呼ばれるユニタリ行列です。

$$\mathrm{CCNOT} := \begin{pmatrix} 1 & 0 & 0 & 0 & 0 & 0 & 0 & 0 \\ 0 & 1 & 0 & 0 & 0 & 0 & 0 & 0 \\ 0 & 0 & 1 & 0 & 0 & 0 & 0 & 0 \\ 0 & 0 & 0 & 1 & 0 & 0 & 0 & 0 \\ 0 & 0 & 0 & 0 & 1 & 0 & 0 & 0 \\ 0 & 0 & 0 & 0 & 0 & 1 & 0 & 0 \\ 0 & 0 & 0 & 0 & 0 & 0 & 0 & 1 \\ 0 & 0 & 0 & 0 & 0 & 0 & 1 & 0 \end{pmatrix}$$

証明は書きませんが、この行列が本当にユニタリ行列であることを確認してみてください。「CCNOT」（シー・シー・ノット）は5文字のひとかたまりで、1つの行列を表します。C·C·N·O·Tのようにバラバラにしないでください。

トフォリゲートはCNOTを3量子ビットに拡張したものです。0番目と1番目の量子ビットが共に$|1\rangle$のときに、2番目の量子ビットをビット反転します。そのため、0番目と1番目の量子ビットを**制御ビット**（control bit）といい、2番目の量子ビットを**標的ビット**（target bit）といいます。「制御ビット、制御ビット、標的ビット」の順に添え字を明記して、$\mathrm{CCNOT}_{0,1,2}$とも書きます。

CNOTゲートの標的ビットにCNOTゲートを適用するとトフォリゲートになることから、「Controlled Controlled NOT gate」とも呼ばれます。これがCCNOTと記述する由来です。

計算過程は省略しますが、実際に次が成立することを確認してみてください。

$$\mathrm{CCNOT}(|0\rangle \otimes |0\rangle \otimes |0\rangle) = |0\rangle \otimes |0\rangle \otimes |0\rangle$$

$$\mathrm{CCNOT}(|0\rangle \otimes |0\rangle \otimes |1\rangle) = |0\rangle \otimes |0\rangle \otimes |1\rangle$$

$$\mathrm{CCNOT}(|0\rangle \otimes |1\rangle \otimes |0\rangle) = |0\rangle \otimes |1\rangle \otimes |0\rangle$$

$$\mathrm{CCNOT}(|0\rangle \otimes |1\rangle \otimes |1\rangle) = |0\rangle \otimes |1\rangle \otimes |1\rangle$$

$$\mathrm{CCNOT}(|1\rangle \otimes |0\rangle \otimes |0\rangle) = |1\rangle \otimes |0\rangle \otimes |0\rangle$$

$$\mathrm{CCNOT}(|1\rangle \otimes |0\rangle \otimes |1\rangle) = |1\rangle \otimes |0\rangle \otimes |1\rangle$$

$$\mathrm{CCNOT}(|1\rangle \otimes |1\rangle \otimes |0\rangle) = |1\rangle \otimes |1\rangle \otimes |1\rangle$$

$$\mathrm{CCNOT}(|1\rangle \otimes |1\rangle \otimes |1\rangle) = |1\rangle \otimes |1\rangle \otimes |0\rangle$$

最初の6個の式は量子状態が変化せず、最後の2個の式は2番目の量子ビット（一番右の量子ビット）がビット反転しています。

量子回路を書くときは、**図8.1**のように表記します。「●」が制御ビット、「⊕」が標的ビットです。

図 8.1：トフォリゲートの量子回路

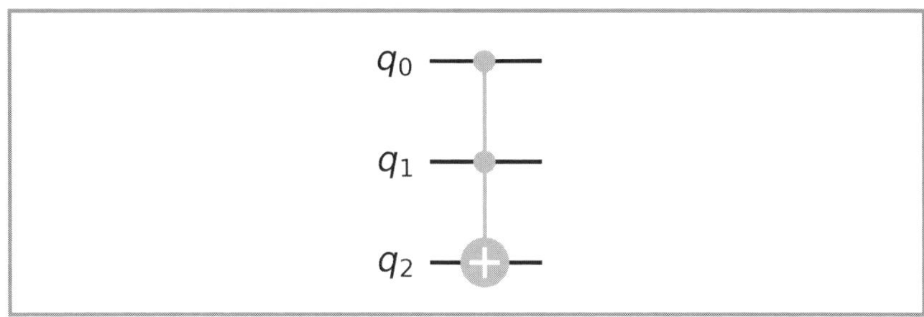

トフォリゲートを利用すると、古典回路の AND に相当する操作ができます。**図 8.1** の q_0 を入力 1、q_1 を入力 2 とし、q_2 には固定値 $|0\rangle$ を入力します。また、トフォリゲート適用後の q_2 を出力とします（**図 8.2**）。すると、**表 8.1** のように動作し、古典コンピュータの AND（**表 3.2**）に相当する真理値表になります。

図 8.2：トフォリゲートによる AND

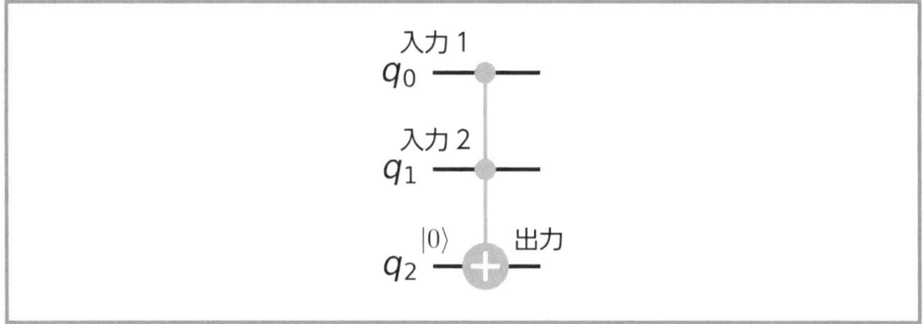

表 8.1：量子回路での AND の入出力

入力 1（q_0）	入力 2（q_1）	出力（q_2）
$\|0\rangle$	$\|0\rangle$	$\|0\rangle$
$\|0\rangle$	$\|1\rangle$	$\|0\rangle$
$\|1\rangle$	$\|0\rangle$	$\|0\rangle$
$\|1\rangle$	$\|1\rangle$	$\|1\rangle$

トフォリゲートは制御ビットが 2 個ですが、制御ビットを $n-1$ 個に拡張したものを **n 量子ビット・トフォリゲート**（n -qubit Toffoli gate）といいます。n 量子ビット・トフォリゲートは第 10 章で紹介する量子誤り訂正や第 12 章で紹介するグローバーのアルゴリズムなど、さまざまなところで利用します。

8.7.2 フレドキンゲート

次に**フレドキンゲート**（Fredkin gate）と呼ばれるユニタリ行列です。

$$
\mathrm{CSWAP} := \begin{pmatrix}
1 & 0 & 0 & 0 & 0 & 0 & 0 & 0 \\
0 & 1 & 0 & 0 & 0 & 0 & 0 & 0 \\
0 & 0 & 1 & 0 & 0 & 0 & 0 & 0 \\
0 & 0 & 0 & 1 & 0 & 0 & 0 & 0 \\
0 & 0 & 0 & 0 & 1 & 0 & 0 & 0 \\
0 & 0 & 0 & 0 & 0 & 0 & 1 & 0 \\
0 & 0 & 0 & 0 & 0 & 1 & 0 & 0 \\
0 & 0 & 0 & 0 & 0 & 0 & 0 & 1
\end{pmatrix}
$$

証明は書きませんが、この行列が本当にユニタリ行列であることを確認してみてください。「CSWAP」（シー・スワップ）は5文字でひとかたまりのため、バラバラにしないでください。

フレドキンゲートはSWAPゲートを拡張したものです。0番目の量子ビットを制御ビットし、制御ビットが$|1\rangle$のときに1番目と2番目の量子ビットを入れ替えます。「制御ビット、標的ビット、標的ビット」の順に添え字を明記して$\mathrm{SWAP}_{0,1,2}$とも書きます。また、「1番目と2番目の量子ビットを入れ替えること」と「2番目と1番目の量子ビットを入れ替えること」は同じ操作であるため、$\mathrm{SWAP}_{0,1,2} = \mathrm{SWAP}_{0,2,1}$となります。フレドキンゲートは標的ビットにSWAPゲートを適用するため、「Controlled SWAP gate」とも呼ばれます。これがCSWAPと記述する由来です。

計算過程は省略しますが、実際に次が成立することを確認してみてください。

$$\mathrm{CSWAP}(|0\rangle \otimes |0\rangle \otimes |0\rangle) = |0\rangle \otimes |0\rangle \otimes |0\rangle$$

$$\mathrm{CSWAP}(|0\rangle \otimes |0\rangle \otimes |1\rangle) = |0\rangle \otimes |0\rangle \otimes |1\rangle$$

$$\mathrm{CSWAP}(|0\rangle \otimes |1\rangle \otimes |0\rangle) = |0\rangle \otimes |1\rangle \otimes |0\rangle$$

$$\mathrm{CSWAP}(|0\rangle \otimes |1\rangle \otimes |1\rangle) = |0\rangle \otimes |1\rangle \otimes |1\rangle$$

$$\mathrm{CSWAP}(|1\rangle \otimes |0\rangle \otimes |0\rangle) = |1\rangle \otimes |0\rangle \otimes |0\rangle$$

$$\mathrm{CSWAP}(|1\rangle \otimes |0\rangle \otimes |1\rangle) = |1\rangle \otimes |1\rangle \otimes |0\rangle$$

$$\mathrm{CSWAP}(|1\rangle \otimes |1\rangle \otimes |0\rangle) = |1\rangle \otimes |0\rangle \otimes |1\rangle$$

$$\mathrm{CSWAP}(|1\rangle \otimes |1\rangle \otimes |1\rangle) = |1\rangle \otimes |1\rangle \otimes |1\rangle$$

上から6個目と7個目の式で、1番目と2番目の量子ビットが入れ替わっています。5個目と8個目の式も入れ替わっているのですが、同じものが入れ替わっているので変化がないように見えます。

量子回路を書くときは、**図8.3**のように表記します。「●」が制御ビットです。入れ替えの操作は対称なので、どちらの標的ビットも同じ記号「×」を使います。

図 8.3：フレドキンゲートの量子回路

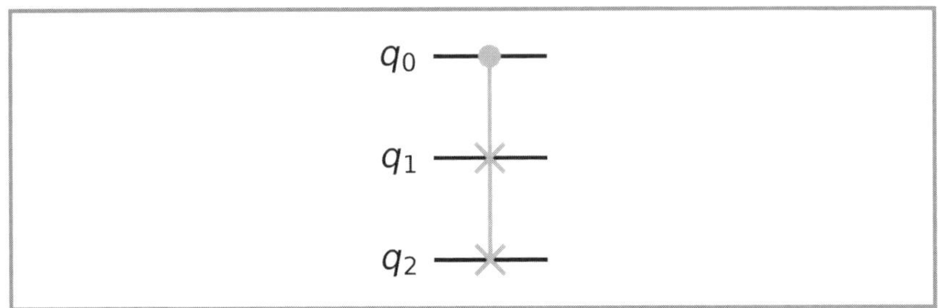

8.8 重ね合わせ状態を利用した計算

第3章以降、量子コンピュータの計算ルールについて説明したものの、計算の高速化についてはあまり説明していませんでした。実は重ね合わせ状態に対して操作することで、様々な量子ビットを一度にユニタリ発展できます。

ここでは例として、2量子ビットの重ね合わせ状態をCCNOTでユニタリ発展してみます。初期状態 $|0\rangle\,|0\rangle\,|0\rangle$ の左側の2量子ビットをアダマール行列 H でユニタリ発展させると、2量子ビットの重ね合わせ状態を作れます。

$$
\begin{aligned}
|0\rangle|0\rangle|0\rangle \xrightarrow{H\otimes H\otimes I} &(H\otimes H\otimes I)(|0\rangle|0\rangle|0\rangle) \\
&= (H|0\rangle)\otimes(H|0\rangle)\otimes(I|0\rangle) \\
&= \frac{1}{\sqrt{2}}(|0\rangle+|1\rangle)\otimes\frac{1}{\sqrt{2}}(|0\rangle+|1\rangle)\otimes|0\rangle
\end{aligned}
$$

$$= \frac{1}{2}(|00\rangle + |01\rangle + |10\rangle + |11\rangle) \otimes |0\rangle$$

$$= \frac{1}{2}(|000\rangle + |010\rangle + |100\rangle + |110\rangle) \quad \cdots 式（1）$$

左側の2量子ビットを制御ビットとし、右側の量子ビットを標的ビットとして、CCNOTでユニタリ発展させてみましょう。

$$式（1） \xrightarrow{\mathrm{CCNOT}_{0,1,2}} \mathrm{CCNOT}\frac{1}{2}(|000\rangle + |010\rangle + |100\rangle + |110\rangle)$$

$$= \frac{1}{2}(\mathrm{CCNOT}|000\rangle + \mathrm{CCNOT}|010\rangle$$

$$+\mathrm{CCNOT}|100\rangle + \mathrm{CCNOT}|110\rangle)$$

$$= \frac{1}{2}(|000\rangle + |010\rangle + |100\rangle + |111\rangle)$$

数式で書くと複雑に見えるかもしれませんが、量子回路は**図8.4**のようにシンプルです。

図8.4：重ね合わせ状態に対してCCNOTを実行

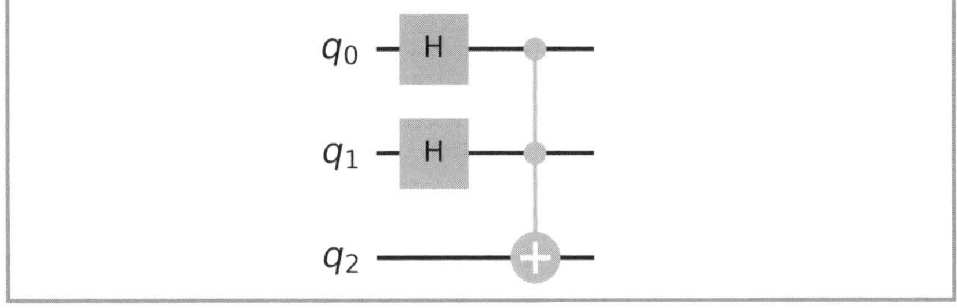

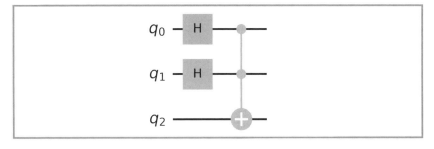

これで、4個の量子ビットの重ね合わせ状態に対してCCNOTを実行できました。この例は2量子ビットですが、n量子ビットだと2^n個の量子ビットの重ね合わせ状態に対してユニタリ発展できます。量子ビットの数が多くなるほど、指数関数的に量子ビットの種類は増えます。古典コンピュータには重ね合わせ状態がなく、1個の状態にしか演算できないため、大きな差になります。

このように、「重ね合わせ状態に対してユニタリ発展できる」ことは量子コンピュータの特徴です。ただし、重ね合わせ状態を測定して得られる量子ビットは、1個だけです（**図 1.4**）。しかも、**図 8.4** の計算例ではすべての量子ビットが同じ確率で得られるため、ランダムに1個だけ計算しているのと変わりません。この点は、古典コンピュータの並列計算（**図 1.3**）とは異なります。

そのため、重ね合わせ状態に対してユニタリ発展するだけでなく、測定したときに目的の計算結果を得る確率が高くなるようにユニタリ発展を行います。どんな計算でも高速にできる訳ではなく、うまく工夫できた場合にだけ、高速に計算できます。

n の値が大きいときのおおよその計算ステップの数を、n の関数 $f(n)$ を使って $O(f(n))$ で表し、**計算量**（complexity）といいます[*2]。古典コンピュータで $2^n \times 2^n$ 行列と 2^n 次元ベクトルの積は $O((2^n)^2) = O(2^{2n})$ の計算量です[*3]。そのため、ユニタリ発展を古典コンピュータでシミュレートすると、量子ビット数に対して指数関数的に計算時間がかかります。したがって、量子ビット数が大きくなると、現実的な時間では計算できなくなります。

量子コンピュータを利用すると、本書で紹介したユニタリ発展は一定時間以内（ユニタリ発展の種類により異なります）に実行できます。したがって、量子ビット数が大きくなるほどユニタリ発展の実行時間に大きな差が出ます。これにより、ユニタリ発展をうまく使ったアルゴリズムは、量子コンピュータで高速に計算できます。

量子コンピュータで高速に計算できる具体例については、第11章や第12章で説明します。

＊2　計算量の正確な定義ではなく、標語的な表現です。

＊3　ユニタリ発展が疎行列の場合はもっと高速になりますが、指数関数的な計算量であることに変わりありません。

8.9　排他的論理和とオラクル

古典コンピュータに限らず、量子コンピュータでも論理演算を使うケースがあります。たとえば、「$\oplus$」という記号で書かれる**排他的論理和**（exclusive or、XOR）です。排他的論理和は、2 個の入力に対しどちらが一方だけが $|1\rangle$ の場合に $|1\rangle$ を出力し、それ以外は $|0\rangle$ を出力する計算で、**表 8.2** のルールで動作します。

表 8.2：排他的論理和

入力値 $\vert x\rangle$	入力値 $\vert y\rangle$	出力値 $\vert x \oplus y\rangle$
$\vert 0\rangle$	$\vert 0\rangle$	$\vert 0\rangle$
$\vert 0\rangle$	$\vert 1\rangle$	$\vert 1\rangle$
$\vert 1\rangle$	$\vert 0\rangle$	$\vert 1\rangle$
$\vert 1\rangle$	$\vert 1\rangle$	$\vert 0\rangle$

x が 0 でも 1 でも、$|x \oplus 0\rangle = |0 \oplus x\rangle = |x\rangle$ が成り立つことを**表 8.2** と照らして確認してみてください。この関係式は第 11 章や第 12 章で使います。

図 8.5 のように CNOT を使うことで、量子回路で排他的論理和を実現できます。

図 8.5：CNOT で排他的論理和を実現

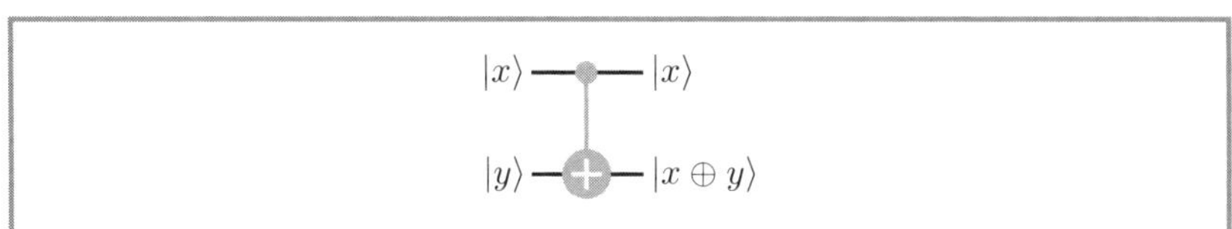

図 8.5 の $|x\rangle$ と $|y\rangle$ に $|0\rangle$ や $|1\rangle$ を代入して、**表 8.2** のルールを満たしていることを確認してみてください。

「具体的な形は分からないけれど実行することはできる関数」を**ブラックボックス関数**と呼びます。量子コンピュータを使ったアルゴリズムでは、ブラックボックス関数を考えることがよくあります。このような関数を**オラクル**（oracle）[*4] と呼びます。関数 $f:\{0,1\}\to\{0,1\}$ に対し、この関数に対応するオラクルを U_f と書きます。**図 8.6** は排他的論理和をブラックボックス関数の形で表現したものです。

図 8.6：オラクル

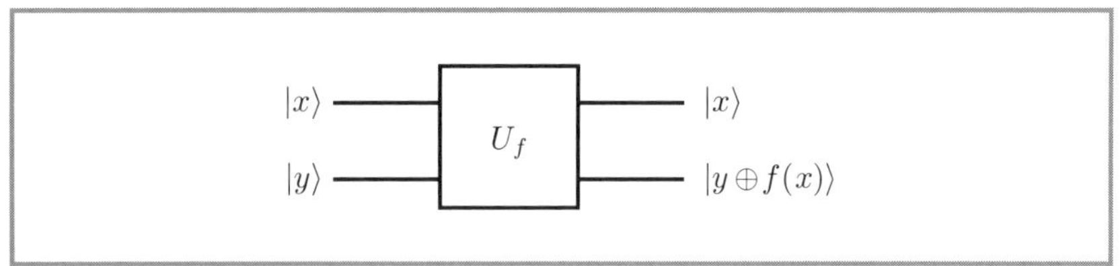

8.10 発展：量子コンピュータを使って任意の 2^n 次正方行列のかけ算を計算する

量子コンピュータの演算はユニタリ行列に対応するため、$|\varphi\rangle$ を量子コンピュータで準備できる前提とすれば、ユニタリ行列 U に対して $U|\varphi\rangle$ を計算できます。しかし、ユニタリ行列でない行列 A に対して、$A|\varphi\rangle$ を計算できないでしょうか。

たとえば、物理学ではハミルトニアン $\hat{H}$ と呼ばれるエルミート行列

＊4　日本語に訳すと「神託」の意味ですが、訳さずに「オラクル」と呼ぶのが一般的です。関数の中身は神様が知っていて私たちには計り知れない（ブラックボックス）けれど、実行することはできる（ご神託は得られる）イメージです。

（ユニタリ行列とは限らない）と初期状態 $|\varphi\rangle$ から $\hat{H}|\varphi\rangle$ を計算したいことがあります。

実は、次の条件を許容すれば、任意の 2^n 次正方行列 A に対して、$A\,|\varphi\rangle$ を計算できます。

- 古典コンピュータで、行列に実数や複素数をかけたり、行列の和を計算してよい（行列同士の積やテンソル積は計算しない）。そのためのリソースも確保できているとする

この節では、量子コンピュータを使って任意の 2^n 次正方行列のかけ算を計算する方法を説明します。

8.10.1　パウリ行列で2次正方行列を表す

まずは2次正方行列から説明します。ここでは、単位行列とパウリ行列が活躍します。パウリ行列は第4章で紹介したユニタリ行列で、第4章では X, Z を紹介しました。パウリ行列は他にも Y というものがあり、X, Y, Z を具体的に書くと次のようになります。

$$X = \begin{pmatrix} 0 & 1 \\ 1 & 0 \end{pmatrix}, \quad Y = \begin{pmatrix} 0 & -i \\ i & 0 \end{pmatrix}, \quad Z = \begin{pmatrix} 1 & 0 \\ 0 & -1 \end{pmatrix}$$

Y の成分に出てきた i は虚数単位です。また、Y もユニタリ行列であり、量子コンピュータでユニタリ発展できます。

2次正方行列を $A_1 = \begin{pmatrix} a & b \\ c & d \end{pmatrix}$ とすると、次のように変形できます。

$$
\begin{aligned}
A_1 &= \begin{pmatrix} a & b \\ c & d \end{pmatrix} \\
&= a\begin{pmatrix} 1 & 0 \\ 0 & 0 \end{pmatrix} + b\begin{pmatrix} 0 & 1 \\ 0 & 0 \end{pmatrix} + c\begin{pmatrix} 0 & 0 \\ 1 & 0 \end{pmatrix} + d\begin{pmatrix} 0 & 0 \\ 0 & 1 \end{pmatrix}
\end{aligned}
$$

また、単位行列とパウリ行列でこの式に出てきた行列を表せます。

$$
\frac{1}{2}(I+Z) = \frac{1}{2}\left\{\begin{pmatrix} 1 & 0 \\ 0 & 1 \end{pmatrix} + \begin{pmatrix} 1 & 0 \\ 0 & -1 \end{pmatrix}\right\} = \begin{pmatrix} 1 & 0 \\ 0 & 0 \end{pmatrix}
$$

$$
\frac{1}{2}(X+iY) = \frac{1}{2}\left\{\begin{pmatrix} 0 & 1 \\ 1 & 0 \end{pmatrix} + i\begin{pmatrix} 0 & -i \\ i & 0 \end{pmatrix}\right\} = \begin{pmatrix} 0 & 1 \\ 0 & 0 \end{pmatrix}
$$

$$
\frac{1}{2}(X-iY) = \frac{1}{2}\left\{\begin{pmatrix} 0 & 1 \\ 1 & 0 \end{pmatrix} - i\begin{pmatrix} 0 & -i \\ i & 0 \end{pmatrix}\right\} = \begin{pmatrix} 0 & 0 \\ 1 & 0 \end{pmatrix}
$$

$$
\frac{1}{2}(I-Z) = \frac{1}{2}\left\{\begin{pmatrix} 1 & 0 \\ 0 & 1 \end{pmatrix} - \begin{pmatrix} 1 & 0 \\ 0 & -1 \end{pmatrix}\right\} = \begin{pmatrix} 0 & 0 \\ 0 & 1 \end{pmatrix}
$$

このことから、A_1 を次のように表せます。

$$
\begin{aligned}
A_1 &= a\begin{pmatrix} 1 & 0 \\ 0 & 0 \end{pmatrix} + b\begin{pmatrix} 0 & 1 \\ 0 & 0 \end{pmatrix} + c\begin{pmatrix} 0 & 0 \\ 1 & 0 \end{pmatrix} + d\begin{pmatrix} 0 & 0 \\ 0 & 1 \end{pmatrix} \\
&= \frac{a}{2}(I+Z) + \frac{b}{2}(X+iY) + \frac{c}{2}(X-iY) + \frac{d}{2}(I-Z) \\
&= \frac{a+d}{2}I + \frac{b+c}{2}X + \frac{b-c}{2}iY + \frac{a-d}{2}Z
\end{aligned}
$$

したがって、$A_1 |\varphi\rangle$ は次のように表せます。

$$\begin{aligned} A_1 |\varphi\rangle &= \left(\frac{a+d}{2}I + \frac{b+c}{2}X + \frac{b-c}{2}iY + \frac{a-d}{2}Z\right)|\varphi\rangle \\ &= \frac{a+d}{2}\underset{\sim\sim\sim}{I|\varphi\rangle} + \frac{b+c}{2}\underset{\sim\sim\sim}{X|\varphi\rangle} + \frac{b-c}{2}i\underset{\sim\sim\sim}{Y|\varphi\rangle} + \frac{a-d}{2}\underset{\sim\sim\sim}{Z|\varphi\rangle} \end{aligned}$$

波線を引いた箇所は量子コンピュータで計算できます。そのため、量子コンピュータの計算結果をこの式に代入し、残りを古典コンピュータで計算すれば $A_1 |\varphi\rangle$ を計算できます。波線が 4 箇所あるので、量子コンピュータで 4 回計算する必要があります。

このあと使う式を簡単に書けるようにするため、σ_k を次のように定義します。

$$\sigma_0 := I, \quad \sigma_1 := X, \quad \sigma_2 := Y, \quad \sigma_3 := Z$$

この σ_k を使うと、A_1 は次のように表せます。

$$\begin{aligned} A_1 &= \frac{a+d}{2}I + \frac{b+c}{2}X + \frac{b-c}{2}iY + \frac{a-d}{2}Z \\ &= \frac{a+d}{2}\sigma_0 + \frac{b+c}{2}\sigma_1 + \frac{b-c}{2}i\sigma_2 + \frac{a-d}{2}\sigma_3 \end{aligned}$$

$\sum$ 記号を使って書くと、短い式で表せます。

$$A_1 = \sum_{k=0}^{3} \alpha_k \sigma_k$$

α_k は複素数で、A_1 の成分から求められます。このケースでは、$\alpha_0 = \dfrac{a+d}{2}, \alpha_1 = \dfrac{b+c}{2}, \alpha_2 = \dfrac{b-c}{2}i, \alpha_3 = \dfrac{a-d}{2}$ になります。

8.10.2 テンソル積の和と量子状態の積

このあとの計算で利用する、テンソル積の和と量子状態の積について説明します。定理 6.1 に似た、定理が成り立ちます。「テンソル積の和×量子状態」を「"テンソル積×量子状態"の和」に置き換える定理です。

定理 8.2

$U_1, V_1, U_2, V_2, \ldots, U_n, V_n$ をサイズが 2×2 のユニタリ行列とし、$|\varphi_n\rangle$ を n 量子ビットの量子状態とする。このとき、次の式が成り立ちます。

(1) $(U_1 \otimes V_1 + U_2 \otimes V_2)\,|\varphi_2\rangle = U_1 \otimes V_1\,|\varphi\rangle + U_2 \otimes V_2\,|\varphi_2\rangle$

(2) $(U_1 \otimes V_1 + U_2 \otimes V_2 + \cdots + U_n \otimes V_n)\,|\varphi_n\rangle$
$= U_1 \otimes V_1\,|\varphi_n\rangle + U_2 \otimes V_2\,|\varphi_n\rangle + \cdots + U_n \otimes V_n\,|\varphi_n\rangle$

定理 8.2 の (1) は、定理 2.4 の (2) で $A = U_1 \otimes V_1$、$B = U_2 \otimes V_2$、C= $|\varphi\rangle$ とすると証明できます。(1) を一般化すると、(2) になります。

8.10.3 パウリ行列で4次正方行列を表す

4 ($= 2^2$) 次正方行列を量子コンピュータで計算する方法を説明します。

証明は行いませんが、A_2 を 4 次正方行列とすると、σ_k を使って次のように表せます。

$$A_2 = \sum_{k_1=0}^{3} \sum_{k_2=0}^{3} \alpha_{k_1,k_2} \sigma_{k_1} \otimes \sigma_{k_2}$$

ここで、α_{k_1,k_2} は複素数で、A_2 の成分から求められます（少し見づらいかもしれませんが、k_1, k_2 は α の添え字です）。$\sum$ 記号が 2 個あるのは、1 番目の量子ビットと 2 番目の量子ビットの σ の添え字が変数に

なっているためです。単位行列とパウリ行列のテンソル積はユニタリ発展なので、量子コンピュータで計算できます。そのため、量子コンピュータの計算結果をこの式に代入し、残りを古典コンピュータで計算すれば $A_2 \left|\varphi\right\rangle$ を計算できます。

$$\begin{aligned} A_2 \left|\varphi\right\rangle &= \left(\sum_{k_1=0}^{3} \sum_{k_2=0}^{3} \alpha_{k_1,k_2} \sigma_{k_1} \otimes \sigma_{k_2}\right) \left|\varphi\right\rangle \\ &= \sum_{k_1=0}^{3} \sum_{k_2=0}^{3} \alpha_{k_1,k_2} \underbrace{\left(\sigma_{k_1} \otimes \sigma_{k_2} \left|\varphi\right\rangle\right)}_{\text{量子コンピュータで計算可能}} \end{aligned}$$

上の式の 2 個目の「=」で、定理 8.2 の（1）を使いました。σ が 4 種類あり、$\sum$ 記号が 2 個あるため、量子コンピュータで $4^2 = 16$ 回計算する必要があります。

8.10.4 パウリ行列で 2^n 次正方行列を表す

ここまでの話を一般化すると、2^n 次正方行列 A_n を次のように表せます。

$$A_n = \sum_{k_1=0}^{3} \sum_{k_2=0}^{3} \cdots \sum_{k_n=0}^{3} \alpha_{k_1,k_2,\ldots,k_n} \sigma_{k_1} \otimes \sigma_{k_2} \otimes \cdots \otimes \sigma_{k_n}$$

ここで、$\alpha_{k_1,k_2,\ldots k_n}$ は複素数で、A_n の成分から求められます。単位行列とパウリ行列のテンソル積は量子コンピュータで演算できるため、残りを古典コンピュータで計算すれば $A_n \left|\varphi\right\rangle$ を計算できます。

$$\begin{aligned} A_n \left|\varphi\right\rangle &= \left(\sum_{k_1=0}^{3} \sum_{k_2=0}^{3} \cdots \sum_{k_n=0}^{3} \alpha_{k_1,k_2,\ldots,k_n} \sigma_{k_1} \otimes \sigma_{k_2} \otimes \cdots \otimes \sigma_{k_n}\right) \left|\varphi\right\rangle \\ &= \sum_{k_1=0}^{3} \sum_{k_2=0}^{3} \cdots \sum_{k_n=0}^{3} \alpha_{k_1,k_2,\ldots,k_n} \underbrace{\left(\sigma_{k_1} \otimes \sigma_{k_2} \otimes \cdots \otimes \sigma_{k_n} \left|\varphi\right\rangle\right)}_{\text{量子コンピュータで計算可能}} \end{aligned}$$

上の式の 2 個目の「=」で、定理 8.2 の（2）を使いました。σ が 4 種類あり、$\sum$記号がn個あるため、量子コンピュータで4^n回（指数関数回）の計算が必要です。これでは量子コンピュータが実用化しても計算できません。そのため、現実的な時間で計算するには「A_nを少ない個数の和で表せる」などの前提が必要になります。

ハミルトニアン$\hat{H}$を利用する量子アルゴリズムは、**変分量子固有値法**（VQE、Variational Quantum Eigensolver）や**量子近似最適化アルゴリズム**（QAOA、Quantum approximate optimization algorithm）などが考案されています。詳しく知りたい方は、参考文献[7]を参照してください。

第9章
量子テレポーテーション

$$|\varphi\rangle = \begin{pmatrix} a \\ b \end{pmatrix} \in \mathbb{C}^2$$

9.1 この章で学ぶこと

第5章で量子もつれ状態について説明しました。この量子もつれ状態と古典ビットの通信を利用すると遠隔地に量子ビットを移動できることが、1993年にベネット（Charles H. Bennett）たちによって発見されました[*1]。それが本章で説明する量子テレポーテーションです。

9.2 量子テレポーテーションとは?

第5章で量子複製不可能定理を紹介しました。これは、「任意の量子ビットを複製可能なユニタリ行列は存在しない」という定理でした。しかし、問題9.1のように、少し条件をつけた状況で量子ビットを「移動」する方法が発見されています。これを**量子テレポーテーション**（quantum teleportation）と呼びます。

問題 9.1

アリスとボブは離れた場所にいるものとします。アリスの手元には状態の分からない1量子ビットがあります。アリスとボブの間で量子もつれ状態となっている2量子ビットを共有でき、任意の2古典ビットをアリスからボブに通信可能です。

このとき、アリスの手元にある1量子ビットをボブの手元に移動するにはどうすればよいでしょうか。

＊1　Charles H. Bennett, Gilles Brassard, Claude Cr peau, Richard Jozsa, Asher Peres, and William K. Wootters, "Teleporting an unknown quantum state via dual classical and Einstein-Podolsky-Rosen channels", *Physical Review Letters* 70.13 (1993): 1895.

問題 9.1 の状況は**図 9.1** の通りです。

図 9.1：量子テレポーテーションの状況

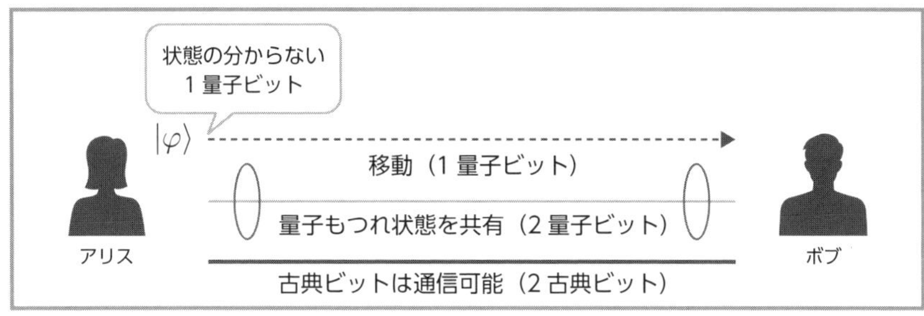

本章で示すように、量子もつれ状態と 2 古典ビットの通信を使えば、1 量子ビットを移動できます。

具体的な方法を説明する前に、量子テレポーテーションに関する誤解しやすい点について説明します。

まず、「テレポーテーション」という名前が付いていますが、瞬間移動（時間 = 0 での移動）はできません。古典ビットの通信を必要とするため、古典ビットの通信速度を越えられません。そのため、光速を超えて移動できません。SF 小説などに、遠く離れた場所に瞬時に移動するテレポーテーションが登場することがありますが、それとは異なる概念です。

また、量子ビットはボブの手元に「移動」し、アリスの手元には残りません。量子テレポーテーションは「複製」するわけではないため、量子複製不可能定理に矛盾しません。

さらに、量子ビットを移動するといっても、粒子を何かの容器に入れて物理的に運ぶわけではありません。アリスの手元にあった量子状態と同じ量子状態をボブの手元に作り出す技術であり、移動するのは物質そのものではなく量子状態です。また、ここでの「同じ」は「3.5 量子状態の区別がつくとき、つかないとき」で説明した「区別できない量子状態」という意味です。

量子テレポーテーションは、数百 km 離れた 2 点間で実証されています。誤解を招きやすい名称ですが、夢のような SF の技術ではなく、現実の技術です。

9.3 量子テレポーテーションの方法

それでは、量子テレポーテーションを次の 5 つのステップに分けて説明します。

- ステップ 1: 量子もつれ状態を共有する
- ステップ 2: 移動する量子ビットを準備する
- ステップ 3: アリスが手元の量子ビットに CNOT と H を適用する
- ステップ 4: アリスが手元の量子ビットを測定し、得た値を古典ビットとしてボブに通信する
- ステップ 5: 得た古典ビットにより、ボブが手元の量子状態を操作する

図 9.2 :量子テレポーテーションのステップ

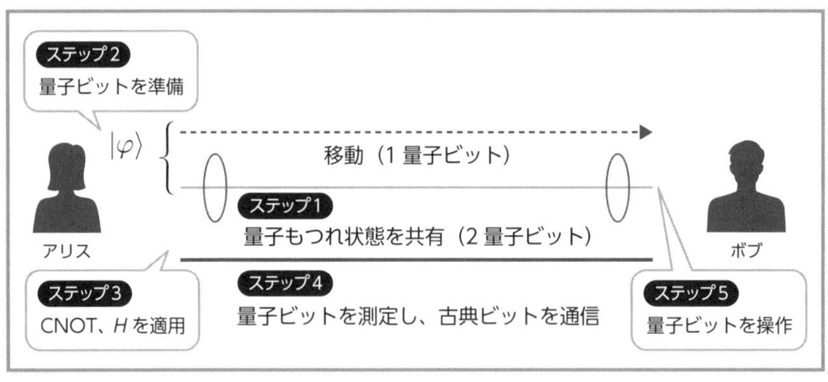

9.3.1 ステップ1: 量子もつれ状態を共有する

量子もつれ状態となっている次のような2量子ビットを用意します。添え字は1､2とします。

$$\frac{1}{\sqrt{2}}(|0\rangle_1 |0\rangle_2 + |1\rangle_1 |1\rangle_2)$$

9.3.2 ステップ2: 移動する量子ビットを準備する

アリスの手元からボブの手元に移動する1量子ビット（添え字は0）$|\varphi\rangle_0 = a|0\rangle_0 + b|1\rangle_0$ を準備し、ステップ1の量子もつれ状態とテンソル積を作ります。

$$\begin{aligned}
&|\varphi\rangle_0 \otimes \frac{1}{\sqrt{2}}(|0\rangle_1 |0\rangle_2 + |1\rangle_1 |1\rangle_2) \\
&= (a|0\rangle_0 + b|1\rangle_0) \otimes \frac{1}{\sqrt{2}}(|0\rangle_1 |0\rangle_2 + |1\rangle_1 |1\rangle_2) \\
&= \frac{a}{\sqrt{2}}|0\rangle_0 (|0\rangle_1 |0\rangle_2 + |1\rangle_1 |1\rangle_2) + \frac{b}{\sqrt{2}}|1\rangle_0 (|0\rangle_1 |0\rangle_2 + |1\rangle_1 |1\rangle_2)
\end{aligned}$$

問題9.1の前提により量子状態 $|\varphi\rangle_0$ が分からないため、a と b の具体的な値は分からないものとします。ただし、$|\varphi\rangle_0$ が量子状態であるため、$|a|^2 + |b|^2 = 1$ であることは分かっています。

9.3.3 ステップ3: アリスが手元の量子ビットにCNOTとHを適用する

添え字0の量子ビット（移動元の量子ビット）を制御ビットとし、添え字1の量子ビットを標的ビットとして、アリスがCNOTを適用します。その後、添え字0の量子ビットにアリスがアダマール行列 H を適用します。これを数式で書くと次のようになります。少し複雑ですが、落ち着いて計算しましょう。

$$
\begin{aligned}
\text{ステップ 2} \xrightarrow{\mathrm{CNOT}_{0,1}} \quad & \frac{a}{\sqrt{2}}\mathrm{CNOT}_{0,1}\left|0\right\rangle_0(\left|0\right\rangle_1\left|0\right\rangle_2+\left|1\right\rangle_1\left|1\right\rangle_2) \\
& +\frac{b}{\sqrt{2}}\mathrm{CNOT}_{0,1}\left|1\right\rangle_0(\left|0\right\rangle_1\left|0\right\rangle_2+\left|1\right\rangle_1\left|1\right\rangle_2) \\
= \quad & \frac{a}{\sqrt{2}}\left|0\right\rangle_0(\left|0\right\rangle_1\left|0\right\rangle_2+\left|1\right\rangle_1\left|1\right\rangle_2) \\
& +\frac{b}{\sqrt{2}}\left|1\right\rangle_0(\left|1\right\rangle_1\left|0\right\rangle_2+\left|0\right\rangle_1\left|1\right\rangle_2) \\
\xrightarrow{H_0} \quad & \frac{a}{\sqrt{2}}(H\left|0\right\rangle_0)(\left|0\right\rangle_1\left|0\right\rangle_2+\left|1\right\rangle_1\left|1\right\rangle_2) \\
& +\frac{b}{\sqrt{2}}(H\left|1\right\rangle_0)(\left|1\right\rangle_1\left|0\right\rangle_2+\left|0\right\rangle_1\left|1\right\rangle_2) \\
= \quad & \frac{a}{\sqrt{2}}\frac{1}{\sqrt{2}}(\left|0\right\rangle_0+\left|1\right\rangle_0)(\left|0\right\rangle_1\left|0\right\rangle_2+\left|1\right\rangle_1\left|1\right\rangle_2) \\
& +\frac{b}{\sqrt{2}}\frac{1}{\sqrt{2}}(\left|0\right\rangle_0-\left|1\right\rangle_0)(\left|1\right\rangle_1\left|0\right\rangle_2+\left|0\right\rangle_1\left|1\right\rangle_2) \\
= \quad & \frac{1}{2}\left|0\right\rangle_0\left|0\right\rangle_1(a\left|0\right\rangle_2+b\left|1\right\rangle_2)+\frac{1}{2}\left|0\right\rangle_0\left|1\right\rangle_1(a\left|1\right\rangle_2+b\left|0\right\rangle_2) \\
& +\frac{1}{2}\left|1\right\rangle_0\left|0\right\rangle_1(a\left|0\right\rangle_2-b\left|1\right\rangle_2)+\frac{1}{2}\left|1\right\rangle_0\left|1\right\rangle_1(a\left|1\right\rangle_2-b\left|0\right\rangle_2)
\end{aligned}
$$

この式変形の最後「=」の計算は、カッコを展開して添え字 0、1 の量子ビットの種類毎にまとめ直したものです。ステップ 1 では添え字 0 にあった a と b が、この式変形の最後の式では添え字 2 の量子ビットの係数に移動しています。

9.3.4 ステップ4: アリスが手元の量子ビットを測定し、得た値を古典ビットとしてボブに通信する

ステップ 3 の最後の式で、$\left|\varphi\right\rangle = a\left|0\right\rangle + b\left|1\right\rangle$ に似た量子状態が添え字 2 の量子ビットに現れました。ステップ 4 とステップ 5 では、添え字 2 の量子ビットが $\left|\varphi\right\rangle = a\left|0\right\rangle + b\left|1\right\rangle$ になるように操作します。

アリスが自分の手元にある量子ビット（ステップ 3 の最後の式で添え字が 0 と 1 の量子ビット）を測定します。3 量子ビットのうち 2 量子ビッ

トを測定するため、第8章で説明した「一部の量子ビットの測定」を使います。測定して得る値の種類は00、01、10、11の4種類あり、それぞれの値を得る確率は $\left|\frac{a}{2}\right|^2+\left|\frac{b}{2}\right|^2=\frac{|a|^2+|b|^2}{4}=\frac{1}{4}$ です。たとえば、00を得た場合、量子状態は次のように変化します。

$$
\begin{aligned}
& \frac{1}{2}\underbrace{|0\rangle_0|0\rangle_1}_{\text{測定で得た値}}(a|0\rangle_2+b|1\rangle_2)+\frac{1}{2}|0\rangle_0|1\rangle_1(a|1\rangle_2+b|0\rangle_2) \\
& +\frac{1}{2}|1\rangle_0|0\rangle_1(a|0\rangle_2-b|1\rangle_2)+\frac{1}{2}|1\rangle_0|1\rangle_1(a|1\rangle_2-b|0\rangle_2) \\
\xrightarrow{\text{測定で得た値が 00}} & \left\{\frac{1}{2}|0\rangle_0|0\rangle_1(a|0\rangle_2+b|1\rangle_2)\right\}\Bigg/\sqrt{\frac{1}{4}} \\
= \; & |0\rangle_0|0\rangle_1(a|0\rangle_2+b|1\rangle_2)
\end{aligned}
$$

他のケースも含めてまとめると、量子状態は次のように変化します。

(1) 00を得た場合 → 量子状態は $|0\rangle_0|0\rangle_1(a|0\rangle_2+b|1\rangle_2)$ に変化
(2) 01を得た場合 → 量子状態は $|0\rangle_0|1\rangle_1(a|1\rangle_2+b|0\rangle_2)$ に変化
(3) 10を得た場合 → 量子状態は $|1\rangle_0|0\rangle_1(a|0\rangle_2-b|1\rangle_2)$ に変化
(4) 11を得た場合 → 量子状態は $|1\rangle_0|1\rangle_1(a|1\rangle_2-b|0\rangle_2)$ に変化

次に、測定で得た値を古典ビットとしてボブに通信します。ここまでがアリスが行う操作です。

9.3.5 ステップ5: 得た古典ビットにより、ボブが手元の量子状態を操作する

ステップ4でアリスから受け取った古典ビットの種類により、ボブは量子ビットを操作します。

古典ビット 00 を受け取った場合

添え字 2 の量子ビット $a\left|0\right\rangle_2 + b\left|1\right\rangle_2$ が、ステップ 2 の添え字 0 の量子ビット $\left|\varphi\right\rangle_0$ と一致しています（両方とも $a\left|0\right\rangle + b\left|1\right\rangle$ の形をしています)。ステップ 5 の時点で添え字 0 の量子ビットは $\left|0\right\rangle_0$ に変化して残っていませんが、添え字 2 の量子ビットに移動しました。

古典ビット 01 を受け取った場合

添え字 2 の量子ビット $a\left|1\right\rangle_2 + b\left|0\right\rangle_2$ にパウリ行列 X を適用します。

$$\begin{aligned} a\left|1\right\rangle_2 + b\left|0\right\rangle_2 \quad &\xrightarrow{X} \quad X(a\left|1\right\rangle_2 + b\left|0\right\rangle_2) \\ &= \quad aX\left|1\right\rangle_2 + bX\left|0\right\rangle_2 \\ &= \quad a\left|0\right\rangle_2 + b\left|1\right\rangle_2 \end{aligned}$$

すると、添え字 2 の量子ビットが、ステップ 2 の添え字 0 の量子ビット $\left|\varphi\right\rangle_0$ と一致します (両方とも $a\left|0\right\rangle + b\left|1\right\rangle$ の形をしています)。ステップ 5 の時点で添え字 0 の量子ビットは $\left|0\right\rangle_0$ に変化して残っていませんが、添え字 2 の量子ビットに移動しました。

古典ビット 10 を受け取った場合

添え字 2 の量子ビット $a\left|0\right\rangle_2 - b\left|1\right\rangle_2$ にパウリ行列 Z を適用します。

$$\begin{aligned} a\left|0\right\rangle_2 - b\left|1\right\rangle_2 \quad &\xrightarrow{Z} \quad Z(a\left|0\right\rangle_2 - b\left|1\right\rangle_2) \\ &= \quad aZ\left|0\right\rangle_2 - bZ\left|1\right\rangle_2 \\ &= \quad a\left|0\right\rangle_2 + b\left|1\right\rangle_2 \end{aligned}$$

すると、添え字 2 の量子ビットが、ステップ 2 の添え字 0 の量子ビット $\left|\varphi\right\rangle_0$ と一致します (両方とも $a\left|0\right\rangle + b\left|1\right\rangle$ の形をしています)。ステップ 5 の時点で添え字 0 の量子ビットは $\left|1\right\rangle_0$ に変化して残っていません

が、添え字 2 の量子ビットに移動しました。

古典ビット 11 を受け取った場合

添え字 2 の量子ビット $a|1\rangle_2 - b|0\rangle_2$ にパウリ行列 X 、Z を順に適用します。

$$\begin{aligned} a|1\rangle_2 - b|0\rangle_2 &\xrightarrow{X} X(a|1\rangle_2 - b|0\rangle_2) \\ &= aX|1\rangle_2 - bX|0\rangle_2 \\ &= a|0\rangle_2 - b|1\rangle_2 \\ &\xrightarrow{Z} Z(a|0\rangle_2 - b|1\rangle_2) \\ &= aZ|0\rangle_2 - bZ|1\rangle_2 \\ &= a|0\rangle_2 + b|1\rangle_2 \end{aligned}$$

すると、添え字 2 の量子ビットが、ステップ 2 の添え字 0 の量子ビット $|\varphi\rangle_0$ と一致します（両方とも $a|0\rangle + b|1\rangle$ の形をしています）。ステップ 5 の時点で添え字 0 の量子ビットは $|1\rangle_0$ に変化して残っていませんが、添え字 2 の量子ビットに移動しました。

添え字 2 の量子ビットに対する処理をまとめる

添え字 2 の量子ビットに対する処理をよく見ると、次の処理を順に行えばよいことが分かります。

- 処理 1：古典ビット 01 または古典ビット 11 を受け取った場合、添え字 2 の量子ビットにパウリ行列 X を適用する。
- 処理 2：古典ビット 10 または古典ビット 11 を受け取った場合、添え字 2 の量子ビットにパウリ行列 Z を適用する。

「古典ビット 01 または古典ビット 11」は「受け取った 1 番目の古典ビットが 1」であり、「古典ビット 10 または古典ビット 11」は「受け取った 0 番目の古典ビットが 1」です。そのため、ステップ 5 は次のように言い換えられます。

- 処理 1：受け取った 1 番目の古典ビットが 1 の場合、ボブの手元にある量子ビットにパウリ行列 X を適用する。
- 処理 2：受け取った 0 番目の古典ビットが 1 の場合、ボブの手元にある量子ビットにパウリ行列 Z を適用する。

9.3.6 ステップ1～ステップ5をまとめる

ステップ 1 からステップ 5 までを量子回路で表すと**図 9.3** のようになります。ここまでの説明で使った量子ビットの添え字と、量子回路の添え字が対応しています。たとえば、説明で使った添え字 0 の量子ビットは、量子回路の q_0 に対応します。

図 9.3：量子テレポーテーションの量子回路

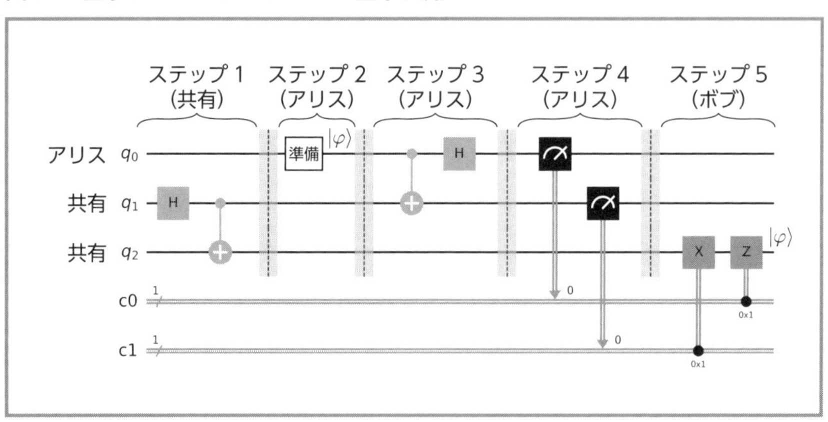

ステップ 5 のパウリ行列 X 、Z は、ステップ 4 での測定値によっては実行されない場合があります。

量子テレポーテーションの性質をもう少し詳しく見てみましょう。ステップ4で通信したのは2古典ビットであるため、$2^2 = 4$ 種類の離散的な値です。一方、ステップ2で準備した量子ビット $|\varphi\rangle = a|0\rangle + b|1\rangle$ の a と b は連続的な値であり、4種類以上のパターンがあります。離散的な値を使って、連続的な値を持つ量子ビットを構成できるのは面白いですね。

ただし、“離散的な値だけ”から、連続的な値を構成できるわけではありません。ここでポイントとなるのは量子もつれ状態です。古典ビットの通信だけでなく、量子もつれ状態を利用し、測定とユニタリ発展も組み合わせることにより、量子状態を移動できます。また、量子ビット $|\varphi\rangle = a|0\rangle + b|1\rangle$ を移動できますが、測定すると量子状態が変わるため、a や b の値は具体的には分からないことに注意が必要です。

量子テレポーテーションのよい性質は他にもあります。量子状態は周囲の環境の影響を受けて壊れやすいため、アリスの手元の粒子（量子ビット）を遠隔地のボブのところに物理的に運ぶには技術的な困難が伴います。たとえば、光ファイバケーブルを利用して光子でできた量子ビットを遠隔地に運ぶ場合、減衰などにより元の量子状態から変わってしまいます（壊れてしまいます）。しかし、量子テレポーテーションはアリスの手元の粒子を物理的に運ぶわけではないため、減衰などを起こさずに遠隔地に移動できます。実際、数百 km 離れた遠隔地への量子テレポーテーションも成功しており、量子インターネット（離れた場所にある量子コンピュータ同士が通信するネットワーク）への応用も期待されています。量子インターネットについては、本章の最後に発展的な内容として説明します。

9.4 量子テレポーテーションのプログラミング

量子テレポーテーションを Qiskit でプログラミングしたものが、**リスト 9.1** です。量子テレポーテーションを実装するため、これまで紹介していない Qiskit の `c_if` 関数を利用しています。詳しくはプログラムの後に説明します。

リスト 9.1：量子テレポーテーションのプログラム

```
from qiskit import QuantumCircuit, Aer, execute
from qiskit import ClassicalRegister, QuantumRegister

# 結果表示用の文字列
state_label = ["|000>", "|001>", "|010>", "|011>", "|100>", "|101>", "|110>", "|111>"]

# 量子回路の初期化
qr = QuantumRegister(3, "q")
cr0 = ClassicalRegister(1, "c0")
cr1 = ClassicalRegister(1, "c1")
circuit = QuantumCircuit(qr, cr0, cr1)

# ステップ1: 量子もつれ状態を共有する
circuit.h(1)
circuit.cx(1, 2)
circuit.barrier()

# ステップ2: 移動する量子ビットを準備する
#   qr[0]を好きな量子状態に変化させてください
#   たとえば|1>にしたい場合は次の命令を実行します
#   circuit.x(0)

```

```
23 # ステップ3: アリスの手元の量子ビットにCNOTとHを適用する
24 circuit.cx(0, 1)
25 circuit.h(0)
26 circuit.barrier()
27
28 # ステップ4: アリスの手元の量子ビットを測定し、得た値を古典ビットとしてボブに通信する
29 circuit.measure([0, 1], [0, 1])
30 circuit.barrier()
31
32 # ステップ5: 得た古典ビットにより、ボブが手元の量子状態を変化させる
33 circuit.x(2).c_if(cr1, 1)
34 circuit.z(2).c_if(cr0, 1)
35
36 # 実行と結果取得(statevector_simulatorを利用)
37 backend = Aer.get_backend('statevector_simulator')
38 job = execute(circuit, backend)
39 result = job.result()
40 statevector = result.get_statevector(circuit)
41 print([str(coef) + label for (coef, label) in zip(statevector, state_label)])}
```


結果表示用の文字列

5行目で、量子テレポーテーションの実行結果を表示する際に使う結果表示用の文字列を設定しています。ここは、アルゴリズムとは関係ありません。

量子回路の初期化

8行目-11行目で量子回路の初期化を行っています。ステップ5の処理で `ClassicalRegister` のインスタンスを使う必要があるため、第7章で説明した「レジスタを直接利用した実装」で初期化しています。また、ステップ5の実装で使うため、2個の `ClassicalRegister` を別々

に初期化しています。

各量子ビットは次の使い方をします。

- 0 番目の量子ビットは移動する量子ビット（添え字 0 の量子ビット）
- 1 番目と 2 番目の量子ビットはアリスとボブが共有している量子ビット（添え字 1、2 の量子ビット）

ステップ 1: 量子もつれ状態を共有する

14-15 行目でステップ 1 を実装しています。ステップの区切りの目印に barrier 関数を使っています。第 7 章で説明したように、barrier 関数は実行結果には影響ありません。

ステップ 2: 移動する量子ビットを準備する

19 行目にステップ 2 を実装してください。移動する量子ビットは好きな状態にして問題ありません。このケースでは何もしていないため、移動する量子ビットは初期状態 $|0\rangle$ になっています。

ステップ 3: アリスが手元の量子ビットに CNOT と H を適用する

24-25 行目でステップ 3 を実装しています。

ステップ 4: アリスが手元の量子ビットを測定し、得た値を古典ビットとしてボブに通信する

29 行目でステップ 4 を実装しています。measure 関数の 1 番目の引数に測定する QuantumRegister の添え字を配列で指定し、2 番目の引数に測定値を入れる ClassicalRegister の添え字を配列で指定しています。

今回はひとつのプログラムで量子テレポーテーションを実装しているため、測定した段階でアリスからボブに古典ビットの通信が成功したも

のとします。現実に量子テレポーテーションを行う場合は、古典ビットの通信が必要となりますし、アリスとボブはそれぞれ別のプログラムを実行します。

ステップ5: 得た古典ビットにより、ボブが手元の量子状態を変化させる

33-34行目でステップ5を実装しています。ステップ5はc_if関数がポイントです。

33行目は「1番目の古典ビット（cr1）が1の場合、2番目の量子ビットにパウリ行列 X を適用する」という意味です。c_if関数が「古典ビットが○○の場合」という条件を表しています。同様に、32行目は「0番目の古典ビット（cr0）が1の場合、2番目の量子ビットにパウリ行列 Z を適用する」という意味です。

実行と結果取得

これまではbackendにqasm_simulatorを利用していましたが、今回は状態ベクトルを確認できるstatevector_simulatorを利用します。

ただし、実機を使った場合は状態ベクトルは分からず、測定値しか分かりません。そのため、実機ではstatevector_simulatorのようなことは実行できません。

このプログラムを実行すると**リスト9.2**のような結果を出力します。後で説明するように、実行する毎に出力内容が変わります。

リスト9.2：実行結果

```
['0j|000>', '0j|001>', '0j|010>', '(1+0j)|011>', '0j|100>', '0j|101>', '0j|110>', '0j|111>']
```

jは虚数単位 i を表しています。Pythonでのプログラミングの慣習として配列の添え字にiを使うことが多いため、重ならないように虚

数単位に j を使う仕様になっています。また、0j は 0 を表しています。

これを頭に入れて読むと、**リスト 9.2** は次の量子状態を表しています。

$$0\,|000\rangle + 0\,|001\rangle + 0\,|010\rangle + 1\,|011\rangle + 0\,|100\rangle + 0\,|101\rangle + 0\,|110\rangle + 0\,|111\rangle$$

$$= |011\rangle$$

この式のバイト・オーダは量子プログラミングの慣習にしたがい、右から左に向かって「○○番目」の数字が大きくなります。そのため、次のようになります。

- 右の量子ビットは添え字 0 の量子ビット
- 真ん中の量子ビットは添え字 1 の量子ビット
- 左の量子ビットは添え字 2 の量子ビット

これに当てはめると、ステップ 5 まで実行した結果、次のような状態になっています。

- 添え字 0 の量子ビットは $|1\rangle$
- 添え字 1 の量子ビットは $|1\rangle$
- 添え字 2 の量子ビットは $|0\rangle$

ステップ 2 の添え字 0 の量子ビットは $|0\rangle$ であったため、添え字 2 の量子ビットが $|0\rangle$ になっているのは正しいです。また、添え字 0 の量子ビットは $|1\rangle$ に変化しており、アリスの手元に残っていません。

ステップ 4 で得られる測定値は実行する毎に変わるため、**リスト 9.2** も実行する毎に出力内容が変わります。重要なのは、添え字 2 の量子ビット（**リスト 9.2** の左の量子ビット）がステップ 2 でアリスの手元に準備した添え字 0 の量子ビットと一致しているということです。ステップ 2 の実装を変更してみて、このプログラムが期待通りに動くことを確認してみてください。

9.5　発展：量子インターネット

量子もつれ状態を応用した重要な技術のひとつに**量子インターネット**（quantum internet）があります。

量子インターネットを利用すると、物理的に離れた複数の量子コンピュータをネットワークでつなぎ、ひとつの量子コンピュータであるかのように計算できます。それが**分散量子計算**（distributed quantum computation）です。

分散量子計算の利点を説明する前にまず、通常の分散処理について説明します。古典コンピュータで分散処理を行うと、複数の古典コンピュータでひとつの問題を手分けして計算できます。このとき、扱える計算のサイズは古典コンピュータの台数に比例します。たとえば、単純に問題を3つの部分に分けて、3台の古典コンピュータで処理すると、扱える計算のサイズは3倍になります（**図 9.4**）。

図 9.4：問題を分けて複数の古典コンピュータで独立に処理する

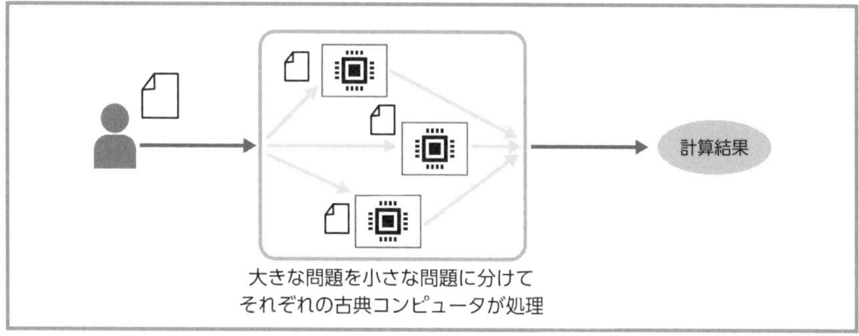
計算結果
大きな問題を小さな問題に分けて
それぞれの古典コンピュータが処理

量子コンピュータの場合はどうでしょうか。n 量子ビットの量子コンピュータを1台は 2^n 次元の状態ベクトルの計算ができます。単純に問題を3つに分けて、3台の量子コンピュータで処理した場合、3台の状態ベクトルの次元を足すと3倍の$3 \cdot 2^n$になります。台数に比例する点は古典コンピュータと同じで、複数の量子コンピュータを使う利点は少ないです（**図9.5**）。

図9.5：問題を分けて複数の量子コンピュータで独立に処理する

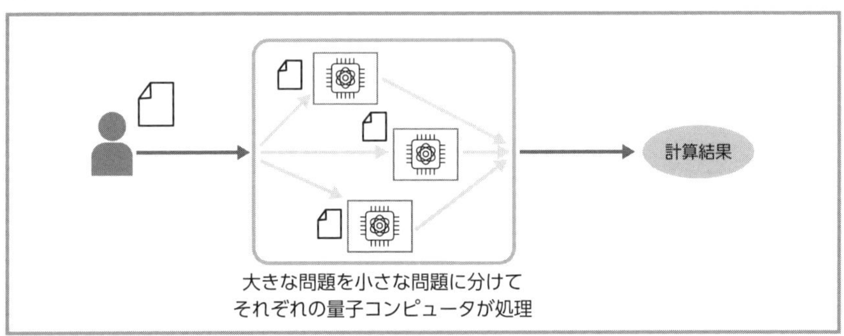
計算結果
大きな問題を小さな問題に分けて
それぞれの量子コンピュータが処理

もし複数の量子コンピュータで量子もつれ状態を共有して、$3n$量子ビットの1台の量子コンピュータとして計算できたらどうでしょうか。$3n$量子ビットの量子コンピュータは2^{3n}次元の状態ベクトルの計算ができます。量子ビット数が3倍になると状態ベクトルの次元は$2^{3n}/2^n = 2^{2n}$倍（指数関数倍）になるため、大きな次元の計算ができます（**図9.6**）。これが分散量子計算です。

図9.6：量子コンピュータの分散量子計算

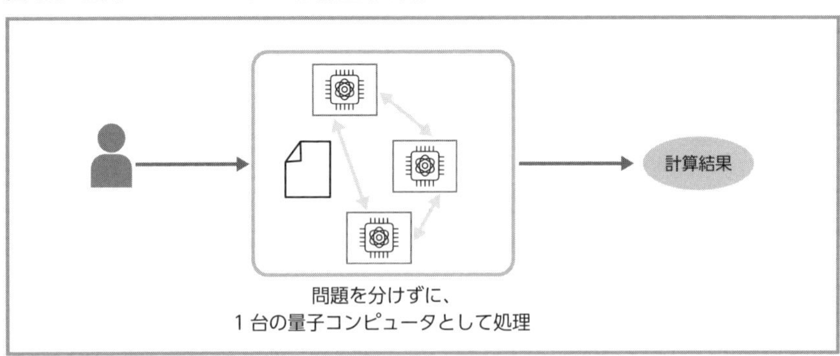
計算結果
問題を分けずに、
1台の量子コンピュータとして処理

分散量子計算を実現するためには、複数の量子コンピュータが量子もつれ状態を共有し、ひとつの量子コンピュータとして計算できる必要があります。

では、どのようにすれば離れた量子コンピュータ同士で量子もつれ状態を共有できるでしょうか。量子性を持つ粒子を物理的に運ぶ有力な手段としては、光ファイバケーブルを利用した光子での通信（光ファイバ通信）が挙げられます。光ファイバ通信は既に実用化していますし、これを使えば実現できるのではないでしょうか。

実はこれはうまくいきません。光ファイバ通信の通信距離が長くなると、通信信号が指数関数的に減衰してしまいます。既存の光ファイバ通信はリピータと呼ばれる装置を使い、通信信号を増幅して長距離通信を行っていますが、量子性を保ったまま通信信号を増幅できないため、既存のリピータは量子もつれ状態の共有には使えません。

これを解決するのが、**量子リピータ**（quantum repeater）です。量子リピータを利用すると、次の方法で離れた2台の量子コンピュータで量子もつれ状態を共有できます[*2]。

- ステップ 1: 光ファイバ通信で、各量子コンピュータと量子リピータの間に短距離の量子もつれ状態を共有する
- ステップ 2: 2 個の短距離の量子もつれ状態から、1 個の長距離の量子もつれ状態を作り共有する

＊2　これは単純化した標語的な説明のため、実際にはもっと複雑な処理が必要です。

図 9.7：離れた 2 台の量子コンピュータで量子もつれ状態を共有

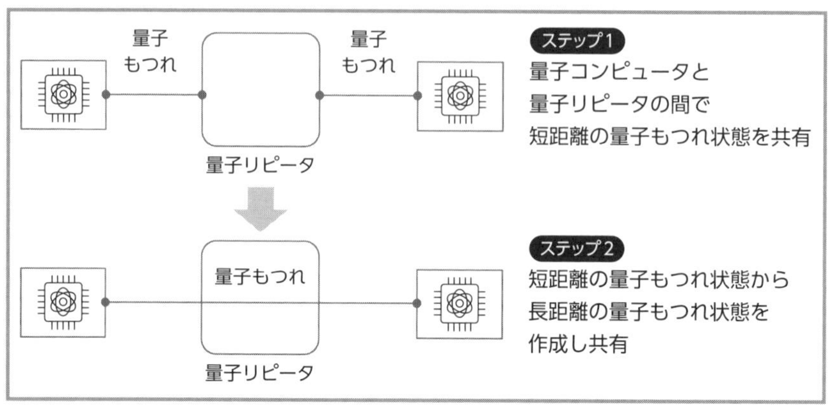

ステップ1では、光子を物理的に移動しているため、減衰して利用できなくなる距離より短い距離に量子リピータを置く必要があります。ステップ2では、量子コンピュータ間の距離が離れていても量子もつれ状態を共有できます。2個の量子もつれ状態から1個の量子もつれ状態を作る際には、**量子もつれ交換**（entanglement swapping）という技術が利用されます。このような方法で離れた2台の量子コンピュータで量子もつれ状態を共有すると、1台の量子コンピュータとして計算ができます。

量子コンピュータ間の距離が長すぎる場合は、1台の量子リピータではつなげません。そのときは複数の量子リピータを使い、量子もつれ交換を繰り返すことで、長距離の量子もつれ状態を作れます。また、量子もつれと古典通信を組み合わせて量子テレポーテーションを行えば、離れた量子コンピュータ間で量子状態を移動できます。

このように、量子インターネットを使って分散量子計算を行えば、計算能力が大幅に向上します。量子インターネットを利用すると、分散量子計算以外にも秘匿量子計算などさまざまな利点があるため、実現が期待されている技術のひとつです。

第 10 章
量子誤り訂正入門

$$|\varphi\rangle = \begin{pmatrix} a \\ b \end{pmatrix} \in \mathbb{C}^2$$

10.1　この章で学ぶこと

情報処理にはエラー（誤り）がつきものです。たとえば、ブルーレイディスク（Blu-ray Disc）は使っているうちに細かな傷ができたりします。細かな傷があると、ブルーレイディスクに元々保存していた情報と異なる情報を読み取ってしまいますが、細かな傷くらいで再生できなくなると使いづらいですよね。実際には、多少の傷があってもブルーレイディスクは正常に再生できます。どうしてでしょうか。

これは、**誤り訂正**（error correction）という仕組みがあるためです。誤り訂正の技術を使うには、あらかじめ元の情報に冗長性を持たせておきます。この冗長性のおかげで、多少のエラーであれば読み取り時に訂正し、元の情報を復元できます。

ブルーレイディスクだけでなく、誤り訂正はさまざまなところで利用されていて、多少汚れていても QR コードを読み取れますし、電波状況が多少悪い所でも携帯電話で通話できます。ふだん意識することは少ないと思いますが、古典コンピュータの誤り訂正は私たちの生活に欠かせない存在です。

量子コンピュータの場合はどうでしょうか。量子コンピュータの誤り訂正を**量子誤り訂正**（quantum error correction）と呼びますが、実は量子複製不可能定理などの存在により、古典コンピュータと同じようには誤り訂正できません。また、量子コンピュータで行う計算のサイズに対して、エラーが指数関数的に増加することが知られており、誤り訂正できなければ大きな計算はできません。

1980 年代に量子コンピュータの概念が提唱されたものの、当時は量子誤り訂正を行う方法が発見されていなかったため、非現実的なものと考えられることもあったようです。しかし、量子誤り訂正を行う方法が

1995年から1996年にかけてショア[*1]やスティーン[*2]により発見され、量子コンピュータを実現する可能性が示されました。

本章では量子誤り訂正を行う上での制約と、それを回避した量子誤り訂正の方法（ショア符号）を紹介します。

10.2 量子誤り訂正の必要性と制約

本章の冒頭で挙げたブルーレイディスクの例のように、入力（ブルーレイディスクに書き込んだ情報）と出力（ブルーレイディスクから読み取った情報）が異なる現象は実際に起きます。量子コンピュータの場合、原子などのミクロな世界の物質を扱うため、ちょっとした影響で状態が変化します。また、時間経過により、量子状態が壊れるケースもあります。そのため、プログラムにバグがなかったとしても、量子回路で計算するだけである程度の確率でエラー（誤り）が発生します。付録で紹介しますが、エラーにより期待する値と異なる結果を量子コンピュータが出力するケースがあります。

量子誤り訂正を行うため、入力と出力の間でエラーが発生する状況を考えてみましょう。さまざまなエラーのパターンが考えられますが、まずはシンプルなものを考えます。$|0\rangle$ と $|1\rangle$ が入れ替わってしまうエラーを**ビット反転エラー**（bit flip error）と呼びます。このエラーが発生すると、$|0\rangle$ と $|1\rangle$ が入れ替わることから、パウリ行列 X に相当する量子ゲートが適用されるのと同じ動きをします。

＊1 Peter W. Shor, "Scheme for reducing decoherence in quantum computer memory", *Physical Review A* 52.4 (1995): R2493

＊2 Andrew Steane, "Multiple-particle interference and quantum error correction", *Proceedings of the Royal Society of London. Series A: Mathematical, Physical and Engineering Sciences* 452.1954 (1996): 2551-2577.

また、エラーは常に発生するのではなく、ある確率で発生するものとします。そこで、確率 p $(0 < p < 1)$ でビット反転エラーが発生するとします（**図 10.1**）。

図 10.1：ビット反転エラーがある量子回路

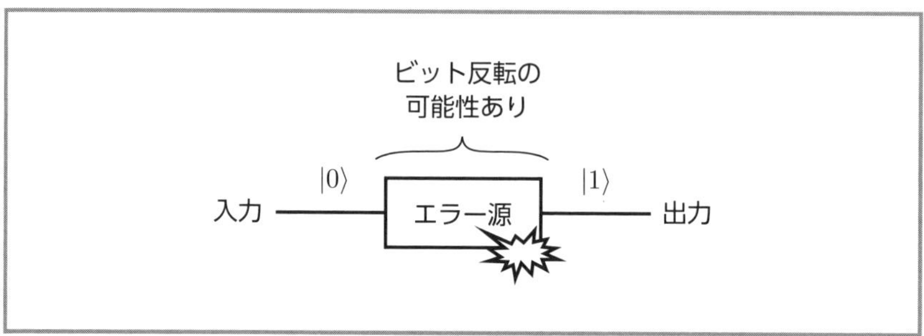

この場合、正しく情報が伝わる確率は $1 - p$ です。p が小さいほど正しく情報が伝わる確率が上がります。この p を**エラー率**（error rate）と呼びます。本書では確率をパーセント（%）ではなく、0 以上 1 以下の数字で表します。

エラー率 $p = 0.1$ とすると、**図 10.1** で正しく情報が伝わる確率は 0.9 です。この量子回路を回路を実装したものが、**リスト 10.1** です。

リスト 10.1：ビット反転エラーのプログラム

```
from qiskit import QuantumCircuit, Aer, execute
from qiskit.providers.aer.noise import NoiseModel
from qiskit.providers.aer.noise.errors.standard_errors import pauli_error

# ノイズモデルの設定
model = NoiseModel()
error = pauli_error([("I", 0.9), ("X", 0.1)])
model.add_all_qubit_quantum_error(error, ["id"])

# 量子回路の初期化
```

```
11 circuit = QuantumCircuit(1, 1)
12
13 # エラー発生
14 circuit.id(0)
15 circuit.barrier()
16
17 # 測定
18 circuit.measure(0, 0)
19
20 # 実行と結果取得
21 backend = Aer.get_backend("qasm_simulator")
22 job = execute(circuit, backend, shots=1000, noise_model=model, optimization_level=0)
23 result = job.result()
24 print(result.get_counts(circuit))
```

import 文

1-3 行目で import を行っています。

2-3 行目の import 文はこれまでにないパターンです。Qiskit の `qasm_simulator` にはエラーをシミュレートする機能があり、それを利用するために `NoiseModel` と `pauli_error` を import します。

ノイズモデルの設定

Qiskit では、エラーのシミュレートに**ノイズモデル**（noise model）という概念を利用します。6-8 行目でノイズモデルに関する設定を行います。

まず、6 行目ではノイズモデルを初期化しています。

次に、7 行目で `pauli_error` 関数を使って、具体的なエラー設定を作成します。`("I", 0.9)` は確率 0.9 で単位行列 I を適用するという意味で、エラーは発生しません。`("X", 0.1)` は確率 0.1 でパウリ行列 X を適用するという意味で、ビット反転エラーが発生します。

ここで、pauli_error 関数に指定する単位行列は I にしてください。i や id を指定すると、実行時に例外が発生します。

また、確率の和は 1 になるように設定してください。このプログラムでは、確率の和は $0.9 + 0.1 = 1$ になっています。確率の和が 1 にならない場合は、プログラム実行時に**リスト 10.2** の例外が発生します。「確率の和」の部分に実際に入る値は、作成したプログラムによって異なります。

リスト 10.2：例外のメッセージ

```
NoiseError: 'Probabilities are not normalized: 確率の和 != 1'
```

8 行目では、7 行目で作成したエラー設定をノイズモデルに渡します。add_all_qubit_quantum_error 関数の最初の引数に 7 行目で作成したエラー設定を指定し、2 番目の引数にエラー設定を適用する量子ゲートを指定します。2 番目の引数に量子ゲート id を指定しているため、「量子ゲート id 実行時に、ノイズモデルを適用する」ことになります。具体的には、量子ゲート id を実行すると、id を実行すると共に、ノイズモデルのエラー設定を実行します。このプログラムでは、量子ゲート id を実行すると、確率 0.1 でビット反転エラーが発生します。

add_all_qubit_quantum_error 関数で量子ゲートに id を指定していますが、ここを I や i にするとノイズモデルが適用されないため注意してください。

量子回路の初期化

11 行目で量子状態 $|0\rangle$ で、量子回路を初期化しています。第 7 章の内容と比べて、特に新しい点はありません。

エラー発生

14 行目で量子ゲート `id` を実行することにより、確率的にエラーを発生させます。これにより、確率 0.9 で量子状態が $|0\rangle$ のまま、確率 0.1 で量子状態が $|1\rangle$ に変化します。

測定

18 行目で測定しています。第 7 章の内容と比べて、特に新しい点はありません。

実行と結果取得

21-24 行目で量子回路を実行し、結果の取得・表示を行っています。`execute` 関数の引数 `shots` を 1000 にしているのは、結果の確率を把握しやすいためです。また、引数 `noise_model` にはノイズモデルを指定します。

Qiskit は実行時に量子回路の最適化を行います。量子ゲート `id` は何もしないゲートであるため、デフォルトでは最適化によって削除されてしまいます。そのため、`execute` 関数の引数 `optimization_level` に 0 を指定し、最適化を行わないようにする必要があります。

このプログラムを実行すると**リスト 10.3** のような結果を出力します。確率的にエラーが発生するため、実行する毎に結果の回数が変化します。

リスト 10.3：実行結果

```
{'1': 99, '0': 901}
```

リスト 10.3 は 0 が 901 回得られ、1 が 99 回得られたことを表しています。おおよそ確率 0.9 で 0 を得て、確率 0.1 で 1 を得ており、エラー率 $p = 0.1$ と整合しています。

第 7 章の方法で確率分布を表示すると、**図 10.2** のようになります。

図 10.2：ビット反転エラーがある量子回路の確率分布

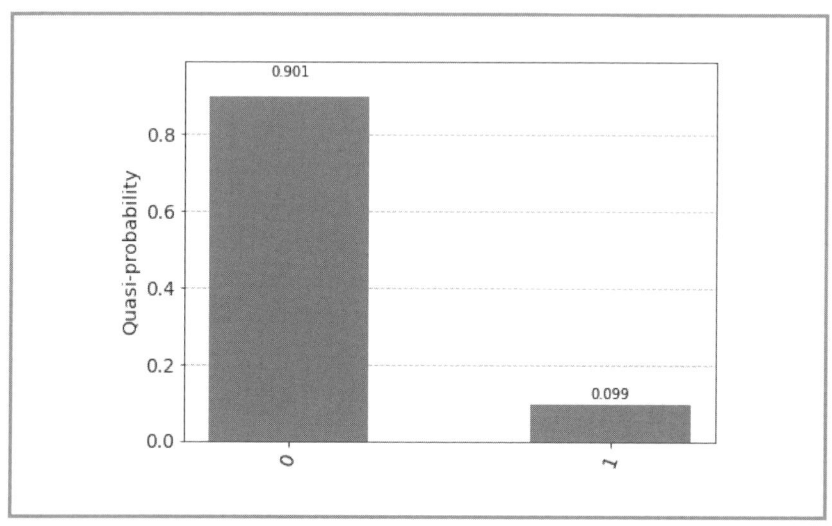

量子状態 $|0\rangle$ のときだけでなく、$|1\rangle$ で初期化した場合も試してみてください。$|1\rangle$ の場合は、ビット反転エラーが発生すると $|0\rangle$ に変化します。

エラーが発生した状態で計算を続けると、誤った計算結果になってしまいます。そのため、エラーを訂正しながら計算する必要があります。これを**誤り訂正**（error correction）と呼びます。特に、量子コンピュータの誤り訂正を、**量子誤り訂正**（quantum error correction）と呼びます。

古典コンピュータの誤り訂正と比べ、量子誤り訂正には次のような制約があります。

①量子状態を複製できない

古典ビットは複製できるため、同一の古典ビットを複製して誤り訂正できます。たとえば、同一の内容を複数のハードディスクに書き込むストレイピング技術を使えば、1 台のハードディスクが破損しても他のハードディスクからデータを復元できます。

しかし、量子コンピュータの場合、量子複製不可能定理により、量子状態を複製できません（**図 10.3**）。複製せずに誤り訂正する必要があります。

図 10.3：量子複製不可能定理

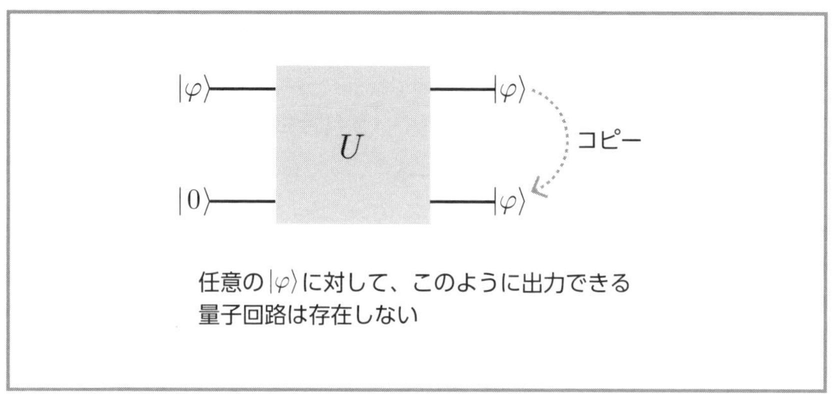

②アナログなエラーが発生する

1 量子ビットの量子状態は $|\varphi\rangle = a|0\rangle + b|1\rangle$ の形に書けます。誤りが発生し、この量子状態が $|\varphi'\rangle = a'|0\rangle + b'|1\rangle$ に変化したとします。このとき発生した誤りを $|e\rangle$ とすると $|\varphi'\rangle = |\varphi\rangle + |e\rangle$ であるため、$|e\rangle = (a'-a)|0\rangle + (b'-b)|1\rangle$ となります。そのため、$|e\rangle$ が具体的に分かれば、$|\varphi'\rangle - |e\rangle$ を計算して、元の量子状態 $|\varphi\rangle$ を復元できます。

$|\varphi\rangle = a|0\rangle + b|1\rangle$ は $|a|^2 + |b|^2 = 1$ という条件を満たせばよいため、アナログ値になります。たとえば、$|\varphi\rangle = \dfrac{1}{\sqrt{2}}|0\rangle + \dfrac{1}{\sqrt{2}}|1\rangle$ の場合、0 と 1 による 2 進数のデジタル表現では何桁あっても a や b を正確に表せません。

同様に、$|\varphi'\rangle$ や $|e\rangle$ もアナログ値になります。そのため、エラー $|e\rangle$ を測定しても、古典コンピュータ上のデジタル値として正確に表現できません。したがって、$|\varphi'\rangle + |e\rangle$ を計算しようとしても、元の量子状態

からずれてしまうことになります。

この点は、情報をデジタル値として表現している古典コンピュータとは異なります。量子コンピュータでは、このようなアナログなエラーも誤り訂正する必要があります（**図 10.4**）。

図 10.4：アナログなエラーが発生

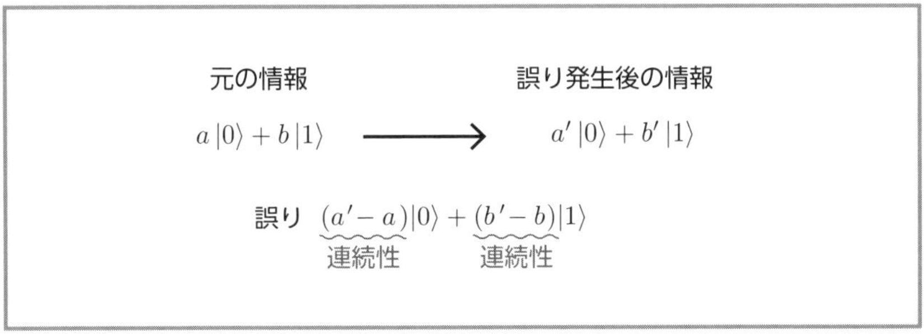

元の情報 → 誤り発生後の情報

$$a|0\rangle + b|1\rangle \longrightarrow a'|0\rangle + b'|1\rangle$$

誤り $\underbrace{(a'-a)}_{\text{連続性}}|0\rangle + \underbrace{(b'-b)}_{\text{連続性}}|1\rangle$

③測定すると量子状態が変化してしまう

量子状態は測定すると変化します。そのため、エラーが発生したかどうか調べるために測定すると、量子状態が元の状態から変化してしまいます（**図 10.5**）。大きな計算を行うには、計算途中で何度も誤り訂正する必要があります。そのため、計算途中で量子状態が変化してしまうと、計算結果が変わってしまいます。したがって、量子誤り訂正のために測定する場合は工夫が必要です。

図 10.5：測定すると量子状態が変化

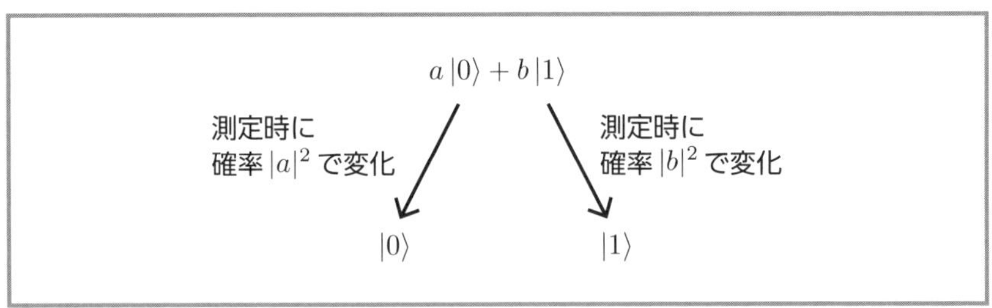

量子誤り訂正はこれらの制約を回避する必要があります。次節以降、量子誤り訂正について具体的に説明します。本章の目的は1量子ビットの任意の量子誤り訂正を行えるショア符号の説明ですが、ショア符号は複雑な仕組みになっています。そのため、単純なケースの誤り訂正をまず説明し、機能を追加しながらショア符号に近づけていきます（**図10.6**）。

図 10.6：量子誤り訂正の説明の流れ

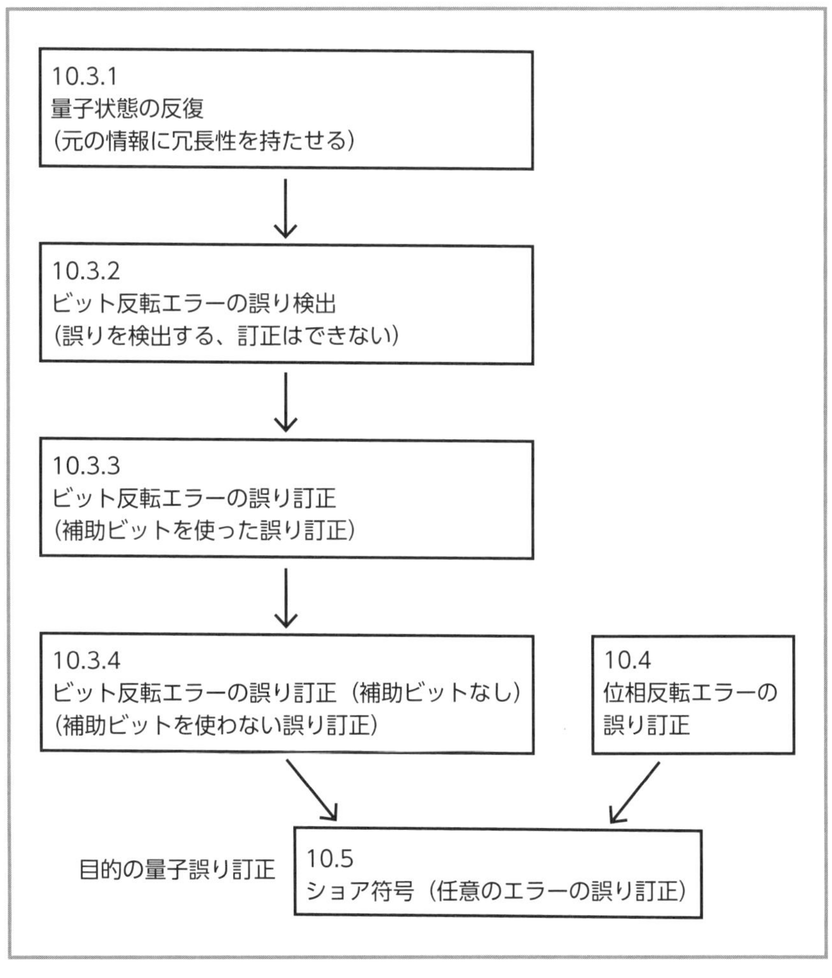

10.3 ビット反転エラーの誤り訂正

10.3.1 量子状態の反復

誤り訂正する方法のひとつに**反復符号**（repetition code）と呼ばれるものがあります。入力を反復し、出力結果の多数決で入力情報を復元する方法です。

たとえば、1個の入力を3個に反復した場合、1個の情報にビット反転エラーが発生しても多数決で入力を復元できます（**図 10.7**）。

図 10.7：入力を反復し、出力で多数決を行って誤り訂正

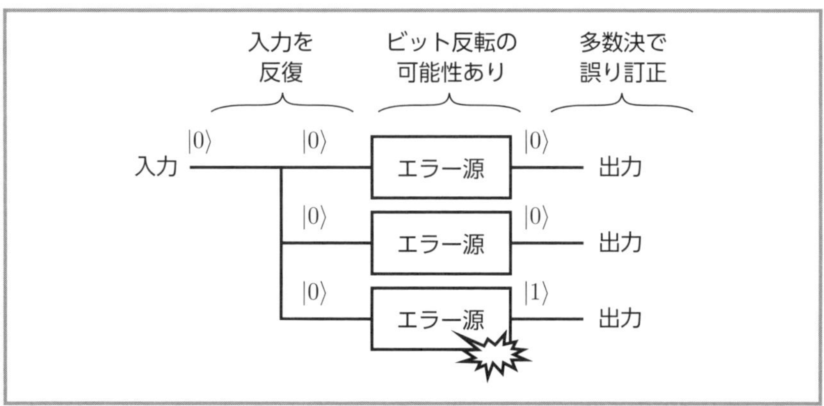

図中の $|0\rangle$ や $|1\rangle$ は、その時点の量子状態の例です。本章の以降の図にはこのような例が入っていますが、実際にエラーとなる量子ビットは実行する毎に変わります。

確率 p でエラーが発生する場合、

- エラーが 0 個の確率は、$(1-p)^3$
- エラーが 1 個の確率は、$3p(1-p)^2$

となります。3 個に反復した場合、1 個までのエラーを誤り訂正できるため、全体としては確率 $(1-p)^3 + 3p(1-p)^2$ で誤り訂正できます。$p = 0.1$ とすると、誤り訂正して正しい情報に復元できる確率は 0.972 となります。2 個以上の情報にエラーが発生した場合は過半数が誤りとなるため元の入力を復元できませんが、その確率は $1 - 0.972 = 0.028$ です。誤り訂正しなければ確率 0.1 で誤った情報となってしまうため、反復符号の使用により誤りとなる確率が約 4 分の 1 近くになりました。

では、反復符号を量子回路で実装しましょう。量子状態は複製できないため、任意の $a|0\rangle + b|1\rangle$ から $(a|0\rangle + b|1\rangle) \otimes (a|0\rangle + b|1\rangle) \otimes (a|0\rangle + b|1\rangle)$ を作り出す量子回路は存在しません。

複製はできませんが、**図 10.8** のように CNOT を利用し、$a|0\rangle + b|1\rangle$ から $a|000\rangle + b|111\rangle$ を作り出すことで、複製と似たことができます。

図 10.8：量子状態を反復した量子回路

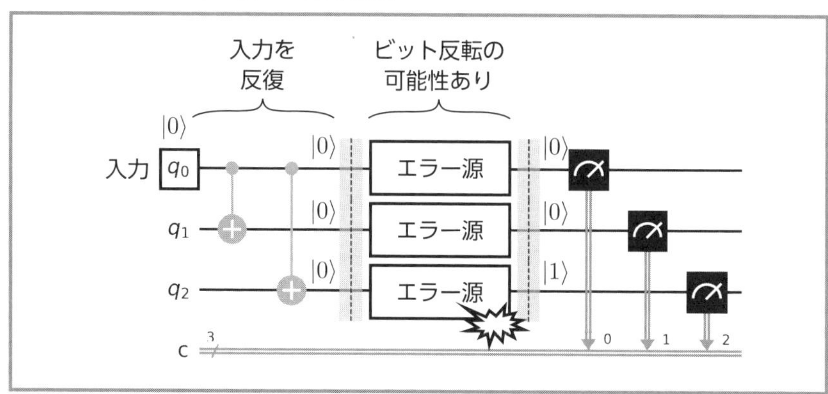

測定値の多数決により誤り訂正したいのですが、測定すると量子状態が変わってしまう制約がありました。ここではまず、量子状態を反復す

ることを考え、この制約の回避方法は後で扱います。

図 10.8 の量子回路を実装したものが、**リスト 10.4** です。

リスト 10.4：量子状態を反復したプログラム

```
from qiskit import QuantumCircuit, Aer, execute
from qiskit.providers.aer.noise import NoiseModel
from qiskit.providers.aer.noise.errors.standard_errors import pauli_error

# ノイズモデルの設定
model = NoiseModel()
error = pauli_error([("I", 0.9), ("X", 0.1)])
model.add_all_qubit_quantum_error(error, ["id"])

# 量子回路の初期化
circuit = QuantumCircuit(3, 3)

# 量子状態を反復
circuit.cx(0, [1, 2])
circuit.barrier()

# エラー発生
circuit.id([0, 1, 2])

# 測定
circuit.measure([0, 1, 2], [0, 1, 2])

# 実行と結果取得
backend = Aer.get_backend("qasm_simulator")
job = execute(circuit, backend, shots=1000, noise_model=model, optimization_level=0)
result = job.result()
print(result.get_counts(circuit))
```

リスト 10.1（反復していないプログラム）と異なる点を中心に説明します。

量子回路の初期化

量子状態を反復するため、11 行目で 3 量子ビットを初期化します。

量子状態を反復

14 行目で CNOT を利用し、入力である 0 番目の量子ビットを 1 番目と 2 番目に反復します。

エラー発生

18 行目で量子ゲート id を実行することにより、確率的にエラーを発生させます。エラー率 0.1 の量子ビットが 3 個あります。

測定

21 行目で 0-2 番目の量子ビットを測定します。

このプログラムを実行すると**リスト 10.5** のような結果を出力します。確率的にエラーが発生するため、実行する毎に結果の回数が変化します。

リスト 10.5：実行結果

```
{'001': 85, '101': 4, '111': 2, '011': 14, '000': 728, '010': 79, '110': 5, '100': 83}
```

確率分布を表示すると、**図 10.9** のようになります。

図 10.9：量子状態を反復した量子回路の確率分布

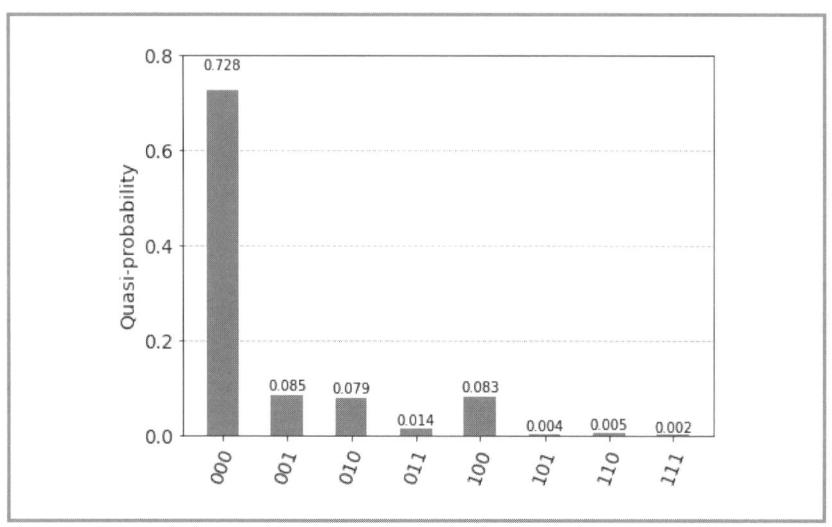

多数決により、**表 10.1** のように誤り訂正します。

これに沿って誤り訂正に成功する確率（誤り訂正した値が 0 になる確率）を求めると、$0.728 + 0.085 + 0.079 + 0.083 = 0.975$ となります。理論値 0.972 とほぼ一致しています。

表 10.1：多数決で誤り訂正

測定で得られる値	誤り訂正後の値	発生確率
000	0	0.728
001	0	0.085
010	0	0.079
011	1	0.014
100	0	0.083
101	1	0.004
110	1	0.005
111	1	0.002

10.3.2 ビット反転エラーの誤り検出

次に、測定せずに誤り検出して多数決する方法を説明します。反復に使った量子ビットだけでなく、誤り検出のためにさらに2個の量子ビットを使います。CNOTと誤り検出のための量子ビットをうまく使うことで、$|0\rangle$ が $|1\rangle$ にビット反転したことを検出できます。その量子回路が**図 10.10** です。

図 10.10：ビット反転エラーを誤り検出する量子回路

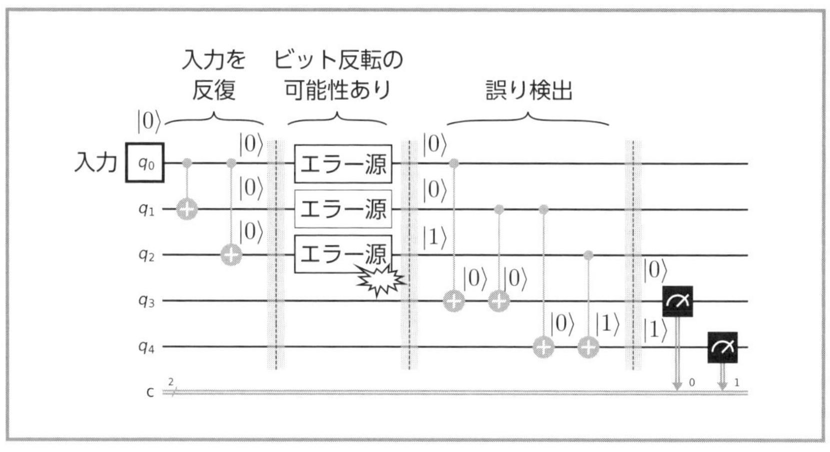

q_0 から q_2 までの量子状態により、q_3 と q_4 は**表 10.2** のようになります。Qiskit のプログラミングでは量子ビットは右から左に向かって q_0、q_1 …となります。本章の量子ビットの記述は Qiskit に合わせていますので注意してください。

表 10.2：誤り検出

q_2，q_1，q_0 の値	q_4，q_3 の値	誤り訂正で復元したい値
$\|000\rangle$	$\|00\rangle$	0
$\|001\rangle$	$\|01\rangle$	0
$\|010\rangle$	$\|11\rangle$	0
$\|011\rangle$	$\|10\rangle$	1
$\|100\rangle$	$\|10\rangle$	0
$\|101\rangle$	$\|11\rangle$	1
$\|110\rangle$	$\|01\rangle$	1
$\|111\rangle$	$\|00\rangle$	1

表 10.2 で誤り訂正で復元したい値が 0 になる箇所を見ると、次のように 1 量子ビットまでのエラー箇所を検出できます。

- q_4 と q_3 の量子状態が $|00\rangle$ の場合、エラーなし
- q_4 と q_3 の量子状態が $|01\rangle$ の場合、q_0 でビット反転エラーが発生
- q_4 と q_3 の量子状態が $|11\rangle$ の場合、q_1 でビット反転エラーが発生
- q_4 と q_3 の量子状態が $|10\rangle$ の場合、q_2 でビット反転エラーが発生

これは q_0 の初期値が $|0\rangle$ の場合ですが、初期値が $|1\rangle$ でも同じ量子回路で誤り検出できます。確認してみてください。

また、q_3 や q_4 のように、計算のために使う一時的な量子ビットを**補助量子ビット**（ancillary qubit、ancilla）と呼びます。

図 10.10 を実装したものが、**リスト 10.6** です。

リスト 10.6：ビット反転エラーを誤り検出するプログラム

```
from qiskit import QuantumCircuit, Aer, execute
from qiskit.providers.aer.noise import NoiseModel
from qiskit.providers.aer.noise.errors.standard_errors import pauli_error

# ノイズモデルの設定
model = NoiseModel()
error = pauli_error([("I", 0.9), ("X", 0.1)])
model.add_all_qubit_quantum_error(error, ["id"])

# 量子回路の初期化
circuit = QuantumCircuit(5, 2)

# 量子状態を反復
circuit.cx(0, [1, 2])
circuit.barrier()

# エラー発生
circuit.id([0, 1, 2])
circuit.barrier()

# 誤り検出
circuit.cx(0, 3)
circuit.cx(1, 3)
circuit.cx(1, 4)
circuit.cx(2, 4)
circuit.barrier()

# 測定
circuit.measure([3, 4], [0, 1])

# 実行と結果取得
backend = Aer.get_backend('qasm_simulator')
```

```
33 job = execute(circuit, backend, shots=1000, noise_model=model, optimization_level=0)
34 result = job.result()
35 print(result.get_counts(circuit))
```

リスト 10.4 と異なる点を中心に説明します。

量子回路の初期化

11 行目で量子回路を初期化しています。誤り検出に 2 量子ビットと 2 古典ビットが必要なため、反復した 3 量子ビットと合わせて初期化が必要です。

誤り検出

22-25 行目で CNOT を使って誤り検出しています。

測定

29 行目で 3-4 番目の量子ビットを測定しています。

このプログラムを実行すると**リスト 10.7** のような結果を出力します。確率的にエラーが発生するため、実行する毎に結果の回数が変化します。

リスト 10.7：実行結果

```
{'11': 87, '01': 87, '10': 95, '00': 731}
```

確率分布を表示すると、**図 10.11** のようになります。

図 10.11：ビット反転エラーを誤り検出する量子回路の確率分布

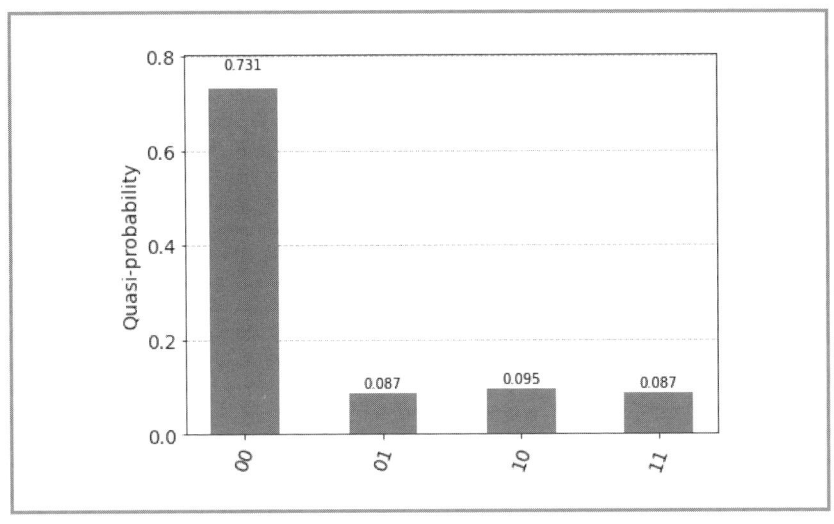

10.3.3　ビット反転エラーの誤り訂正

次は誤り訂正です。ビット反転エラーとなった量子ビットを検出できたため、再度ビット反転すれば元の量子ビットに戻ります。CNOTとCCNOTをうまく使うことで、ビット反転エラーで$|1\rangle$になってしまった量子ビットを$|0\rangle$に誤り訂正できます。その量子回路が**図 10.12**です。

図 10.12：ビット反転エラーを誤り訂正する量子回路

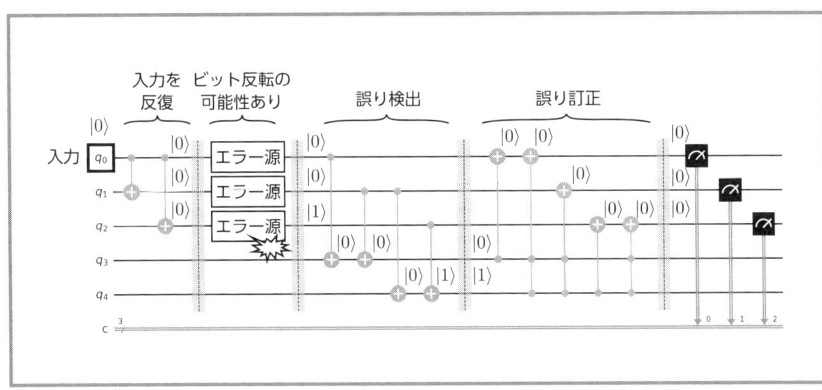

図 10.12 の「誤り訂正」の部分で CNOT と CCNOT を使っており、q_3 と q_4 の量子状態によって次のように動作します。

- q_4 と q_3 の状態が $|00\rangle$ の場合、誤り訂正なし
- q_4 と q_3 の状態が $|01\rangle$ の場合、q_0 をビット反転する
- q_4 と q_3 の状態が $|11\rangle$ の場合、q_1 をビット反転する
- q_4 と q_3 の状態が $|10\rangle$ の場合、q_2 をビット反転する

これにより、ビット反転エラーが発生した箇所を再度ビット反転し、誤り訂正できます。

図 10.12 の最後に測定していますが、これは動作確認のために行っており、実際に誤り訂正のアプリケーションを作成する場合には不要です。**図 10.12** は q_2 でビット反転エラーが発生した例ですが、q_0 や q_1 でビット反転エラーが発生しても誤り訂正できることを確認してみてください。また、q_0 の初期値を $|0\rangle$ でなく $|1\rangle$ としても、誤り訂正できることを確認してみてください。

図 10.12 を実装したものが、**リスト 10.8** です。

リスト 10.8：ビット反転エラーを誤り訂正するプログラム

```
from qiskit import QuantumCircuit, Aer, execute
from qiskit.providers.aer.noise import NoiseModel
from qiskit.providers.aer.noise.errors.standard_errors import pauli_error

# ノイズモデルの設定
model = NoiseModel()
error = pauli_error([('I', 0.9), ('X', 0.1)])
model.add_all_qubit_quantum_error(error, ['id'])

# 量子回路の初期化
circuit = QuantumCircuit(5, 3)
```

```

# 量子状態を反復
circuit.cx(0, [1, 2])
circuit.barrier()

# エラー発生
circuit.id([0, 1, 2])
circuit.barrier()

# 誤り検出
circuit.cx(0, 3)
circuit.cx(1, 3)
circuit.cx(1, 4)
circuit.cx(2, 4)
circuit.barrier()

# 誤り訂正
circuit.cx(3, 0)
circuit.ccx(3, 4, 0)
circuit.ccx(3, 4, 1)
circuit.cx(4, 2)
circuit.ccx(3, 4, 2)
circuit.barrier()

# 測定
circuit.measure([0, 1, 2], [0, 1, 2])

# 実行と結果取得
backend = Aer.get_backend('qasm_simulator')
job = execute(circuit, backend, shots=1000, noise_model=model, optimization_level=0)
result = job.result()
print(result.get_counts(circuit))
```

リスト 10.6 と異なる点を中心に説明します。

誤り訂正

29-33 行目で CNOT と CCNOT を使って誤り訂正しています。ここが、このプログラムのポイントです。

このプログラムを実行すると**リスト 10.9** のような結果を出力します。確率的にエラーが発生するため、実行する毎に結果の回数が変化します。

リスト 10.9：実行結果

```
{'111': 32, '000': 968}
```

確率分布を表示すると、**図 10.13** のようになります。

図 10.13：ビット反転エラーを誤り訂正する量子回路の確率分布

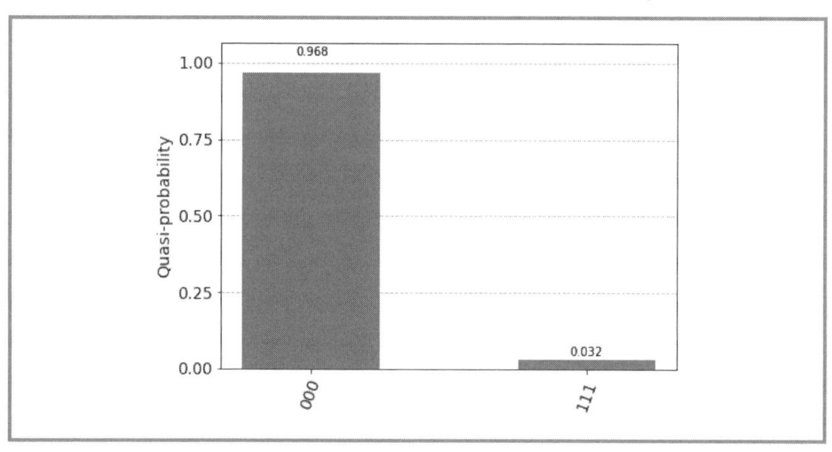

ビット反転エラーが発生しても、確率 0.968 で $|0\rangle$ となりました。理論値 0.972 とほぼ一致しています。

反復符号により、1 量子ビットのビット反転エラーを誤り訂正できました。

10.3.4 ビット反転エラーの誤り訂正（補助ビットなし）

前項では、1量子ビットのビット反転エラーを誤り訂正するために、全部で5量子ビットを必要としました。誤り訂正のために使う量子ビットをもっと減らせないでしょうか。

実は誤り検出と誤り訂正の箇所で使った補助量子ビットを使わずに、3量子ビットで誤り訂正する方法があります。それが、**図 10.14** の量子回路です。

図 10.14：ビット反転エラーを誤り訂正する量子回路（補助ビットなし）

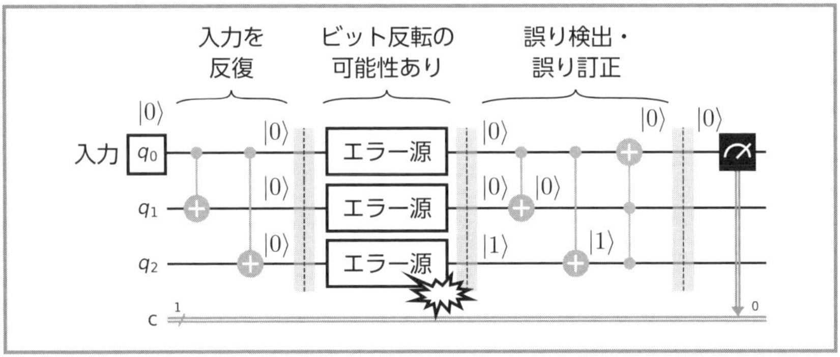

この量子回路は q_0 のみを出力として使い、q_1 と q_2 の出力は無視します。q_1 や q_2 は誤り訂正しません。しかし、q_0 にビット反転エラーが発生した場合は、誤り訂正します。最後に測定していますが、これは動作確認のために行っているだけで、実際に誤り訂正のアプリケーションを作成する場合には不要です。

図 10.14 は q_2 でビット反転エラーが発生した例ですが、q_0 や q_1 でビット反転エラーが発生しても誤り訂正できることを確認してみてください。

図 10.14 を実装したものが、**リスト 10.10** です。

リスト10.10：ビット反転エラーを誤り訂正するプログラム（補助ビットなし）

```
from qiskit import QuantumCircuit, Aer, execute
from qiskit.providers.aer.noise import NoiseModel
from qiskit.providers.aer.noise.errors.standard_errors import pauli_error

# ノイズモデルの設定
model = NoiseModel()
error = pauli_error([("I", 0.9), ("X", 0.1)])
model.add_all_qubit_quantum_error(error, ["id"])

# 量子回路の初期化
circuit = QuantumCircuit(3, 1)

# 量子状態を反復
circuit.cx(0, [1, 2])
circuit.barrier()

# エラー発生
circuit.id([0, 1, 2])
circuit.barrier()

# 誤り検出・誤り訂正
circuit.cx(0, [1, 2])
circuit.ccx(1, 2, 0)
circuit.barrier()

# 測定
circuit.measure(0, 0)

# 実行と結果取得
backend = Aer.get_backend("qasm_simulator"s)
job = execute(circuit, backend, shots=1000, noise_model=model,
optimization_level=0)
result = job.result()
print(result.get_counts(circuit))
```

リスト 10.8 と異なる点を中心に説明します。

量子回路の初期化

11 行目で量子回路を初期化しています。3 量子ビットと 1 古典ビットのみ初期化しています。

誤り検出・誤り訂正

22-23 行目で誤り検出・誤り訂正しています。ここが、このプログラムのポイントです。

測定

27 行目で量子ビットを測定しています。

このプログラムを実行すると**リスト 10.11** のような結果を出力します。確率的にエラーが発生するため、実行する毎に結果の回数が変化します。

リスト 10.11：実行結果

```
{'1': 29, '0': 971}
```

確率分布を表示すると、**図 10.15** のようになります。

図 10.15：ビット反転エラーを誤り訂正する量子回路の確率分布（補助ビットなし）

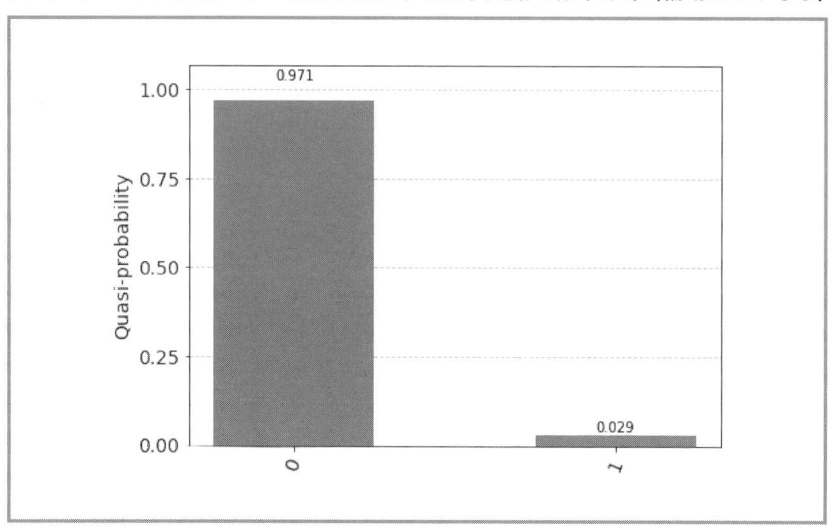

ビット反転エラーが発生しても、確率 0.971 で $|0\rangle$ となりました。理論値 0.972 とほぼ一致しています。

これで、3 量子ビットだけで、1 量子ビットのビット反転エラーを誤り訂正できました。

このケースのように、誤り訂正によって守られた量子ビットを**論理量子ビット**（logical qubit）と呼び、それを実現するために冗長性を持たせた量子ビット全体を**物理量子ビット**（physical qubit）と呼びます。本節で紹介したケースは、ビット反転エラーを誤り訂正できる 1 論理量子ビットを実現するために、3 物理量子ビットを必要としました。

これまで、初期値が $|0\rangle$ と $|1\rangle$ のケースについて話をしてきましたが、実は初期値を $a|0\rangle + b|1\rangle$（任意の量子状態）にしても同じ量子回路で 1 量子ビットのビット反転エラーを誤り訂正できます。量子回路の初期値を変えて確認してみてください。

10.4 位相反転エラーの誤り訂正

前節では、パウリ行列 X に相当するビット反転エラーについて、誤り訂正を説明しました。実際には、ビット反転エラーの他にもさまざまなエラーが発生する可能性があります。たとえば、パウリ行列 Z に相当し、$|1\rangle$ と $-|1\rangle$ が入れ替わってしまう**位相反転エラー**（phase flip error）があります（**図 10.16**）。

図 10.16：位相反転エラーがある量子回路

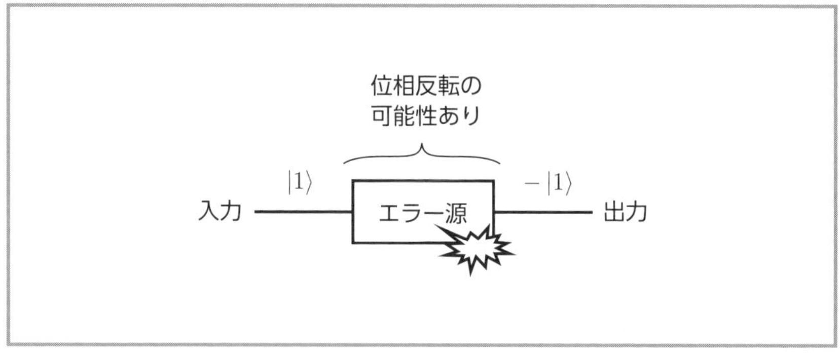

本節では、この位相反転エラーの誤り訂正について説明します。

まずは、Qiskit で**図 10.16** の位相反転エラーをシミュレートしてみましょう。**リスト 10.1** ではビット反転エラーのノイズモデルを利用しましたが、今回は位相反転エラーのノイズモデルを利用します。ただし、入力を $|0\rangle$ にすると位相反転エラーが発生しても何も変化がありません。そこで、$|0\rangle$ にアダマール行列 H を適用して入力を $\frac{1}{\sqrt{2}}(|0\rangle + |1\rangle)$ にし、出力に再度アダマール行列 H を適用することで位相反転エラーが発生したかどうか確認します。

位相反転エラーが発生しない場合

$$
\begin{aligned}
|0\rangle \quad & \xrightarrow{H} \quad \frac{1}{\sqrt{2}}(|0\rangle + |1\rangle) \\
& \xrightarrow{\text{エラーなし}} \quad \frac{1}{\sqrt{2}}(|0\rangle + |1\rangle) \\
& \xrightarrow{H} \quad |0\rangle
\end{aligned}
$$

位相反転エラーが発生する場合

$$
\begin{aligned}
|0\rangle \quad & \xrightarrow{H} \quad \frac{1}{\sqrt{2}}(|0\rangle + |1\rangle) \\
& \xrightarrow{\text{位相反転エラー}} \quad \frac{1}{\sqrt{2}}(|0\rangle - |1\rangle) \\
& \xrightarrow{H} \quad |1\rangle
\end{aligned}
$$

位相反転エラーが発生しない場合は量子状態が $|0\rangle$ になり、位相反転エラーが発生する場合は量子状態が $|1\rangle$ になります。これを測定すれば位相反転エラーが発生したかどうか確認できます。引き続き、エラー率 $p = 0.1$ とします。具体的な量子回路は**図 10.17** のようになります。

図 10.17：位相反転エラーがある量子回路

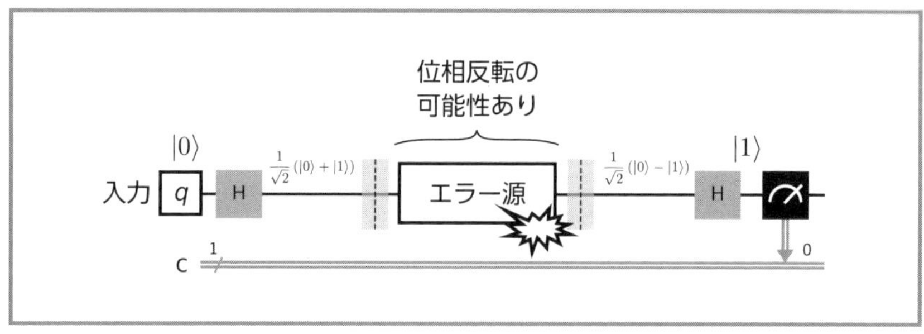

図 10.17 を実装したものが、**リスト 10.12** です。

リスト 10.12：位相反転エラーがある量子回路のプログラム

```
from qiskit import QuantumCircuit, Aer, execute
from qiskit.providers.aer.noise import NoiseModel
from qiskit.providers.aer.noise.errors.standard_errors import pauli_error

# ノイズモデルの設定
model = NoiseModel()
error = pauli_error([("I", 0.9), ("Z", 0.1)])
model.add_all_qubit_quantum_error(error, ["id"])

# 量子回路の初期化
circuit = QuantumCircuit(1, 1)
circuit.h(0)
circuit.barrier()

# エラー発生
circuit.id(0)
circuit.barrier()

# 測定
circuit.h(0)
circuit.measure(0, 0)

# 実行と結果取得
backend = Aer.get_backend("qasm_simulator")
job = execute(circuit, backend, shots=1000, noise_model=model, optimization_level=0)
result = job.result()
print(result.get_counts(circuit))
```

リスト 10.1 と異なる点を中心に説明します。

ノイズモデルの設定

7行目で`pauli_error`関数を使って、具体的なエラー設定を作成しています。**リスト10.1**では、ビット反転エラーをシミュレートするためにノイズモデルにパウリ行列Xを使いました。今回は位相反転エラーをシミュレートするため、パウリ行列Zを使います。

量子回路の初期化

12行目でアダマール行列Hを使い、$|0\rangle$を$\frac{1}{\sqrt{2}}(|0\rangle + |1\rangle)$に変化させています。

測定

20行目でアダマール行列Hを使います。位相反転エラーの発生有無によって$|0\rangle$または$|1\rangle$に変化します。

このプログラムを実行すると**リスト10.13**のような結果を出力します。確率的にエラーが発生するため、実行する毎に結果の回数が変化します。

リスト10.13：実行結果

```
{'1': 101, '0': 899}
```

おおよそ確率0.9で0が得られ、確率0.1で1を得ており、エラー率$p = 0.1$と整合しています。

確率分布を表示すると、**図10.18**のようになります。

図 10.18：位相反転エラーがある量子回路の確率分布

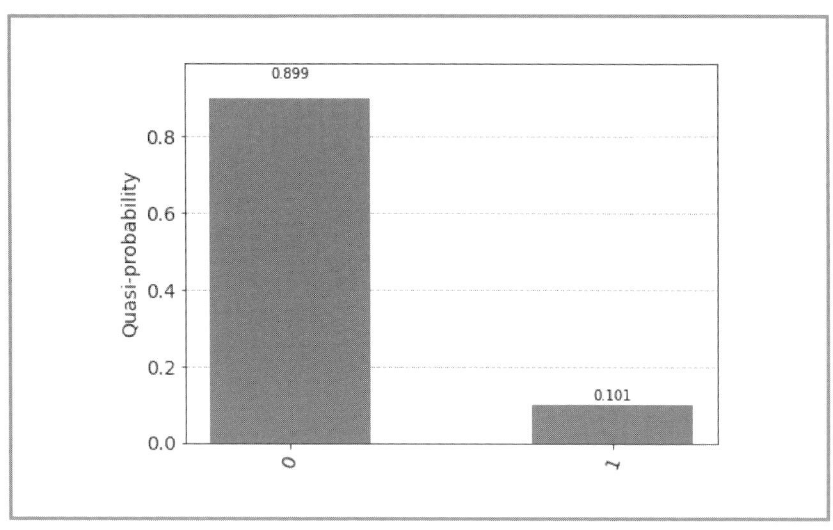

位相反転エラーは**図 10.14** の量子回路では誤り訂正できません。しかし、**図 10.14** の量子回路を少し修正すれば、位相反転エラーを誤り訂正できます。

図 10.17 の量子回路を見ると、入力が $|0\rangle$ で、出力は次のようになっています。

- 位相反転エラーが発生しない場合、$|0\rangle$ を出力
- 位相反転エラーが発生した場合、$|1\rangle$ を出力

エラー発生有無による入力と出力の関係を見ると、**図 10.17** の量子回路と**図 10.1** と量子回路は同じです。そこで、**図 10.1** の誤り訂正を行う量子回路（**図 10.14**）のエラー源の部分を**図 10.17** の量子回路に置き換えれば、位相反転エラーを誤り訂正できます。

図 10.19：位相反転エラーを誤り訂正する量子回路

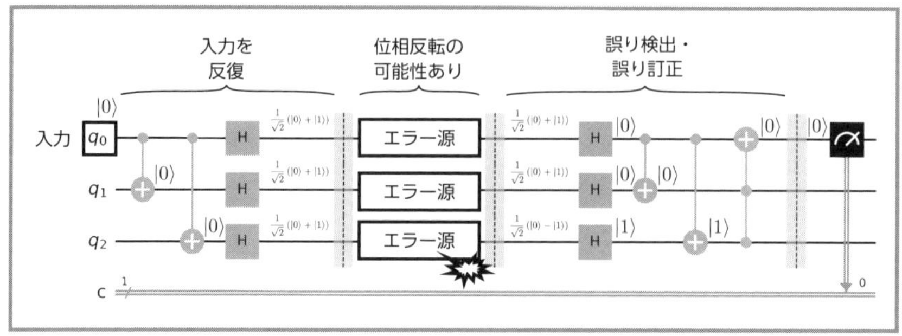

この回路はアダマール行列 H を適用する箇所で $|0\rangle \leftrightarrow \frac{1}{\sqrt{2}}(|0\rangle + |1\rangle)$、$|1\rangle \leftrightarrow \frac{1}{\sqrt{2}}(|0\rangle - |1\rangle)$ という変換が行われるため、**図 10.14** の誤り訂正の方法が使えるようになっています。

図 10.19 を実装したものが、**リスト 10.14** です。

リスト 10.14：位相反転エラーを誤り訂正するプログラム

```
from qiskit import QuantumCircuit, Aer, execute
from qiskit.providers.aer.noise import NoiseModel
from qiskit.providers.aer.noise.errors.standard_errors import pauli_error

# ノイズモデルの設定
model = NoiseModel()
error = pauli_error([("I", 0.9), ("Z", 0.1)])
model.add_all_qubit_quantum_error(error, ["id"])

# 量子回路の初期化
#circuit = QuantumCircuit(5, 3)
circuit = QuantumCircuit(3, 1)

# 量子状態の反復とアダマール行列の適用
circuit.cx(0, [1, 2])
```

```
16 circuit.h([0, 1, 2])
17 circuit.barrier()
18
19 # エラー発生
20 circuit.id([0, 1, 2])
21 circuit.barrier()
22
23 # 誤り検出・誤り訂正
24 circuit.h([0, 1, 2])
25 circuit.cx(0, 1)
26 circuit.cx(0, 2)
27 circuit.ccx(1, 2, 0)
28 circuit.barrier()
29
30 # 測定
31 circuit.measure(0, 0)
32
33 # 実行と結果取得
34 backend = Aer.get_backend("qasm_simulator")
35 job = execute(circuit, backend, shots=1000, noise_model=model,
   optimization_level=0)
36 result = job.result()
37 print(result.get_counts(circuit))
```


リスト 10.10 と異なる点を中心に説明します。

量子状態の反復とアダマール行列の適用

16 行目で、反復した量子状態にアダマール行列 H を適用します。

誤り検出・誤り訂正

24 行目で、エラー源から出力された量子状態にアダマール行列 H を適用します。

このプログラムを実行すると**リスト 10.15** のような結果を出力します。確率的にエラーが発生するため、実行する毎に結果の回数が変化します。

リスト 10.15：実行結果

```
{'1': 26, '0': 974}
```

確率分布を表示すると、**図 10.20** のようになります。

図 10.20：位相反転エラーを誤り訂正する量子回路の確率分布

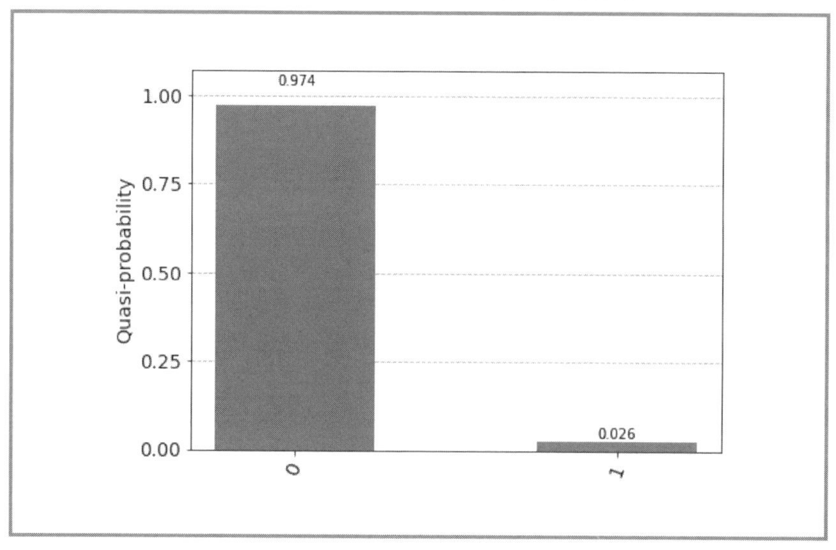

エラー率 $p = 0.1$ で位相反転エラーが発生するノイズモデルで、確率 0.974 で $|0\rangle$ となりました。理論値 0.972 とほぼ一致しています。

初期値が $|0\rangle$ と $|1\rangle$ のケースについて話をしてきましたが、初期値を $a|0\rangle + b|1\rangle$（任意の量子状態）にしても位相反転エラーを誤り訂正できます。量子回路の初期値を $a|0\rangle + b|1\rangle$ にして確認してみてください。

本節で紹介したケースは、位相反転エラーを誤り訂正できる1論理量子ビットを実現するために、3物理量子ビットを必要としました。

10.5　ショア符号

さて、前節までにビット反転エラーと位相反転エラーの誤り訂正ができました。そこで次は、**図10.21**の状況を想定し、ビット反転エラーと位相反転エラーが両方発生する可能性があるエラー源に対して誤り訂正をしてみましょう。

図10.21：ビット反転エラーまたは位相反転エラーがある量子回路

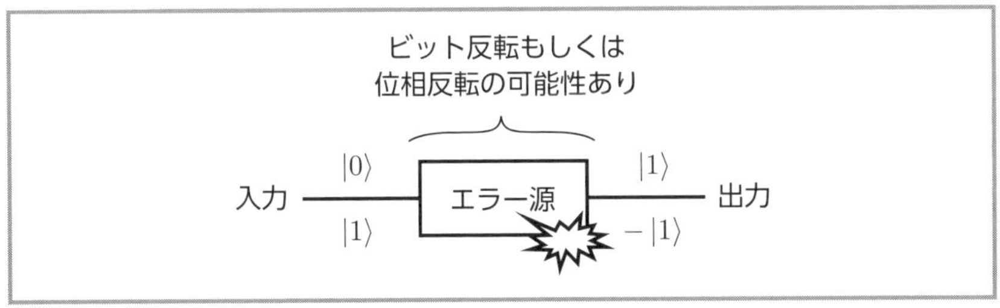

この誤り訂正はまったく新しい誤り訂正を考える必要はなく、ビット反転エラーの誤り訂正と位相反転エラーの誤り訂正を連結して実現できます。

量子状態を反復

位相反転エラーに対応するための反復を行い、次にビット反転エラーに対応するための反復を行います。二段階で量子状態を3倍に反復するため、1量子ビット→3量子ビット→9量子ビットというように、反復する毎に量子ビットが増加します。

誤り検出・誤り訂正

エラー源からの出力に対して、ビット反転エラーに対応するための誤り検出・誤り訂正を行い、次に位相反転エラーに対応するための誤り検出・誤り訂正を行います。

まとめると、**図 10.22** のような量子回路になります。

- q_0、q_3、q_6 だけに着目すると、位相反転エラーの誤り訂正になっている
- q_0、q_1、q_2 の H ゲートに挟まれた部分だけに着目すると、ビット反転エラーの誤り訂正になっている
- q_3、q_4、q_5 の H ゲートに挟まれた部分だけに着目すると、ビット反転エラーの誤り訂正になっている
- q_6、q_7、q_8 の H ゲートに挟まれた部分だけに着目すると、ビット反転エラーの誤り訂正になっている

図 10.22：ショア符号による誤り訂正の量子回路

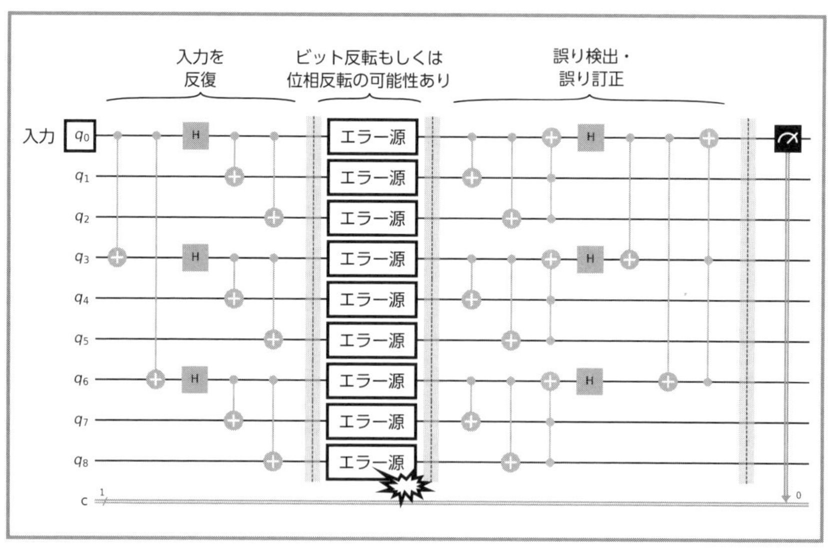

この誤り訂正の方法は、発見者の名前にちなんで**ショア符号**（Shor code）と呼ばれています。入力を変えたり、エラーの種類を変えても、1量子ビットの誤り訂正ができることを確認してみてください。

図10.22を実装したものが、**リスト10.16**です。

リスト10.16：ショア符号による誤り訂正のプログラム

```
from qiskit import QuantumCircuit, Aer, execute
from qiskit.providers.aer.noise import NoiseModel
from qiskit.providers.aer.noise.errors.standard_errors import pauli_error

# ノイズモデルの設定
model = NoiseModel()
error = pauli_error([("I", 0.9), ("X", 0.05), ("Z", 0.05)])
model.add_all_qubit_quantum_error(error, ["id"])

# 量子回路の初期化
circuit = QuantumCircuit(9, 1)

# 量子状態の反復とアダマール行列の適用
circuit.cx(0, [3, 6])
circuit.h([0, 3, 6])
circuit.cx(0, [1, 2])
circuit.cx(3, [4, 5])
circuit.cx(6, [7, 8])
circuit.barrier()

# エラー発生
circuit.id([0, 1, 2, 3, 4, 5, 6, 7, 8])
circuit.barrier()

# 誤り検出・誤り訂正
circuit.cx(0, [1, 2])
circuit.ccx(1, 2, 0)
circuit.cx(3, [4, 5])
```

```
29 circuit.ccx(4, 5, 3)
30 circuit.cx(6, [7, 8])
31 circuit.ccx(7, 8, 6)
32 circuit.h([0, 3, 6])
33 circuit.cx(0, [3, 6])
34 circuit.ccx(3, 6, 0)
35 circuit.barrier()
36
37 # 測定
38 circuit.measure(0, 0)
39
40 # 実行と結果取得
41 backend = Aer.get_backend("qasm_simulator")
42 job = execute(circuit, backend, shots=1000, noise_model=model,
   optimization_level=0)
43 result = job.result()
44 print(result.get_counts(circuit))
```

リスト 10.10 や**リスト 10.14** と異なる点を中心に説明します。

ノイズモデルの設定

6-8 行目でノイズモデルを設定しています。7 行目で `pauli_error` 関数を使い、ビット反転エラーに相当するパウリ行列 X と位相反転エラーに相当するパウリ行列 Z を設定します。

量子回路の初期化

11 行目で量子回路を初期化しています。誤り訂正に必要なため、9 量子ビットを初期化します。

量子状態の反復とアダマール行列の適用

14-18 行目で、二段階に反復しています。14-15 行目で位相反転エラーに対応する反復を行い、16-18 行目でビット反転エラーに対応する反復を行っています。

誤り検出・誤り訂正

26-34 行目で、二段階の誤り検出・誤り訂正を行っています。26-32 行目で位相反転エラーに対応する誤り検出・誤り訂正を行い、33-34 行目でビット反転エラーに対応する誤り検出・誤り訂正を行っています。

このプログラムを実行すると**リスト 10.17** のような結果を出力します。確率的にエラーが発生するため、実行する毎に結果の回数が変化します。

リスト 10.17：実行結果

```
{'1': 44, '0': 956}
```

確率分布を表示すると、**図 10.23** のようになります。

図 10.23：ショア符号による誤り訂正の量子回路の確率分布

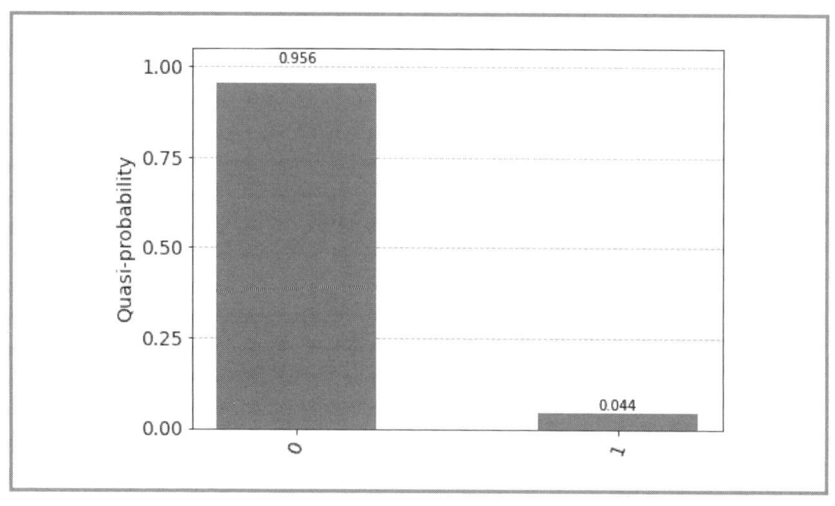

これで1量子ビットのビット反転エラーと位相反転エラーに対応する誤り訂正ができました。1量子ビットのエラーは他にどのような種類があって、どのような誤り訂正を行えばよいのでしょうか。これではキリがないように思えます。

実はショア符号は任意の1量子ビットのエラーを誤り訂正できることが証明されていて、この量子回路で十分です。詳しく知りたい方は、参考文献[7][9][10]を参照してください。

本章で紹介したように、量子誤り訂正を行うにはいくつか制約がありました。ショア符号はこれらの制約を次のように回避しています。

①量子状態を複製できない

複製はできませんが、CNOTを利用して複製と似たようなことを実現しました。これにより、1つの量子ビットに誤りが生じても、誤り訂正ができるようになりました。

②アナログなエラーが発生する

誤り訂正の過程で測定を使わず、アナログなエラーを訂正できるようにしました。ビット反転エラーや位相反転エラーだけでなく、任意の1量子ビットのエラーに対して誤り訂正が可能になりました。

③測定すると量子状態が変化してしまう

CNOTとCCNOTをうまく使うことで、測定せずに誤り訂正できました。もちろん、測定していないため、q_0にエラーが発生したかどうか知ることはできません。

ショア符号では、任意の1量子ビットのエラーを誤り訂正できる1論理量子ビットを実現するために、9物理量子ビットを必要としました。

一方、古典コンピュータは、任意の1ビットのエラーを誤り訂正できる1論理量子ビットを実現するのに、3物理ビットしか必要としません。このように、量子コンピュータの誤り訂正は、古典コンピュータと比べると大きな冗長性が要求されています。

10.6 発展：量子誤り訂正の重要性

ショア符号を実行するためには9量子ビットを必要としました。その後の研究により、5量子ビットで任意の1量子ビットのエラーを誤り訂正する方法が発見されています。また、任意の1量子ビットのエラーに対して誤り訂正するには、少なくとも5量子ビットが必要なことも証明されています。

本章ではエラー源のみでエラーが発生する前提で進めました。しかし、実際の量子コンピュータで誤り訂正しようとすると、誤り訂正に使うCNOT等でも誤りが発生します。そのため、誤り訂正するために誤り訂正が必要になり、さらに量子回路が大きくなります。これを繰り返していると、際限なく誤り訂正が必要となり、現実的には実装できなくなる可能性があります。

この問題に回答を与えたのが**しきい値定理**（threshold theorem）と呼ばれるものです。しきい値定理によれば、エラー率があるしきい値を下回れば、際限のない誤り訂正は不要です。そのため、量子コンピュータのハードウェア開発では、量子ビット数を増やすだけでなく、エラー率を下げることも重要視されています。

本書の執筆時点では、量子コンピュータで大きな計算が可能な1論理量子ビットを実現するためには、約1万物理量子ビット必要と言われています。また、実際の量子コンピュータで安定した1論理量子ビットを長時間持続することはできていません。量子誤り訂正が実際に動作し、大きな計算ができる規模の論理量子ビットが実現するのは、まだ先の話です。

エラー率の低下や、効率の良い量子誤り訂正アルゴリズムの提案などにより、必要な物理量子ビットを減らせれば実現に近づきます。大きな計算ができる量子コンピュータを作るために量子誤り訂正は欠かせない技術であり、活発に研究されています。量子誤り訂正についてもっと詳しく知りたい方は、参考文献［7］［9］［10］［11］を参照してください。

第 11 章
ドイッチュのアルゴリズム

$$|\varphi\rangle = \begin{pmatrix} a \\ b \end{pmatrix} \in \mathbb{C}^2$$

11.1 この章で学ぶこと

「古典コンピュータはどんな計算ができるのか」という計算原理は、1936年にチューリング（Alan M. Turing）によって定式化されました[*1]。これは、**チューリングマシン**（Turing machine）と呼ばれ、情報科学の基本的な理論のひとつとなっています。一方、量子コンピュータの計算原理は、1985年にドイッチュ（David Deutsch）により**量子チューリングマシン**（quantum Turing machine）として定式化されました[*2]。

また、ドイッチュは量子チューリングマシンを考察し、「ある意味」で古典コンピュータより高速に計算できる量子コンピュータのアルゴリズムを発見しました。それが本章で説明する**ドイッチュのアルゴリズム**（Deutsch's algorithm）です。

11.2 定数関数とバランス関数

まず、ドイッチュのアルゴリズムを理解するために必要な用語を説明します。

関数 $f:\{0,1\}\to\{0,1\}$ について、どの入力 $x\in\{0,1\}$ に対しても出力 $f(x)$ が同じ値になるとき、f を**定数関数**（constant function）と呼

＊1　A. M. Turing, "On Computable Numbers with an Application to the Entscheidungsproblem", *J. of Math* 58.345-363 (1936): 5.

＊2　D. Deutsch, "Quantum theory, the Church–Turing principle and the universal quantum computer", *Proceedings of the Royal Society of London. A. Mathematical and Physical Sciences* 400.1818 (1985): 97-117.

びます。また、「$f(x)=0$ となる入力 x の個数」と「$f(x)=1$ となる入力 x の個数」が等しいとき、f を**バランス関数**（balance function）と呼びます。

関数 $f:\{0,1\}\to\{0,1\}$ は全部で 4 種類あり、定数関数とバランス関数に分類すると**表 11.1** のようになります[*3]。また、定数関数とバランス関数はそれぞれ**図 11.1** と**図 11.2** のようなイメージです。

表 11.1：関数 $f:\{0,1\}\to\{0,1\}$ の種類

関数名	$f(0)$ の値	$f(1)$ の値	定数関数 or バランス関数
f_{00}	0	0	定数関数
f_{01}	0	1	バランス関数
f_{10}	1	0	バランス関数
f_{11}	1	1	定数関数

図 11.1：定数関数の例

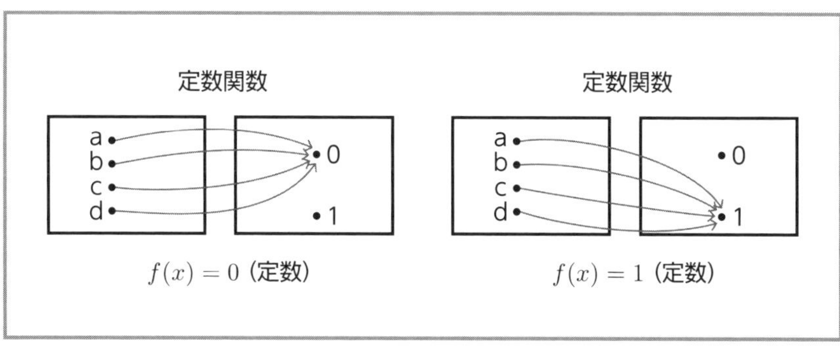

＊3　関数 $\{0,1\}\to\{0,1\}$ は定数関数かバランス関数のいずれかになります。しかし、関数 $\{0,1,2\}\to\{0,1\}$ のような一般の関数を考えると、定数関数とバランス関数のどちらでもない関数もあります。

図 11.2：バランス関数の例

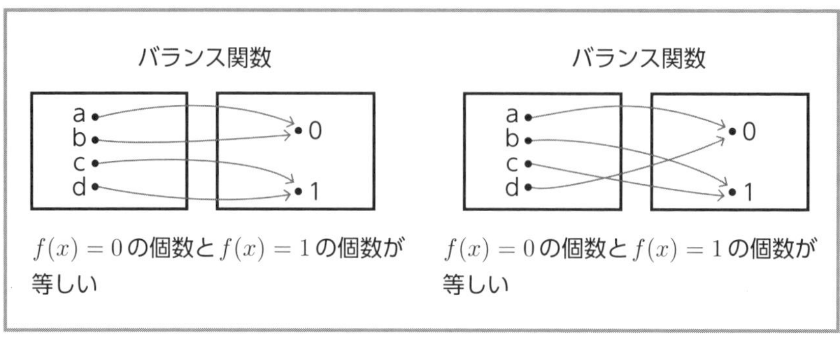

各関数が本当に定数関数なのか、それともバランス関数なのか、確認してみましょう。

f_{00} はどんな入力 x に対しても $f_{00}(x) = 0$ であるため、定数関数です。また、f_{11} はどんな入力 x に対しても $f_{11}(x) = 1$ であるため、これも定数関数です。

f_{01} は $f_{01}(x) = 0$ となる 入力 x が 1 個、$f_{01}(x) = 1$ となる 入力 x が 1 個であるため、バランス関数です。同様に、f_{10} もバランス関数です。

これで、**表 11.1** の内容を確認できました。

ドイッチュのアルゴリズムでは、この定数関数とバランス関数という概念を使います。

11.3 ドイッチュのアルゴリズムが解く問題

第 8 章で説明した、「具体的な関数の形は分からないけれど実行はできる関数」であるオラクルを使い、次の問題を考えます。

問題 11.1

オラクル $f:\{0,1\}\to\{0,1\}$ が、定数関数またはバランス関数のどちらかであるとする。最低何回 f を実行すれば、f が定数関数かバランス関数か判定できるか。

ドイッチュのアルゴリズムを利用して量子コンピュータで計算すると、この問題は「ある意味で」古典コンピュータより高速に解けます。この「ある意味で」がどういう意味かは、後ほど説明します。

11.4　古典コンピュータで解く場合

最初に、古典コンピュータでの解き方を考えてみましょう。f を表す古典回路は**図 11.3** のようになります。

図 11.3：f を表す古典回路

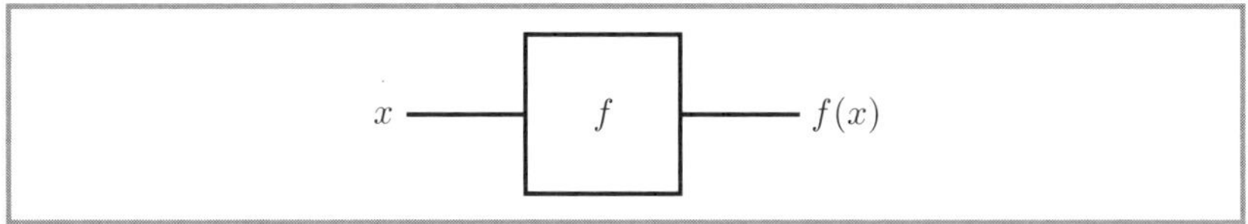

古典コンピュータを使って問題 11.1 を解く場合、f を何回実行すればよいでしょうか。「$f(x)=0$ となる入力 x の個数」と「$f(x)=1$ となる入力 x の個数」を比べれば、定数関数かバランス関数か分かります。いくつかの x について、$f(x)$ を実行した結果を見てみましょう。

まず、1 回実行しただけで判定できるか確認してみます。f に 0 を入力してみましょう。実行結果が $f(0)=0$ だった場合、**表 11.1** を見ると f は f_{00}（定数関数）または f_{01}（バランス関数）のいずれかになります。

第11章 ドイッチュのアルゴリズム

f の候補が 2 つありますが、どちらも入力 0 に対して出力が 1 になるため、この時点では f が f_{00} なのか f_{01} なのか判定できません（**図 11.4**）。

図 11.4：古典コンピュータは、1 回のオラクルの実行では定数関数かバランス関数か判定できない

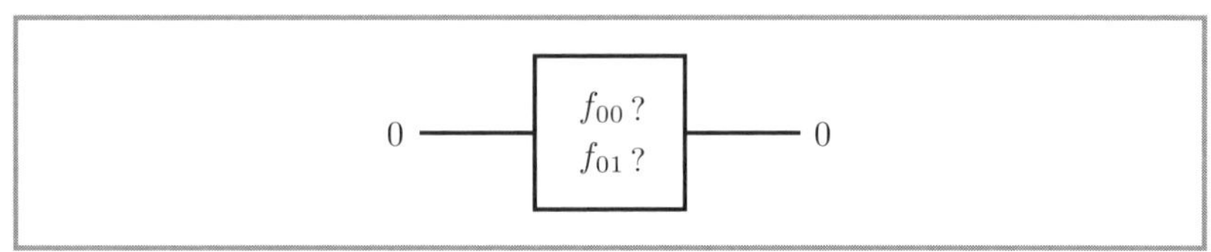

さらに、$f(1)$ を実行すれば f を決定できるため、オラクル f を 2 回実行すれば、定数関数かバランス関数か判定できます（すべての入力パターンを確認しているため、当たり前ではありますが）。

1 回目の実行結果が $f(0) = 1$ だった場合はどうでしょうか。**表 11.1** を見ると f は f_{10}（バランス関数）または f_{11}（定数関数）となります。さきほどの議論と同じく、この時点では定数関数かバランス関数か判定できません。オラクルを 2 回実行すると判定できます。

同じように、最初に 0 ではなく 1 を入力した場合も、定数関数かバランス関数か判定するには f を 2 回実行する必要があることが分かります（確認してみてください）。

このアルゴリズムをフローチャートで表現したものが**図 11.5** です。

図 11.5：定数関数かバランス関数か判定するフローチャート

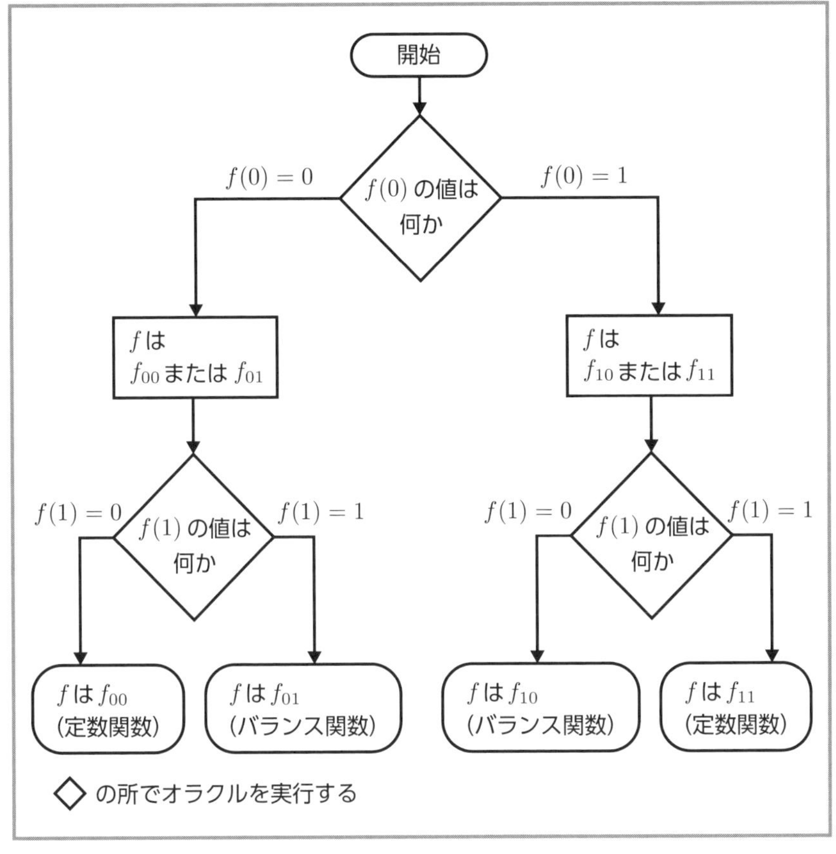

古典コンピュータを使って問題 11.1 を解く場合、オラクル f が何であっても 2 回実行する必要があります。

後で示すように、量子コンピュータを使うとオラクル f を 1 回実行するだけで問題 11.1 を解けます。これがドイッチュのアルゴリズムです。この章の冒頭で、「ある意味で」高速と表現しましたが、これは「少ないオラクルの実行回数で判定できる」という意味です。

11.5 補助量子ビットによる拡張

量子コンピュータを利用するために、オラクル f を量子回路で実行する必要があります。第8章で説明したように量子コンピュータで実行できる演算（ユニタリ発展）はユニタリ行列で表せる必要があります。しかし、$f_{00}(x) = 0$ のときに $x = 0$ か $x = 1$ か決定できないため、$f_{00}(x)$ の値から x を特定できません。そのため、f_{00} は可逆ではなく、ユニタリ行列で表せません（**図 11.6**）。このような関数を量子コンピュータで実行するには、工夫が必要です。

図 11.6：f_{00} は可逆でない

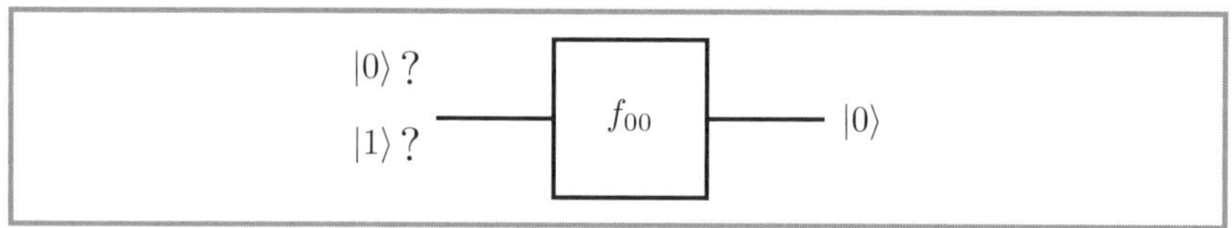

そこで、補助量子ビット $|y\rangle$ を追加し、量子ビット $|x\rangle$ が変化しない量子回路を考えます（**図 11.7**）。

図 11.7：補助量子ビットを加えた量子回路

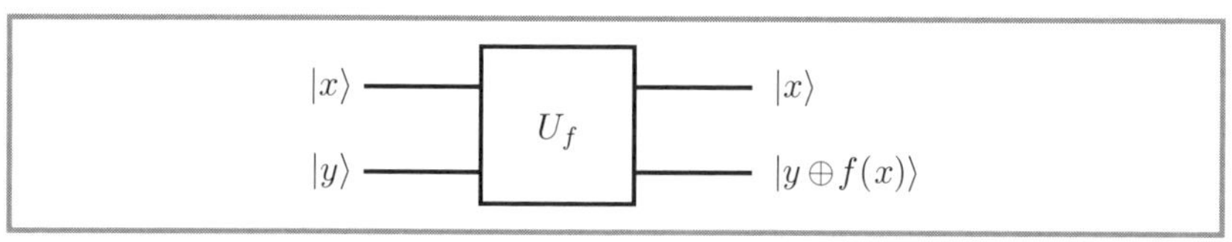

これを数式で書くと、$U_f(|x\rangle |y\rangle) = |x\rangle |y \oplus f(x)\rangle$ となります。「$\oplus$」は第8章で説明した排他的論理和です。

$x = 0$ のとき、f_{00} に対応するオラクルを計算すると、次のようになります。

$$\begin{aligned}U_{f_{00}}(|x\rangle|y\rangle) &= U_{f_{00}}(|0\rangle|y\rangle) = |0\rangle|y \oplus f_{00}(0)\rangle = |0\rangle|y \oplus 0\rangle \\ &= |0\rangle|y\rangle = |x\rangle|y\rangle\end{aligned}$$

また、$x = 1$ のとき、f_{00} に対応するオラクルを計算すると、次のようになります。

$$\begin{aligned}U_{f_{00}}(|x\rangle|y\rangle) &= U_{f_{00}}(|1\rangle|y\rangle) = |1\rangle|y \oplus f_{00}(1)\rangle = |1\rangle|y \oplus 0\rangle \\ &= |1\rangle|y\rangle = |x\rangle|y\rangle\end{aligned}$$

そのため、x と y が何であっても $U_{f_{00}}(|x\rangle\,|y\rangle) = |x\rangle\,|y\rangle$ となります。

また、恒等行列 I は、x と y が何であっても $I(|x\rangle\,|y\rangle) = |x\rangle\,|y\rangle$ となります。どんな入力に対しても $U_{f_{00}}$ と I の出力が一致するため、$U_{f_{00}} = I$ です。I はユニタリ行列なので、$U_{f_{00}}$ もユニタリ行列です。したがって、$U_{f_{00}}$ は量子回路で表せます。

実は、**表 11.1** に挙げた4種類の U_f はどれもユニタリ行列として表せます。これらを、量子回路の形で書くと**図 11.8〜図 11.11** のようになります（各量子回路の入力を変えてみて、本当にそうなっていることを確認しておきましょう）。

図 11.8：$U_{f_{00}}$ を表す量子回路

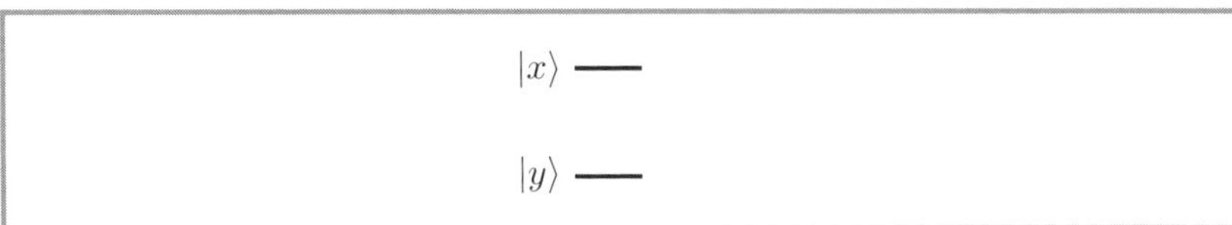

図 11.9：$U_{f_{01}}$ を表す量子回路

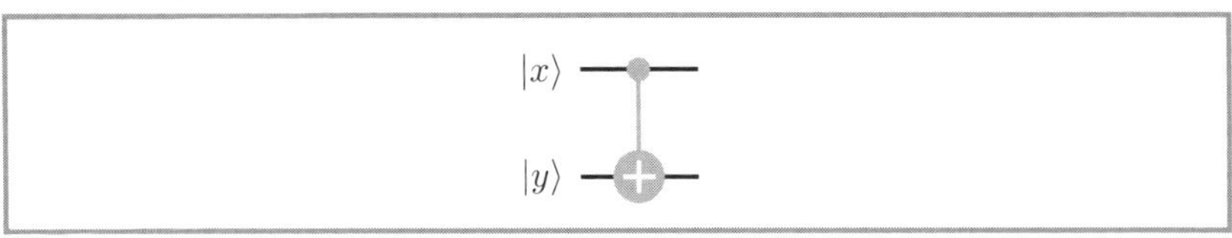

図 11.10：$U_{f_{10}}$ を表す量子回路

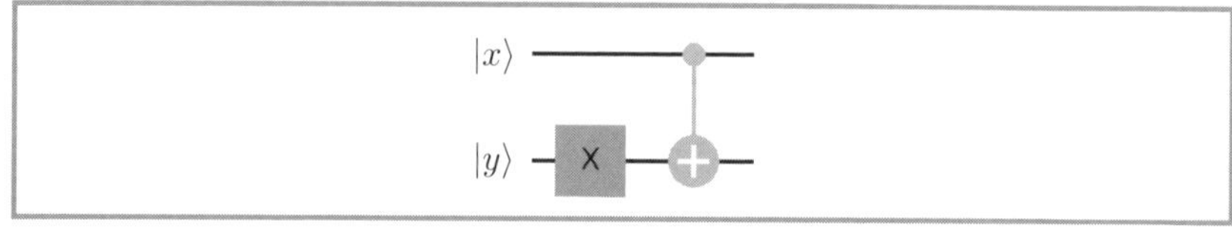

図 11.11：$U_{f_{11}}$ を表す量子回路

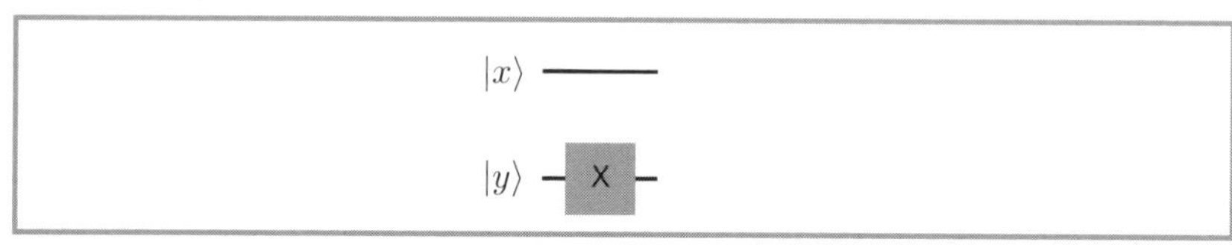

図 11.8 には量子ゲートが登場しませんが、誤記ではなく、何もしないためこのような量子回路になっています。

補助量子ビットを追加することで、可逆でない関数 f を、ユニタリ行列で表せる関数 U_f に拡張できました。ドイッチュのアルゴリズムでは、この U_f を使います。

11.6　ドイッチュのアルゴリズムの方法

説明の準備ができました。それでは、問題 11.1 を解くドイッチュのアルゴリズムを 4 つのステップに分けて説明します。

11.6.1　ステップ1: 重ね合わせ状態を作成する

最初に初期状態 $|0\rangle|0\rangle$ を $X \otimes X$ でユニタリ発展させた後、$H \otimes H$ でユニタリ発展させ、重ね合わせ状態をつくります。これを式で表すと、次のようになります。

$$
\begin{aligned}
|0\rangle|0\rangle \xrightarrow{X\otimes X} & (X\otimes X)(|0\rangle|0\rangle) \\
&= X|0\rangle \otimes X|0\rangle \\
&= |1\rangle \otimes |1\rangle \\
\xrightarrow{H\otimes H} & (H\otimes H)(|1\rangle \otimes |1\rangle) \\
&= H|1\rangle \otimes H|1\rangle \\
&= \frac{1}{\sqrt{2}}(|0\rangle - |1\rangle) \otimes \frac{1}{\sqrt{2}}(|0\rangle - |1\rangle) \\
&= \frac{1}{2}(|0\rangle|0\rangle - |0\rangle|1\rangle - |1\rangle|0\rangle + |1\rangle|1\rangle) \quad \cdots \text{式}\ (1)
\end{aligned}
$$

11.6.2 ステップ2: 重ね合わせ状態に対して U_f を実行する

次に式（1）で作成した重ね合わせ状態に対して、U_f を実行します。

$$
\begin{aligned}
\text{式}\,(1) \quad \xrightarrow{U_f} \quad & \frac{1}{2}\{U_f(|0\rangle\,|0\rangle) - U_f(|0\rangle\,|1\rangle) - U_f(|1\rangle\,|0\rangle) + U_f(|1\rangle\,|1\rangle)\} \\
= \quad & \frac{1}{2}(|0\rangle\,|0 \oplus f(0)\rangle - |0\rangle\,|1 \oplus f(0)\rangle \\
& -|1\rangle\,|0 \oplus f(1)\rangle + |1\rangle\,|1 \oplus f(1)\rangle) \\
= \quad & \frac{1}{2}(|0\rangle\,|f(0)\rangle - |0\rangle\,|1 \oplus f(0)\rangle - |1\rangle\,|f(1)\rangle + |1\rangle\,|1 \oplus f(1)\rangle) \\
& \cdots \text{式}\,(2)
\end{aligned}
$$

古典コンピュータの関数 f は1回の実行に対する入力は1個でしたが、量子コンピュータのユニタリ発展 U_f は重ね合わせ状態を入力にできます。

11.6.3 ステップ3: 関数 U_f の性質を使って計算する

関数 U_f は定数関数またはバランス関数のどちらかです。この性質を使って、式（2）の計算を進めます。

関数 U_f が定数関数の場合

関数 U_f が定数関数の場合、$f(0) = f(1)$ になります。そこで、式 (2) の $f(1)$ を $f(0)$ に置き換え、左側の量子ビットをアダマール行列 H でユニタリ発展させます（量子ビット全体を $H \otimes I$ でユニタリ発展させます)。

$$
\begin{aligned}
\text{式 (2)} &= \frac{1}{2}(|0\rangle|f(0)\rangle - |0\rangle|1 \oplus f(0)\rangle - |1\rangle|f(0)\rangle + |1\rangle|1 \oplus f(0)\rangle) \\
&= \frac{1}{2}\{|0\rangle(|f(0)\rangle - |1 \oplus f(0)\rangle) - |1\rangle(|f(0)\rangle - |1 \oplus f(0)\rangle)\} \\
&= \frac{1}{2}(|0\rangle - |1\rangle)(|f(0)\rangle - |1 \oplus f(0)\rangle) \\
&\xrightarrow{H \otimes I} \frac{1}{\sqrt{2}}|1\rangle(|f(0)\rangle - |1 \oplus f(0)\rangle)
\end{aligned}
$$

この計算結果から分かるように、定数関数の場合は左側の量子ビットが $|1\rangle$ になります。

関数 U_f がバランス関数の場合

関数 U_f がバランス関数の場合、$f(0) \neq f(1)$ になります。そこで、排他的論理和を使うと $f(1) = 1 \oplus f(0)$、$1 \oplus f(1) = f(0)$ であることが分かります。これを使い、式 (2) の $f(1)$ を $1 \oplus f(0)$ に置き換え、$1 \oplus f(1)$ を $f(0)$ に置き換えます。次に左側の量子ビットをアダマール行列 H でユニタリ発展させます（量子ビット全体を $H \otimes I$ でユニタリ発展させます)。

$$
\begin{aligned}
\text{式 (2)} &= \frac{1}{2}(|0\rangle|f(0)\rangle - |0\rangle|1 \oplus f(0)\rangle - |1\rangle|1 \oplus f(0)\rangle + |1\rangle|f(0)\rangle) \\
&= \frac{1}{2}\{|0\rangle(|f(0)\rangle - |1 \oplus f(0)\rangle) + |1\rangle(|f(0)\rangle - |1 \oplus f(0)\rangle)\} \\
&= \frac{1}{2}(|0\rangle + |1\rangle)(|f(0)\rangle - |1 \oplus f(0)\rangle)
\end{aligned}
$$

$$\xrightarrow{H\otimes I} \frac{1}{\sqrt{2}} |0\rangle (|f(0)\rangle - |1 \oplus f(0)\rangle)$$

この計算結果から分かるように、バランス関数の場合は左側の量子ビットが $|0\rangle$ になります。

11.6.4 ステップ4: 測定を行い、定数関数かバランス関数か判定する

ステップ3の結果の左側の量子ビットを測定します。$|1\rangle$ を得れば定数関数、$|0\rangle$ を得ればバランス関数と判定できます。

11.6.5 ステップ1～ステップ4をまとめる

ステップ1からステップ4までを量子回路で表すと**図 11.12** のようになります。

図 11.12：ドイッチュのアルゴリズムの量子回路

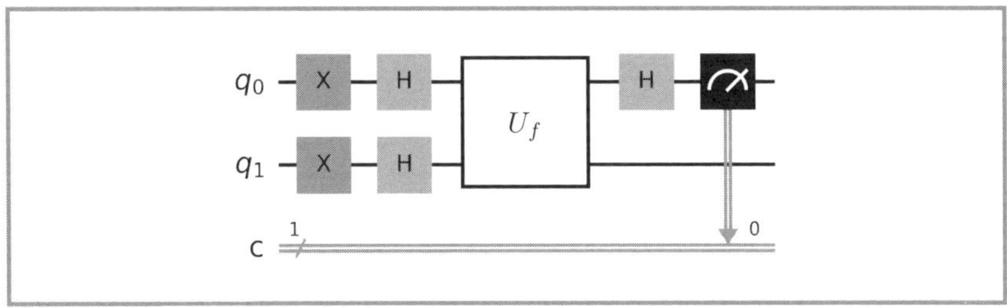

この図からも分かるように、関数 U_f を1回実行するだけで定数関数かバランス関数か判定できます。古典コンピュータだと関数 f を最低2回実行する必要があるため、量子コンピュータの方が少ない実行回数で判定できます。

「少ないオラクルの実行回数で判定できる」という意味で、問題 11.1 は量子コンピュータが古典コンピュータより高速に計算できます。実際に実行した時間を比較するのではなく、あくまでも「判定に必要なオラクルの実行回数」を比較している点は注意が必要です。

11.7 ドイッチュのアルゴリズムのプログラミング

アルゴリズムが分かったところで、実際にプログラミングして実行しましょう。**図11.12**の量子回路を実装したものが**リスト11.1**となります。

リスト11.1：ドイッチュのアルゴリズムの実行と結果取得

```
from qiskit import QuantumCircuit, Aer, execute

#量子回路の初期化
circuit = QuantumCircuit(2, 1)

#パウリX行列を全体に適用
circuit.x([0, 1])
#アダマール行列を全体に適用
circuit.h([0, 1])

#オラクルを実行
Uf00(circuit) #オラクルによって変更すること

#アダマール行列を左の量子ビットに適用
circuit.h(0)

#測定
circuit.measure(0, 0)

#実行と結果取得
backend = Aer.get_backend("qasm_simulator")
job = execute(circuit, backend, shots=1000)
result = job.result()
print(result.get_counts(circuit))
```

12 行目はオラクルによって変更する必要があります。オラクルを**図 11.8〜図 11.11** に沿って実装すると、**リスト 11.2** のようになります。

リスト 11.2：ドイッチュのアルゴリズムのオラクル

```
Uf00を実行（図10.5に対応）
def Uf00(circuit):
  pass

Uf01を実行（図10.6に対応）
def Uf01(circuit):
  circuit.cx(0, 1)

Uf10を実行（図10.7に対応）
def Uf10(circuit):
  circuit.x(1)
  circuit.cx(0, 1)

Uf11を実行（図10.8に対応）
def Uf11(circuit):
  circuit.x(1)
```

オラクル $U_{f_{00}}$ を実装した関数を `Uf00`、オラクル $U_{f_{01}}$ を実装した関数を `Uf01`…としています。

リスト 11.2 に続けて**リスト 11.1** を実行してください（実行する順番に気を付けてください）。この量子回路を実行すると、**リスト 11.3** の測定値を出力します。

リスト 11.3：実行結果

```
{'1': 1000}
```

リスト 11.1 の 12 行目で定数関数 $U_{f_{00}}$ を実行したところ、実行結果は常に1となりました。また、**リスト11.1**の12行目をバランス関数 $U_{f_{01}}$ にすると、実行結果は常に0となります（確認してみてください）。これらは、ステップ4で説明した結果と一致しています。

これで、ドイッチュのアルゴリズムの動作を確認できました。気になる方は、**リスト11.1**の12行目を別の関数に変えて実行してみてください。

11.8 発展：ドイッチュ - ジョザのアルゴリズム

ドイッチュのアルゴリズムを使うと、古典コンピュータではオラクルを2回実行しないと判定できない問題を、量子コンピュータでは1回の実行で判定できました。ただ、古典コンピュータより少ないオラクルの実行回数で計算できるものの、2回が1回になるだけでは効果が薄いように感じます。また、ドイッチュのアルゴリズムは人工的な問題であり、現実の課題への応用は難しく、ただちに量子コンピュータが活躍できるわけではありません。そのためか、1985年のドイッチュのアルゴリズムの発表当時、量子コンピュータは今ほど注目されていなかったようです。

その後、1992年にドイッチュのアルゴリズムを一般化したものがドイッチュ自身とジョザ（Richard Jozsa）により発見されました[*4]。これが**ドイッチュ-ジョザのアルゴリズム**（Deutsch–Jozsa algorithm）です。ドイッチュのアルゴリズムは1量子ビットを入力とする関数の問題ですが、ドイッチュ-ジョザのアルゴリズムは n 量子ビットを入力とした関数の問題です。

＊4　D. Deutsch, R. Jozsa, "Rapid solution of problems by quantum computation", *Proceedings of the Royal Society of London. Series A: Mathematical and Physical Sciences* 439.1907 (1992): 553-558.

問題 11.2

オラクル $f:\{0,1\}^n \to \{0,1\}$ が、定数関数またはバランス関数のどちらかであるとする。最低何回 f を実行すれば、f が定数関数かバランス関数か判定できるか。

この場合、集合 $\{0,1\}$ の要素は2個です。それが n 個あるため、全体で 2^n 個の入力パターンがあります。$n=1$ の場合は、問題11.1に一致し、入力パターンは $2\ (=2^1)$ 個です。

古典コンピュータで何回オラクルを実行すれば判定できるか考えてみましょう。f がバランス関数だった場合は入力パターンの半分が同じ出力になるため、$\frac{2^n}{2}$ 回実行して同じ出力を得たとしても定数関数かバランス関数か判定できないケースがあります。たとえば、$\frac{2^n}{2}$ 回連続で0を出力した場合、定数関数かバランス関数か判定できません。この状況を $n=3$ のケースで可視化したものが**図 11.13** です。

図 11.13：古典コンピュータの場合、$\frac{2^n}{2}$ 回のオラクル実行では判定できない

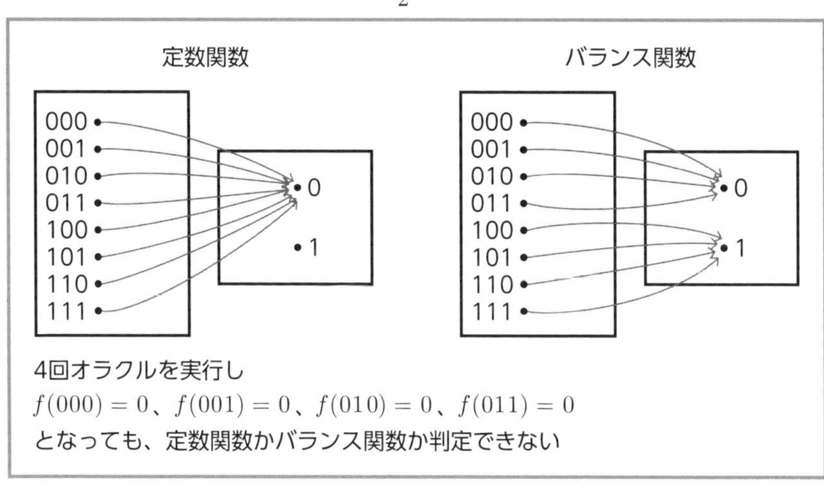

図 11.13 のように入力パターンの過半数を実行してようやく定数関数かバランス関数か判定できるケースがあります。そのため、最悪のケースを考えると、f を $\frac{2^n}{2}+1=2^{n-1}+1$ 回実行する必要があります。

ドイッチュ-ジョザのアルゴリズムはドイッチュのアルゴリズムに似ています。$n=2$ でのドイッチュ-ジョザのアルゴリズムの量子回路は **図 11.14** のようになります。

図 11.14：ドイッチュ-ジョザのアルゴリズムの量子回路

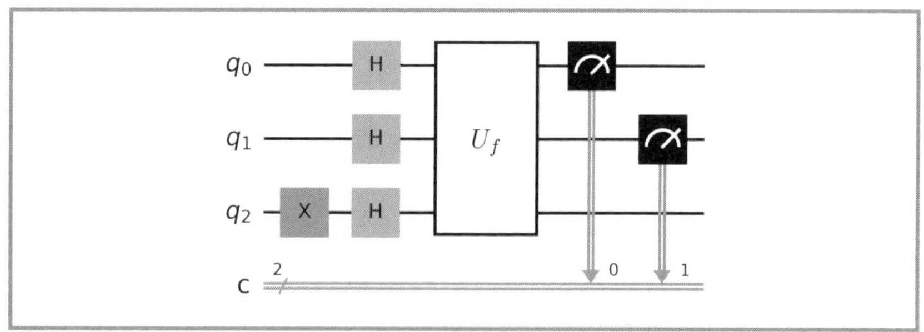

証明は省略しますが、ドイッチュ-ジョザのアルゴリズムを使うと、最後に測定して得られる値が $|00\rangle$ なら定数関数、それ以外ならバランス関数だと判定できます（**図 11.14** の量子回路で確認してみましょう）。n が大きくなった場合は、利用する量子ビットと古典ビットの数を増やします。ドイッチュ-ジョザのアルゴリズムを使うと、n がどんなに大きくてもオラクル U_f を 1 回実行するだけで判定できます。n が大きくなるほど実行回数の差は大きく、指数関数的に広がっていきます（**表 11.2**）。

表 11.2：定数関数かバランス関数かの判定に必要なオラクルの実行回数

利用するコンピュータ	オラクルの実行回数
古典コンピュータ	$2^{n-1}+1$ 回
量子コンピュータ	1 回

ただし、**表 11.2** の古典コンピュータのオラクルの実行回数は最悪値です。実際には、オラクルを $2^{n-1}+1$ 回実行する前に定数関数かバランス関数か判別できる可能性が高いです。

ドイッチュ - ジョザのアルゴリズムについて詳しく知りたい方は、参考文献［6］［8］［9］［10］［11］［15］を参照してください。

第12章
グローバーのアルゴリズム

$$|\varphi\rangle = \begin{pmatrix} a \\ b \end{pmatrix} \in \mathbb{C}^2$$

12.1 この章で学ぶこと

第11章では、ある意味で古典コンピュータより高速なドイッチュのアルゴリズムを紹介しました。しかし、ドイッチュのアルゴリズムは人為的に設定した問題であり、実用的な問題ではありませんでした。

量子コンピュータが世の中の役に立つには、古典コンピュータより高速であるだけでなく、実用的な応用がある量子アルゴリズムが必要です(**図1.7**)。20世紀に発見された量子アルゴリズムでは、1994年に発見された**ショアのアルゴリズム**（Shor's algorithm）と1996年に発見された**グローバーのアルゴリズム**（Grover's algorithm）が有名で、どちらも実用的な問題に適用できます。この章では、実用的な問題への応用が知られている**グローバーのアルゴリズム**（Grover's algorithm）[*1]を紹介します。

12.2 グローバーのアルゴリズムとは?

N個のデータがあるとします。この中に目的のデータが1個だけあり、それを検索して見つけたいとします。たとえば、国語辞典であれば、Nは掲載されている単語の数です。国語辞典に掲載されている単語はあいうえお順に並んでいるため、すぐに目的の単語を検索できます（**図12.1**）。データを検索するとき、何かの構造（国語辞典の場合はあいうえお順）に沿って並んでいる場合は、高速で検索できることが多いです。

＊1　Lov K. Grover, "A fast quantum mechanical algorithm for database search", *Proceedings of the twenty-eighth annual ACM symposium on Theory of computing* (1996).

図 12.1：あいうえお順に単語が並んだ国語辞典

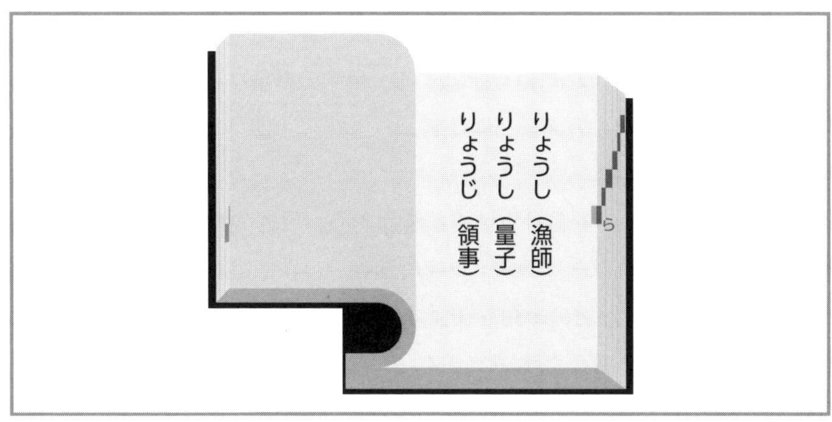

では、ランダムにデータが並んでいたり、検索を高速化できる構造がなかったりする場合は、どのくらいの速度で検索できるでしょうか。国語辞典に掲載されている単語の順番がランダムな場合（**図 12.2**）、目的の単語をどのように検索するか考えてみましょう。

図 12.2：ランダムな順に単語が並んだ国語辞典

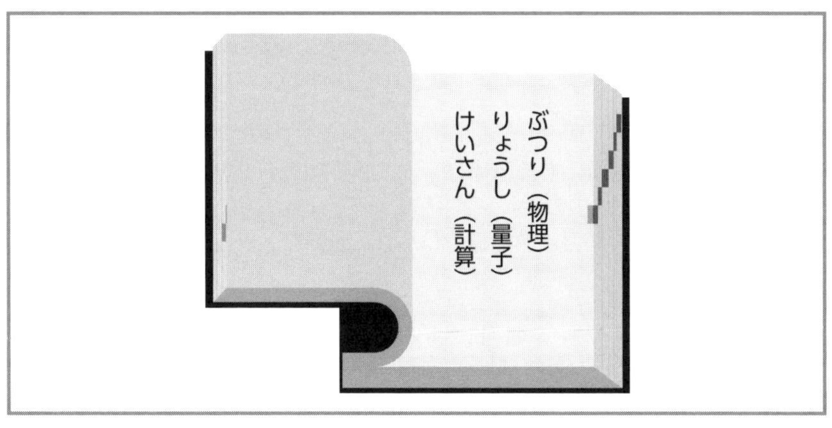

単純な検索方法ですが、次のような手順はどうでしょうか。

- 国語辞典の先頭の単語を確認する。目的の単語なら終了。目的の単語でなければ、次のステップに進む。
- 国語辞典の 2 個目の単語を確認する。目的の単語なら終了。目的の単語でなければ、次のステップに進む。

  ⋮
- 国語辞典の $N-1$ 個目の単語を確認する。目的の単語なら終了。目的の単語でなければ、次のステップに進む。
- 国語辞典の N 個目の単語を確認する。これが、目的の単語になっているため終了（一番運が悪いケース）。

「特定の場所の単語が目的の単語かどうか確認する」という行為を 1 ステップとしたとき、運が良ければ 1 ステップで目的の単語が見つかりますが、運が悪ければ N ステップ必要となります。このように、先頭から順に目的のものが見つかるまで検索することを**線形検索**（linear search）といいます。

目的の単語の位置によってステップ数が異なるため、単語によって必要なステップ数は変わります。しかし、「必要なステップ数の期待値」は次のように求めることができます。

- 目的の単語が先頭にある確率は $\frac{1}{N}$ 。必要なステップ数は 1。
- 目的の単語が 2 個目にある確率は $\frac{1}{N}$ 。必要なステップ数は 2。

  ⋮
- 目的の単語が $N-1$ 個目にある確率は $\frac{1}{N}$ 。必要なステップ数は $N-1$ 。
- 目的の単語が N 個目にある確率は $\frac{1}{N}$ 。必要なステップ数は N 。

したがって、期待値を E とすると、

$$
\begin{aligned}
E &= \frac{1}{N}\cdot 1 + \frac{1}{N}\cdot 2 + \cdots + \frac{1}{N}\cdot(N-1) + \frac{1}{N}\cdot N \\
&= \frac{1}{N}\{1 + 2 + \cdots + (N-1) + N\} \\
&= \frac{1}{N}\cdot\frac{N(N+1)}{2} \quad (1\text{ から }N\text{ までの和が}\frac{N(N+1)}{2}\text{であることを使った}) \\
&= \frac{N+1}{2}
\end{aligned}
$$

となります。線形検索で目的の単語を見つけるには、平均してデータ数の半分程度のステップ数が必要になります。

「後ろの単語から先頭に向かって確認する」「毎回ランダムな場所を確認する」等、検索方法は他にもいろいろ考えることができます。しかし、古典コンピュータで高速化できる構造がないデータを検索する場合、どんなに速くても期待値は「データ数の半分程度のステップ数」より速くならないことが証明されています。

では、量子コンピュータを使った場合はどうでしょうか。実は量子コンピュータの場合は、$\sqrt{N}$ 程度のステップ数で検索できるアルゴリズムが見つかっています。これが、**グローバーのアルゴリズム**（Grover's algorithm）です。

古典コンピュータで N 程度のステップ数だった計算が、グローバーのアルゴリズムでは $\sqrt{N}$ 程度のステップ数になります。各ステップの計算速度を v とすると、計算速度が v から v^2 になるイメージのため、**二次の高速化**（quadratic speedup）と呼ばれています。古典コンピュータで総当たりするしかない計算はグローバーのアルゴリズムで高速化できますが、あいうえお順に並んだ国語辞典のようにデータの構造を利用して古典コンピュータで高速に計算できる場合は、グローバーのアルゴリズムでは高速化できない点に注意してください。

この問題を定式化してみましょう。

問題 12.1

オラクル $f:\{0,1\}^n \to \{0,1\}$ があり、ある $\alpha \in \{0,1\}^n$ に対して次を満たすとする。

$$f(x) = \begin{cases} 1 & (x = \alpha) \\ 0 & (x \neq \alpha) \end{cases}$$

ただし、α の値は分かっていないものとする。このとき、最低何回 f を実行すれば α を決定できるか。

この問題を図示すると、**図 12.3** のようになります。国語辞典から単語を検索する例に当てはめると、次のようになります。

- f の引数 x は国語辞典の掲載場所
- $f(x)$ の値が 1 なら目的の単語
- $f(x)$ の値を確認することは、国語辞典の掲載場所を指定して目的の単語かどうか確認することに相当する

線形検索で x に 1 から順に値を代入しながら α を見つける場合、f を平均して $\dfrac{N+1}{2}$ 回実行する必要があります。

「$f(x)$ が計算できるなら、解 α は分かっているのでは？」という疑問もあるかもしれません。しかし、この $f(x)$ は指定された掲載場所が目的の単語かどうか確認することしかできません。「掲載順が 2 個目の単語を確認する」というような行為が $f(2)$ の値を確認することであり、「α の掲載場所」を知らなくても計算できます。

グローバーのアルゴリズムのアイデアを説明します。数式を使った説明は次節で行います。

図 12.3：グローバーのアルゴリズムのオラクル

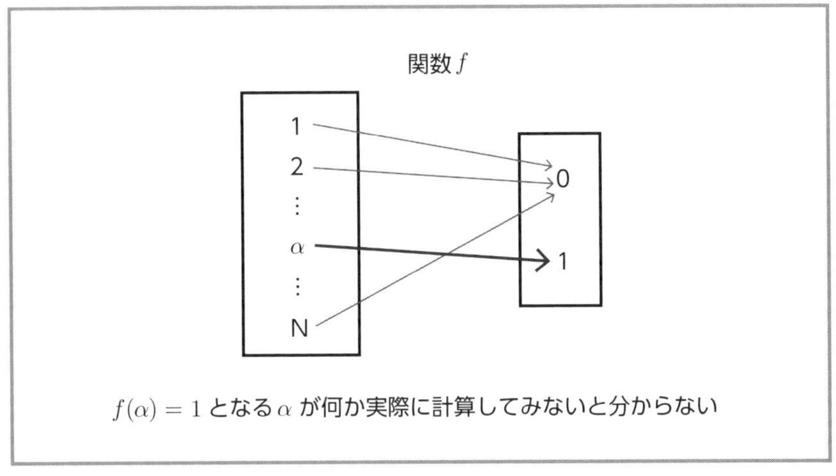

- ステップ 1（重ね合わせ状態を作成）：すべての入力 $x \in \{0,1\}^n$ の重ね合わせ状態を作る。この状態ではすべての x が同じ確率で重ね合わせ状態になっている（**図 12.4**）
- ステップ 2（選択的回転）：オラクル f を適用し、解 α をマーキングする（**図 12.5**）
- ステップ 3（拡散変換）：α を測定する確率を増幅させる。これにより、重ね合わせ状態に対してオラクル f を実行したときに α を測定する確率が高くなる（**図 12.6**）
- ステップ 4（繰り返し実行）：ステップ 2 とステップ 3 を繰り返し、α を測定する確率を 1 に十分近いところまで増幅させる（**図 12.7**）

第 1 章で量子コンピュータの計算イメージとして、「測定したときに目的の計算結果を得る確率が高くなるように演算を行います」という説明をしました（**図 1.4**）。グローバーのアルゴリズムはこれを実践しているアルゴリズムです。**図 12.4** ではどの値も等確率ですが、**図 12.7** では解を測定する確率が高くなるようになっています。

図 12.4：ステップ 1 重ね合わせ状態を作成（すべて同じ確率）

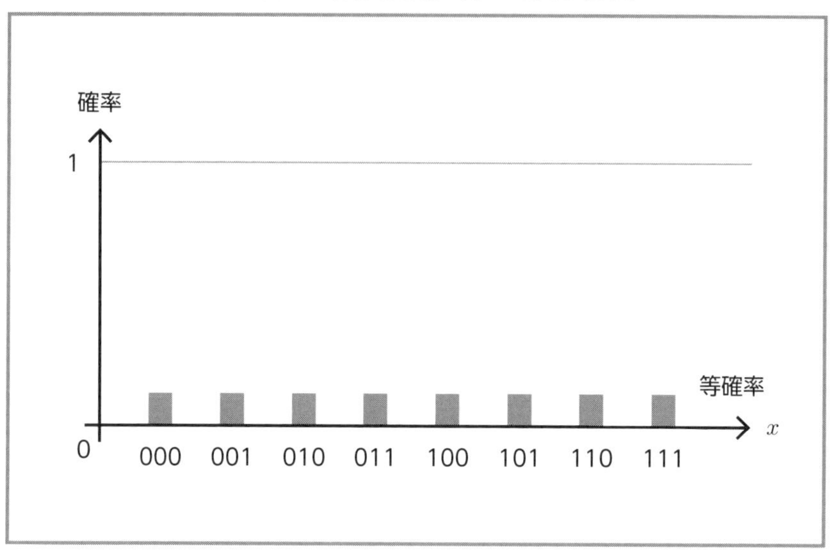

図 12.5：ステップ 2 解 α をマーキング

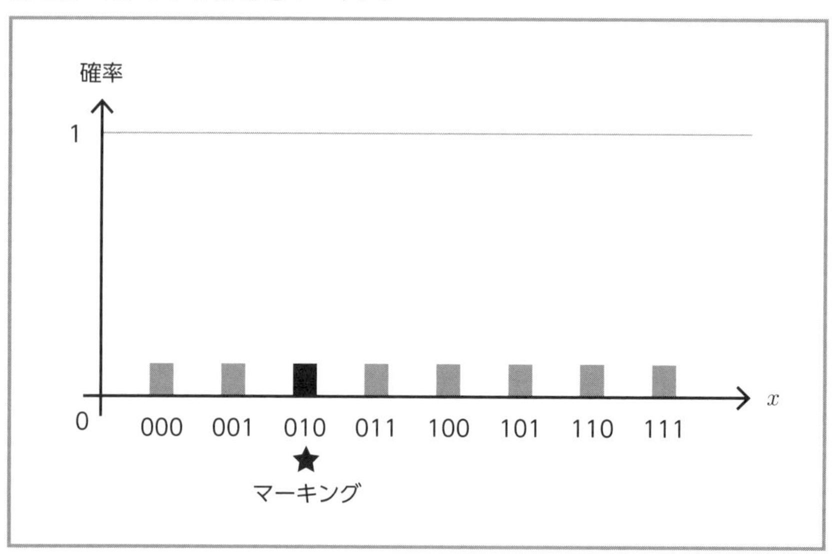

図 12.6：ステップ 3　α を測定する確率を増幅

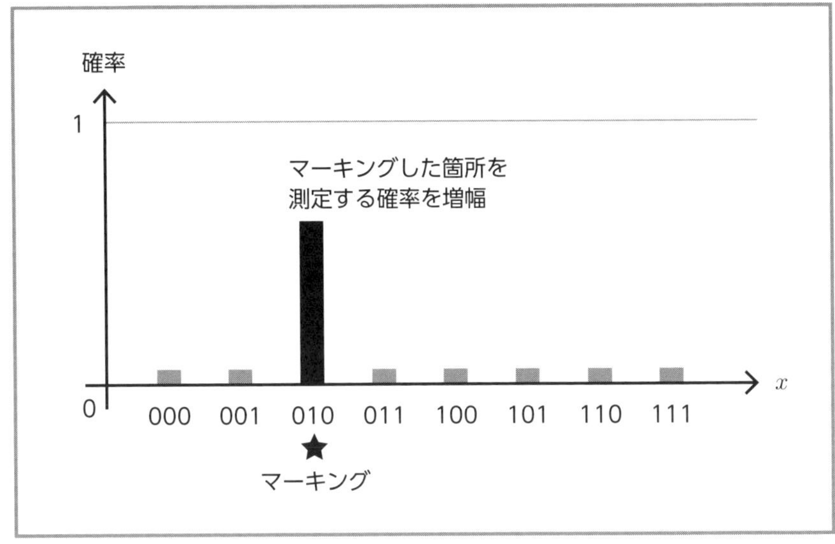

図 12.7：ステップ 4　α を測定する確率を 1 に十分近いところまで増幅

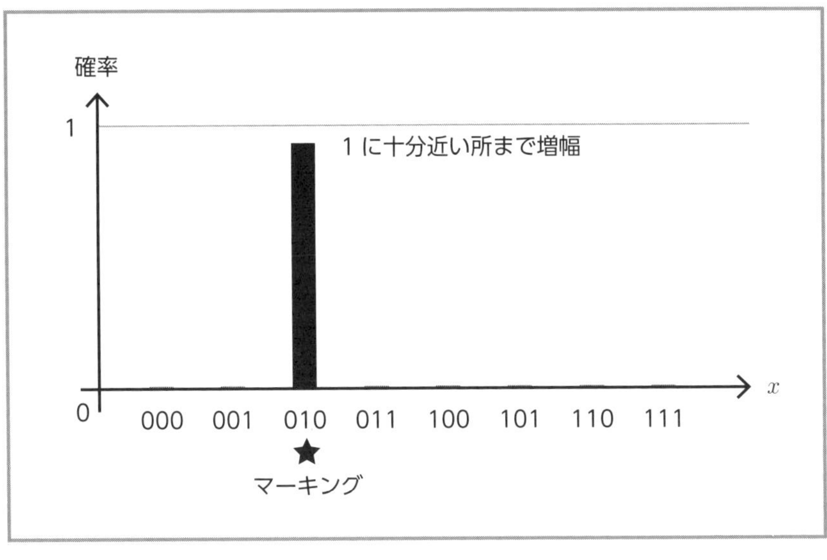

12.3　グローバーのアルゴリズムの方法

ここでは、オラクルの入力 $\{0,1\}^n$ のサイズが $n=3$（3 量子ビット）のケースを例にグローバーのアルゴリズムを説明します。オラクルを実現するために補助量子ビットを使うため、量子回路は 4 量子ビットが必要になります。

この節に記載した内容は 3 量子ビットだけでなく、一般の n 量子ビットに拡張できます。数式で表記した際の左側の 3 量子ビットを入力の $\{0,1\}^3$ のために使い、右側の 1 量子ビットを補助量子ビットとして使います。

また、入力 $\{0,1\}^3$ のうち、正解が $\alpha = |2\rangle = |0\rangle\,|1\rangle\,|0\rangle$ であるとします。

12.3.1　ステップ1：重ね合わせ状態を作成

量子回路の初期状態は $|0\rangle\,|0\rangle\,|0\rangle\,|0\rangle$ になってます。

$H \otimes H \otimes H$ で入力の量子ビットをユニタリ発展させ、重ね合わせ状態をつくります。第 11 章で紹介したドイッチュ - ジョザのアルゴリズムと同様に、補助量子ビットを X, H でユニタリ発展させます（**図 12.8**）。

図 12.8：ステップ 1 の量子回路

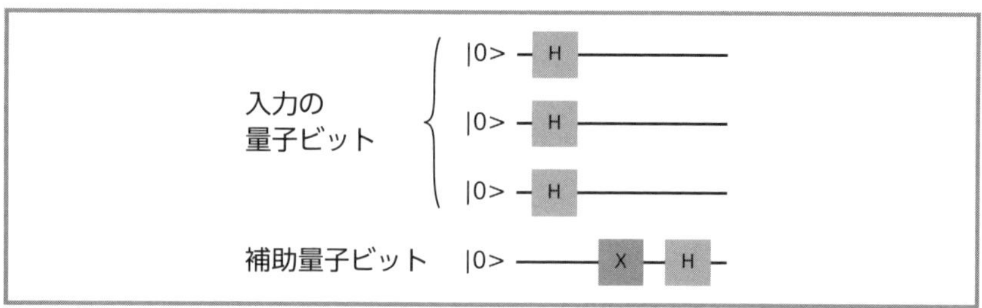

これを数式で表現すると次のようになります。

$$
\begin{aligned}
&|0\rangle|0\rangle|0\rangle|0\rangle \\
&\xrightarrow{H\otimes H\otimes H\otimes I} (H\otimes H\otimes H\otimes I)(|0\rangle|0\rangle|0\rangle|0\rangle) \\
&\qquad = H|0\rangle\otimes H|0\rangle\otimes H|0\rangle\otimes I|0\rangle \\
&\qquad = \frac{1}{\sqrt{2}}(|0\rangle+|1\rangle)\otimes\frac{1}{\sqrt{2}}(|0\rangle+|1\rangle)\otimes\frac{1}{\sqrt{2}}(|0\rangle+|1\rangle)\otimes|0\rangle \\
&\xrightarrow{I\otimes I\otimes I\otimes X} (I\frac{1}{\sqrt{2}}(|0\rangle+|1\rangle)\otimes I\frac{1}{\sqrt{2}}(|0\rangle+|1\rangle)\otimes I\frac{1}{\sqrt{2}}(|0\rangle+|1\rangle)\otimes X|0\rangle) \\
&\qquad = \frac{1}{\sqrt{2}}(|0\rangle+|1\rangle)\otimes\frac{1}{\sqrt{2}}(|0\rangle+|1\rangle)\otimes\frac{1}{\sqrt{2}}(|0\rangle+|1\rangle)\otimes|1\rangle \\
&\xrightarrow{I\otimes I\otimes I\otimes H} (I\frac{1}{\sqrt{2}}(|0\rangle+|1\rangle)\otimes I\frac{1}{\sqrt{2}}(|0\rangle+|1\rangle)\otimes I\frac{1}{\sqrt{2}}(|0\rangle+|1\rangle)\otimes H|1\rangle) \\
&\qquad = \frac{1}{\sqrt{2}}(|0\rangle+|1\rangle)\otimes\frac{1}{\sqrt{2}}(|0\rangle+|1\rangle)\otimes\frac{1}{\sqrt{2}}(|0\rangle+|1\rangle)\otimes\frac{1}{\sqrt{2}}(|0\rangle-|1\rangle)
\end{aligned}
$$

量子ビットが増えたため複雑に見えるかもしれませんが、ひとつひとつの計算はこれまで見てきたものから飛躍はありません。

12.3.2　ステップ2：選択的回転

グローバーのアルゴリズムで解きたい問題を定式化するとき、次のオラクルを考えました。

$$
f(x) = \begin{cases} 1 & (x = \alpha) \\ 0 & (x \neq \alpha) \end{cases}
$$

このオラクルは可逆でないため、そのままでは量子回路で実行できません。実際、$f(1)=0$、$f(3)=0$ となっていまい、0 という出力から入力 x を決められません。

量子回路で扱うには、可逆である必要があります。そのため、補助量子ビットを１つ使い、次のオラクルを考えます。

$$U_f(|x\rangle|y\rangle) = \begin{cases} |x\rangle|y \oplus f(x)\rangle & (x = \alpha) \\ |x\rangle|y\rangle & (x \neq \alpha) \end{cases}$$

ここで右側の量子ビットが補助量子ビットです。

ドイッチュのアルゴリズムで､似たような形のオラクルを扱いました。このようなU_fを作ると、$x = \alpha$の場合に$f(x) = 1$となり、補助量子ビットがビット反転します。$x \neq \alpha$の場合は$f(x) = 0$となり、補助量子ビットに変化はありません。正解を選択して排他的論理和で反転（回転）させるため、この処理を**選択的回転**（selective phase rotation）といいます。

$\alpha = 2$でのこのオラクルを量子回路にすると、**図 12.9** のようになります。

図 12.9：ステップ 2 の量子回路（オラクル）

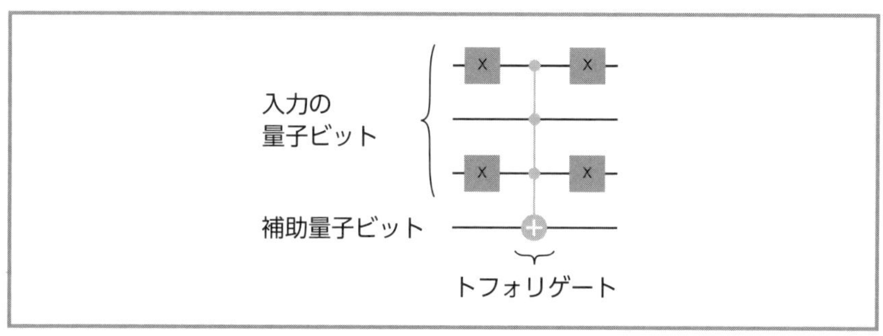

この量子回路は正解が$\alpha = 2$のケースであることに注意してください。αが別の値の場合は、別の量子回路にする必要があります。

この量子回路を見ても、どうしてU_fと一致するか分かりづらいと思います。そこで、一致する理由を詳しく説明します。トフォリゲートの部分で対象ビットがビット反転するためには、制御ビットが$|1\rangle|1\rangle|1\rangle$である必要があります（**図 12.10**）。

図 12.10：ステップ 2 の詳細 1

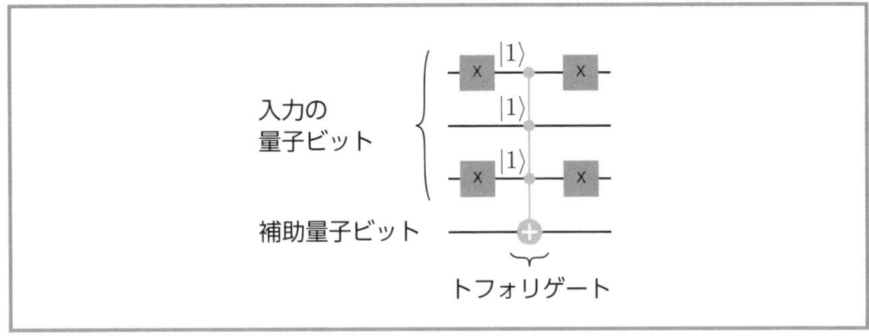

左から 0 番目と 2 番目の量子ビットは、トフォリゲートの直前に X ゲートがあります。そのため、この X ゲートの直前で、制御ビットが $|0\rangle\,|1\rangle\,|0\rangle$ になっている必要があります。3 量子ビットをひとつのケット記号で表現すると、$|0\rangle\,|1\rangle\,|0\rangle = |010\rangle = |2\rangle$ となります（**図 12.11**）。

図 12.11：ステップ 2 の詳細 2

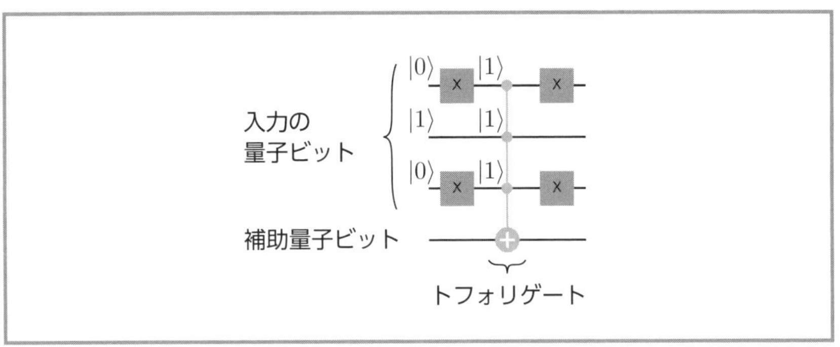

これにより、$\alpha = 2$ のときに、トフォリゲートの部分で標的ビットが変化します。トフォリゲートを利用するには、制御ビットをすべて $|1\rangle$ にする必要があるため、このような操作を行っています。

また、トフォリゲートを実行するために左から 0 番目と 2 番目の量子ビットを変化させてしまったため、元の状態に戻す必要があります。

$XX = I$ であるため、もう一度 X ゲートを実行すれば元に戻ります。そのため、トフォリゲートの後に X ゲートを置いています（**図 12.12**）。

図 12.12：ステップ 2 の詳細 3

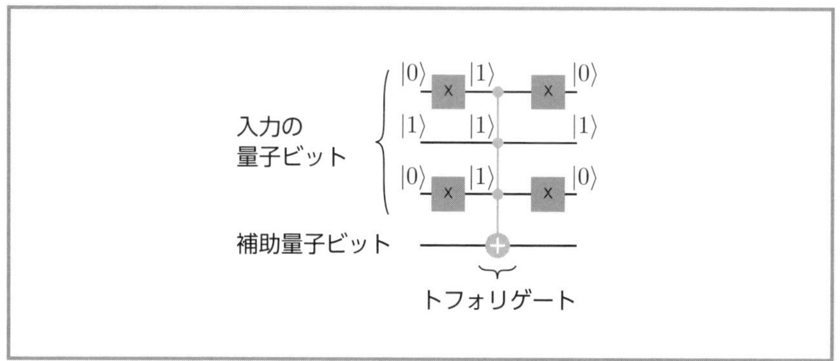

さて、この選択的回転の量子回路は $|010\rangle$ に反応するように作っています。解 α が $|010\rangle$（$= 2$）であることを事前に知っていることになり、ずるい感じがします。

実は、ここではアルゴリズムの説明を簡単にする都合で「ずるい例」を挙げました。問題 12.1 の用語でいうと、「関数 f の入力値が α（ここでは $|010\rangle$）に等しいか」を判定している点がずるいです。

図 12.9 で説明したオラクルは、国語辞典でいうと「単語の場所」（入力の量子ビット。何番目の単語かを表す）を判定しています。正しくは「単語の場所」から「単語のデータ」を取得し、「単語のデータ」が解かどうか判定するオラクルにするべきです。それには、「単語の場所」を表す量子ビットとは別に「単語のデータ」を表す量子ビットが必要です。オラクルのイメージは、**図 12.13** のようになります。オラクルの具体的な中身は解く問題によって変わるため、**図 12.13** では抽象的な書き方をしています。

図 12.13：ステップ 2 で場所とデータの量子ビットに分けたオラクル

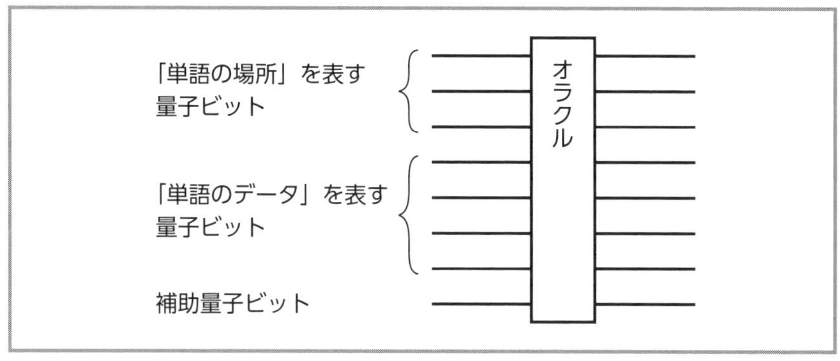

量子ビット数も増えますし、技術的な難易度も上がるため、本書では**図 12.13** のような例ではなく、**図 12.9** のオラクルで説明しました。

本章の内容を学んだあとで、**図 12.13** の形のオラクルに挑戦してみると面白いと思います。

12.3.3 ステップ3：拡散変換

図 12.6 に図示した確率の増幅方法について、説明します。

まず、n 量子ビットの場合を説明します。$|\phi\rangle$ を $|\phi\rangle = H^{\otimes n}|0\rangle^{\otimes n}$ とし、行列 D を $D = 2|\phi\rangle\langle\phi| - I$ とおきます。ここで、I は 2^n 次の単位行列です。また、次の計算により、D はユニタリ行列であることが分かります。

$$\begin{aligned}
D^\dagger D &= (2|\phi\rangle\langle\phi| - I)^\dagger(2|\phi\rangle\langle\phi| - I) \\
&= (2|\phi\rangle\langle\phi| - I)(2|\phi\rangle\langle\phi| - I) \\
&= 4|\phi\rangle\langle\phi|\phi\rangle\langle\phi| - 4|\phi\rangle\langle\phi| + I \\
&= 4|\phi\rangle\langle\phi| - 4|\phi\rangle\langle\phi| + I \quad (\langle\phi|\phi\rangle = 1 \text{ を使った}) \\
&= I
\end{aligned}$$

この D を**拡散変換**（diffusional transformation）といいます。

第 8 章で説明したように、$|0\rangle^{\otimes n}$ の各量子ビットをアダマール行列でユニタリ発展させると、すべて量子ビットの重ね合わせ状態を作れます。

$$
\begin{aligned}
|0\rangle^{\otimes n} &\xrightarrow{H^{\otimes n}} (H\otimes\cdots\otimes H)(|0\rangle\cdots|0\rangle) \\
&= (H\,|0\rangle)\otimes\cdots\otimes(H\,|0\rangle) \\
&= \frac{1}{\sqrt{2}}(|0\rangle+|1\rangle)\otimes\cdots\otimes\frac{1}{\sqrt{2}}(|0\rangle+|1\rangle) \\
&= \frac{1}{\sqrt{2^n}}\sum_{x=0}^{2^n-1}|x\rangle
\end{aligned}
$$

したがって、$|\phi\rangle = \dfrac{1}{\sqrt{2^n}}\displaystyle\sum_{x=0}^{2^n-1}|x\rangle$ となります。

α が $0,\cdots,2^n-1$ のいずれかであるとき、$D|\alpha\rangle$ を計算してみます。まず、この計算で必要になる $\displaystyle\sum_{x=0}^{2^n-1}\langle x|\alpha\rangle$ を求めましょう。内積 $\langle x|\alpha\rangle$ をベクトルの形に展開して計算すると、$x=\alpha$ のとき $\langle x|\alpha\rangle=1$、$x\neq\alpha$ のとき $\langle x|\alpha\rangle=0$ であることが分かります。そのため、$\displaystyle\sum_{x=0}^{2^n-1}\langle x|\alpha\rangle=1$ になります。これを使って計算すると、次のようになります。

$$
\begin{aligned}
D|\alpha\rangle &= (2|\phi\rangle\langle\phi|-I)|\alpha\rangle \\
&= 2|\phi\rangle\langle\phi|\alpha\rangle - I|\alpha\rangle \\
&= 2|\phi\rangle\frac{1}{\sqrt{2^n}}\sum_{x=0}^{2^n-1}\langle x|\alpha\rangle - |\alpha\rangle \\
&= 2|\phi\rangle\frac{1}{\sqrt{2^n}} - |\alpha\rangle \quad \left(\sum_{x=0}^{2^n-1}\langle x|\alpha\rangle = 1\text{ を使った}\right) \\
&= \frac{2}{\sqrt{2^n}}|\phi\rangle - |\alpha\rangle
\end{aligned}
$$

この方程式は次のように変形できます。

$$D|\alpha\rangle = \frac{2}{\sqrt{2^n}}|\phi\rangle - |\alpha\rangle$$

$$|\alpha\rangle + D|\alpha\rangle = \frac{2}{\sqrt{2^n}}|\phi\rangle \quad (|\alpha\rangle \text{ を左辺に移項})$$

$$\frac{|\alpha\rangle + D|\alpha\rangle}{2} = \frac{1}{\sqrt{2^n}}|\phi\rangle \quad (\text{両辺を 2 で割る})$$

この式の左辺は $|\alpha\rangle$ と $D|\alpha\rangle$ を足して 2 で割っているため、2 つのベクトルの平均になっています。この平均が $\frac{1}{\sqrt{2^n}}|\phi\rangle$ になることを表しています（**図 12.14**）。

図 12.14：$|\alpha\rangle$ と $D|\alpha\rangle$ と $|\phi\rangle$ の関係

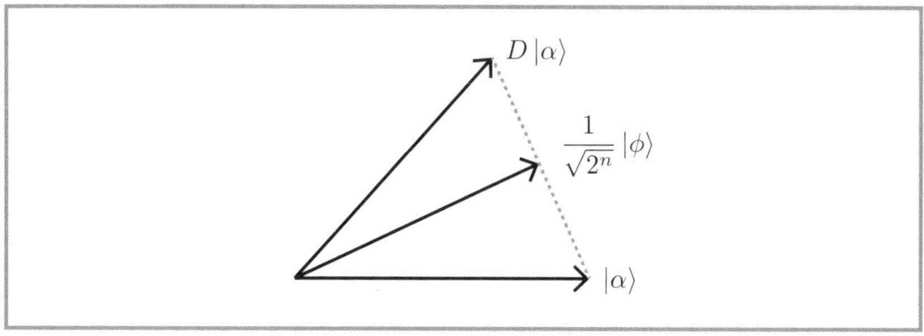

また、$\frac{1}{\sqrt{2^n}}|\phi\rangle$ を計算すると

$$\begin{aligned}\frac{1}{\sqrt{2^n}}|\phi\rangle &= \frac{1}{\sqrt{2^n}}\frac{1}{\sqrt{2^n}}\sum_{x=0}^{2^n-1}|x\rangle \\ &= \frac{1}{2^n}\sum_{x=0}^{2^n-1}|x\rangle \\ &= \frac{|0\rangle + \cdots + |2^n-1\rangle}{2^n}\end{aligned}$$

となるため、$\frac{1}{\sqrt{2^n}}|\phi\rangle$ はすべての量子状態の平均になります。このようにして、ステップ2の U_f とステップ3の D を順に $|\alpha\rangle$ にユニタリ発展させると、$|\alpha\rangle$ を測定する確率が上がります。

12.3.4 ステップ4：繰り返し実行

選択的回転と拡散変換を繰り返し実行すると、解である $|\alpha\rangle$ を測定する確率が上がります。この様子を図で説明します。

$|\alpha\rangle$ と直交するベクトルを $|\alpha_\perp\rangle$ とします。「直交する」を角度を使った表現に言い換えると、$|\alpha\rangle$ との角度がラジアン単位で $\frac{\pi}{2}$（度数法では 90°）のベクトルが $|\alpha_\perp\rangle$ です。また、ステップ1で $|\phi\rangle$ を準備したとき、ベクトル $|\phi\rangle$ とベクトル $|\alpha_\perp\rangle$ の角度を θ とします（**図 12.15**）。

図 12.15：ステップ 1 の状態

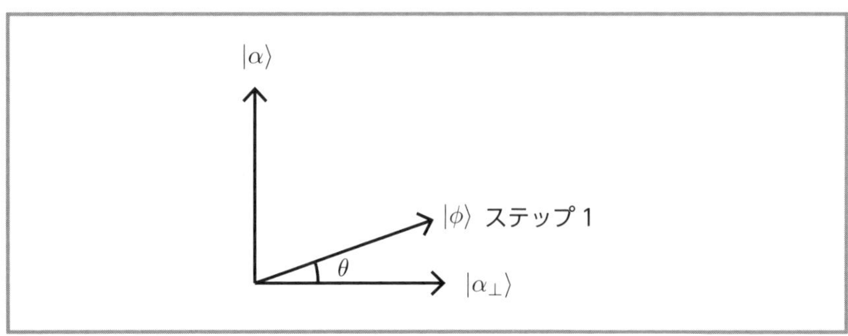

ステップ2の選択的回転により、ベクトル $|\phi\rangle$ をベクトル $|\alpha_\perp\rangle$ を軸に対称に移動したものが、ベクトル $U_f\,|\alpha\rangle$ です。

図 12.16：ステップ 2 の状態

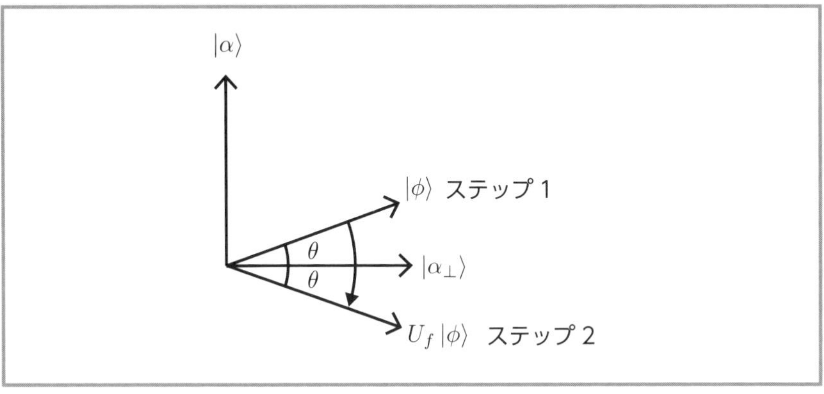

ステップ 3 の拡散変換により、ベクトル $U_f\,|\alpha\rangle$ をベクトル $|\phi\rangle$ を軸に対称に移動したものが、ベクトル $DU_f\,|\alpha\rangle$ です。

図 12.17：ステップ 3 の状態

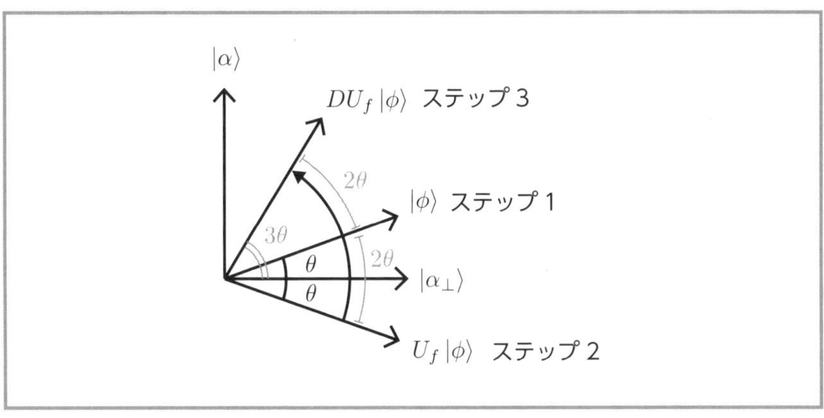

ステップ 2 とステップ 3 により、ベクトル $|\phi\rangle$ はベクトル $DU_f\,|\phi\rangle$ に移動しました。このとき、ベクトル $|\alpha_\perp\rangle$ との角度は、θ から 3θ に変化しました。

ステップ 2 とステップ 3 を繰り返し、ベクトル $|\alpha\rangle$ に近い状態になっていれば、測定したときに $|\alpha\rangle$ を得る確率が高くなります。では、何回

繰り返せばよいでしょうか。実は、繰り返し回数 r の最適値は、次のように求められることが知られています。

$$r = \frac{\pi\sqrt{2^n}}{4} \text{を越えない最大の自然数}$$

$\frac{\pi\sqrt{2^3}}{4} \fallingdotseq 2.221$ であるため、3量子ビットの場合は $r=2$ となります。

繰り返し回数が多すぎると、回転しすぎて $|\alpha\rangle$ から離れてしまうので、注意してください。

12.4 グローバーのアルゴリズムのプログラミング

3量子ビットのデータに対して、ステップ1からステップ4までを合わせて量子回路にしたものが**図 12.18** です。

図 12.18：グローバーのアルゴリズムの量子回路

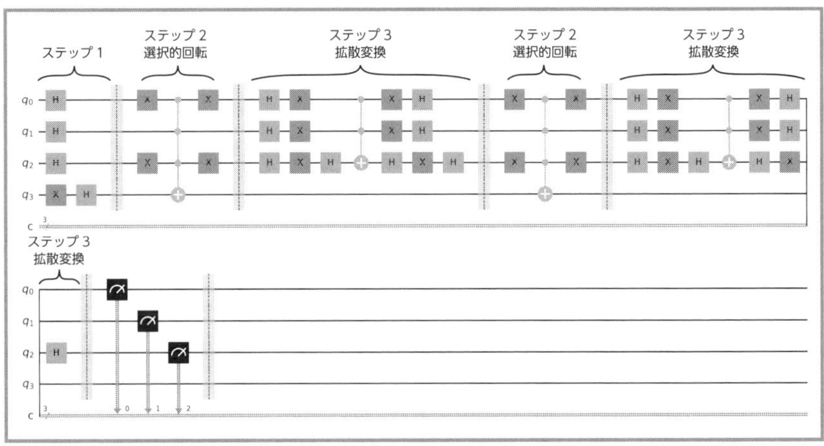

ステップ2とステップ3は2回ずつ実行しています。

これを、Qiskit でプログラムしたものが**リスト 12.1** です。

リスト 12.1：グローバーのアルゴリズムの量子回路

```
from qiskit import QuantumCircuit, Aer, execute

# オラクル
def oracle(circuit):
  circuit.x([0, 2])
  circuit.mcx([0, 1, 2], 3)
  circuit.x([0, 2])

```

```
9 # 量子回路の初期化
10 circuit = QuantumCircuit(4, 3)
11
12 # ステップ1 重ね合わせ状態を作成
13 circuit.x(3)
14 circuit.h([0, 1, 2, 3])
15
16 for _ in range(2):
17   # ステップ2 選択的回転
18   oracle(circuit)
19
20   # ステップ3 拡散変換
21   circuit.h([0, 1, 2])
22   circuit.x([0, 1, 2])
23   circuit.h(2)
24   circuit.ccx(0, 1, 2)
25   circuit.h(2)
26   circuit.x([0, 1, 2])
27   circuit.h([0, 1, 2])
28
29 # 測定
30 circuit.measure([0, 1, 2], [0, 1, 2])
31 circuit.barrier()
32
33 # 実行と結果取得
34 backend = Aer.get_backend('qasm_simulator')
35 job = execute(circuit, backend, shots=1000)
36 result = job.result()
37 print(result.get_counts(circuit))
```

`oracle`関数の内容は、問題によって変わります。

6行目の`mcx`関数は、CNOTの制御ビットを複数に拡張したものです。最初の引数に制御ビットに制御ビットの添え字をリストで指定します。2番目の引数に標的ビットの添え字を指定します。

16行目からの for ループの繰り返し回数は、問題のサイズによって変わります。この例は3量子ビットのため、前節で求めたように繰り返し回数を2にしています。

リスト12.1 を実行すると、**リスト12.2** の測定値を出力します。

リスト12.2：実行結果

```
{'100': 10, '110': 7, '010': 955, '101': 9, '001': 5, '000': 2, '011': 6,
'111': 6}
```

リスト12.2 の確率分布を可視化すると**図12.19** にようになります。

図12.19：グローバーのアルゴリズムの実行結果の確率分布

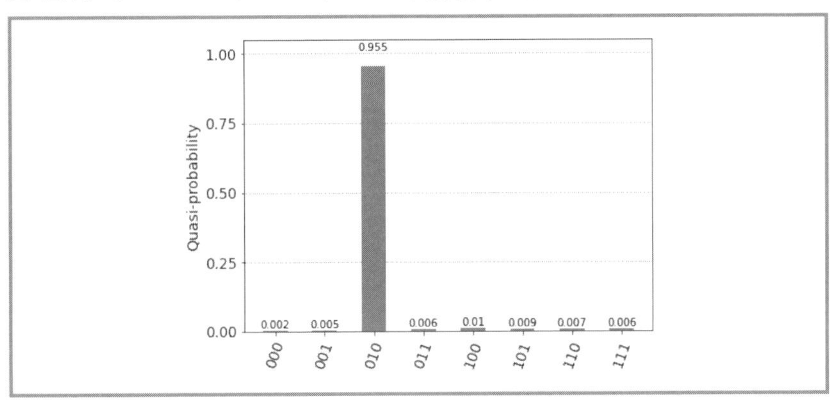

測定値は確率的に得られるため、実行する毎に結果は変わります。010を得る確率は1ではないため、010以外の値も出力されます。しかし、010を得る確率は十分に大きいため、何度か実行すれば目的の $|\alpha\rangle$ が分かります。

12.5 発展：グローバーのアルゴリズムの応用

12.5.1 解が複数ある場合

前節までは、目的を満たす解αが1個のケースを考えてきました。もし、解が複数存在する場合はどうなるでしょうか？　解がk個として、この問題を定式化すると次のようになります。

問題 12.2

オラクル$f:\{0,1\}^n \to \{0,1\}$があり、ある$\alpha_1,\cdots,\alpha_k \in \{0,1\}^n$に対して次を満たすとする。

$$f(x)=\begin{cases}1 & (x=\alpha_1,\cdots,\alpha_k)\\ 0 & (x\text{が上記以外})\end{cases}$$

ただし、$\alpha_1,\cdots,\alpha_k$の値は分かっておらず、すべて異なるものとする。このとき、最低何回fを実行すれば$\alpha_1,\cdots,\alpha_k$を決定できるか。

この場合、繰り返し回数rの最適値は、次のように求められることが知られています。

$$r=\frac{\pi\sqrt{2^n/k}}{4}\text{を越えない最大の自然数}$$

たとえば、3量子ビットで解が2個ある場合、$\dfrac{\pi\sqrt{2^3/2}}{4}\fallingdotseq 1.571$であるため、$r=1$となります。

12.5.2 グローバーのアルゴリズムを応用した計算

実は、現状の実機を使ってグローバーのアルゴリズムで実用的なサイズの問題を解こうとすると、エラーの影響で期待通りの解を求められません。たとえば、100 量子ビットのサイズの問題にグローバーのアルゴリズムを適用するケースを考えてみましょう。グローバーのアルゴリズムの繰り返し回数は r は、次のように求められました。

$$r = \frac{\pi\sqrt{2^n}}{4} \text{を越えない最大の自然数}$$

$\frac{\pi\sqrt{2^{100}}}{4} \fallingdotseq 884279719003555 = 10^{15}$ であるため、100 量子ビットの場合は繰り返し回数が約 10^{15} 回になります。また、1 回の繰り返しでエラーが発生する割合が 0.01（＝1）であるとします[*2]。これを 10^{15} 回繰り返すため、グローバーのアルゴリズム全体でエラーなく計算に成功する確率は $(1-0.01)^{10^{15}} \fallingdotseq 1/10^{10000000000000} \fallingdotseq 1/10^{10^{13}}$ となります。これでは、計算が失敗し続けてしまいます。

そのため、グローバーのアルゴリズムで計算を行うには、第 10 章で紹介した量子誤り訂正を使う必要があります。

12.5.3 グローバーのアルゴリズムの量子優位性

では、グローバーのアルゴリズムを使って、古典コンピュータより高速に現実的な計算を行うには、どのような条件が必要でしょうか。ここでは、試算をした論文を紹介します[*3]。

この論文では、次の条件で試算しています。

- **表面符号**（surface code）という量子誤り訂正の方式を利用する。
- 量子ゲートのエラー率は 10^{-3}（0.1）とする。

＊2　1 回の繰り返しに必要な量子ゲートの数を考えると、1 は甘い数値で、実際にはもっと大きな値になります。

＊3　R. Babbush, J. R. McClean, M. Newman, C. Gidney, S. Boixo, and H. Neven, "Focus beyond Quadratic Speedups for Error-Corrected Quantum Advantage", *PRX Quantum* 2.1(2021): 010103.

- 100 論理量子ビットのデータに対してグローバーのアルゴリズムを利用する。
- 量子誤り訂正の冗長性により、100 論理量子ビットに対して、35 万物理量子ビットが必要である。
- 古典コンピュータによる計算は並列化されている。

このような条件の下で、グローバーのアルゴリズムによって量子コンピュータが古典コンピュータより高速に計算するために必要な問題の規模（グローバーのアルゴリズムの繰り返し回数、計算時間）が試算されています（**表 12.1**）。

表 12.1：グローバーのアルゴリズムで古典コンピュータより高速に計算できる問題の規模

古典コンピュータの並列数	繰り返し回数	計算時間
1	5.2×10^5	2.4 時間
10^3	5.2×10^8	100 日
10^6	5.2×10^{11}	280 年

この表は「古典コンピュータの並列数」に対して、どのくらいの繰り返し回数であれば量子コンピュータの方が高速になるかを表しています。また、量子コンピュータの方が高速になった場合の計算時間も試算しています。

なぜ古典コンピュータの並列数を記載しているかというと、古典コンピュータで計算する場合は並列化できるアルゴリズムが多く知られており、並列化した前提で試算した方が現実的であるためです。

この論文によると、古典コンピュータで並列化できない場合（並列数＝1 の場合）、量子コンピュータの方が高速になるには、繰り返し回数

が 5.2×10^5 回の問題が必要になり、計算時間は 2.4 時間程度かかります。また、古典コンピュータで 10^3 並列（1,000 並列）で計算できる場合、量子コンピュータの方が高速になるには、繰り返し回数が 5.2×10^8 回の問題が必要になり、計算時間は 100 日程度かかります。

このように、古典コンピュータで並列数を増やせる計算ほど、量子コンピュータの方が高速になるには大きな問題が必要にあります。もちろん、大きな問題になれば、量子コンピュータでも計算時間がかかるようになります。

現実的な条件を考慮すると、グローバーのアルゴリズムで古典コンピュータより高速に計算できる問題は、かなり大きなサイズと計算時間になります。そのため、エラー率の改善や量子誤り訂正アルゴリズムの改善などにより**表 12.1** が更新され、量子コンピュータがもっと高速に計算できるようになることが求められます。量子コンピュータが現実の世界で活躍するには、大きなサイズの量子コンピュータを作るだけでなく、さまざまな方向からの取り組みが必要です。

付録

量子プログラミング実機編

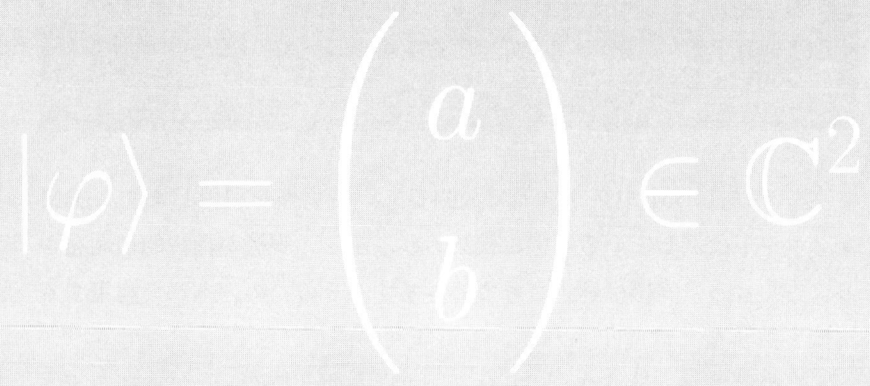

A.1　この章で学ぶこと

第7章では、量子コンピュータのシミュレータを使って動作を確認しました。シミュレータは数式通りの値を返すため、量子アルゴリズムを理論的にシミュレーションするには、シミュレータを使うのがよいです。

しかし、第10章でも説明したように、量子コンピュータの実機ではエラーがつきものです。また、量子ビット数が大きくなると膨大なメモリが必要となり、シミュレータでは計算できなくなるため、量子コンピュータの実機を使って計算する必要があります。この章では、プログラミングした量子回路を、クラウドで公開されている量子コンピュータの実機で動かします。実機での結果から、実際にどの程度エラーが発生しているか確認します。実機を体験することで、現状の量子コンピュータの能力も把握できます。

A.2　実機を使う準備

本章では、IBMがクラウドで公開している実機を利用します。IBMがクラウド公開している実機は複数あり、新しい実機が継続的に開発され、古くなった実機は廃止されていきます。そのため、本章で利用する実機も数年後には廃止されている可能性が高いことに注意してください。この節では、量子コンピュータの実機を使う準備として、利用可能な実機を確認する方法を説明します。

まず、第7章と同じように、IBM Quantumのサイトにログインします。ログイン後、ダッシュボードの「IBM Quantum compute resources」にある「View all」をクリックします（**図 A.1**）。

図 A.1：Compute resources に遷移

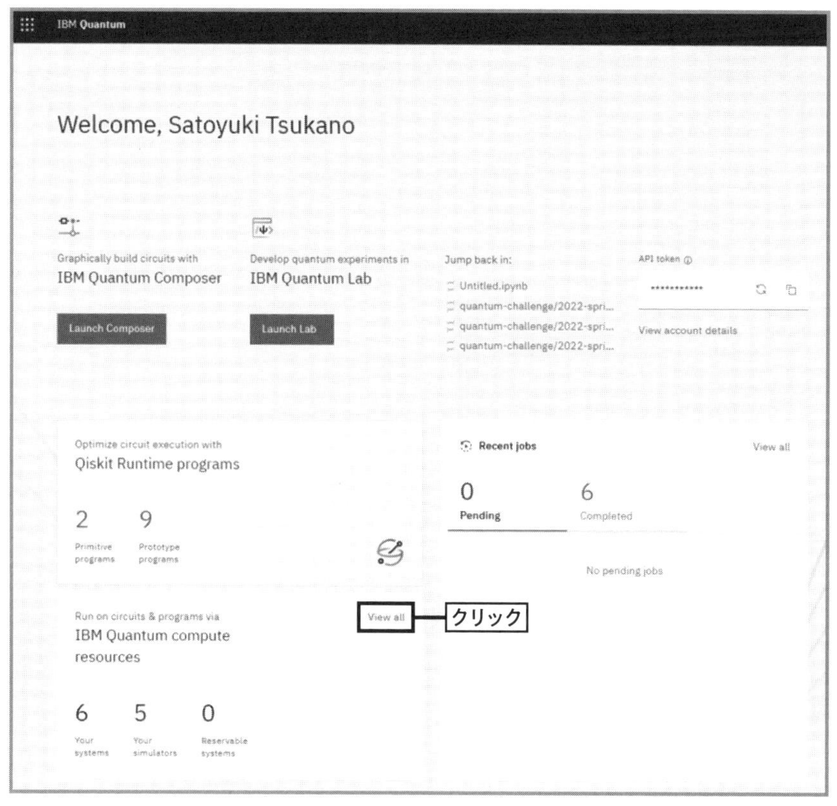

すると、「Compute resources」という画面に遷移します（**図 A.2**）。この画面では、IBM が公開している量子コンピュータの実機や、シミュレータといったリソースを確認できます。「Your resources」「All Systems」「All Simulators」の 3 個のタブがあり、「Your resources」のタブで自分が利用できるリソースを一覧できます。また、「All Systems」ではすべての実機を、「All Simulators」ではすべてのシミュレータを一覧できます（実機によっては実行するのに特別な契約が必要な場合があります）。

図 A.2：Compute resources

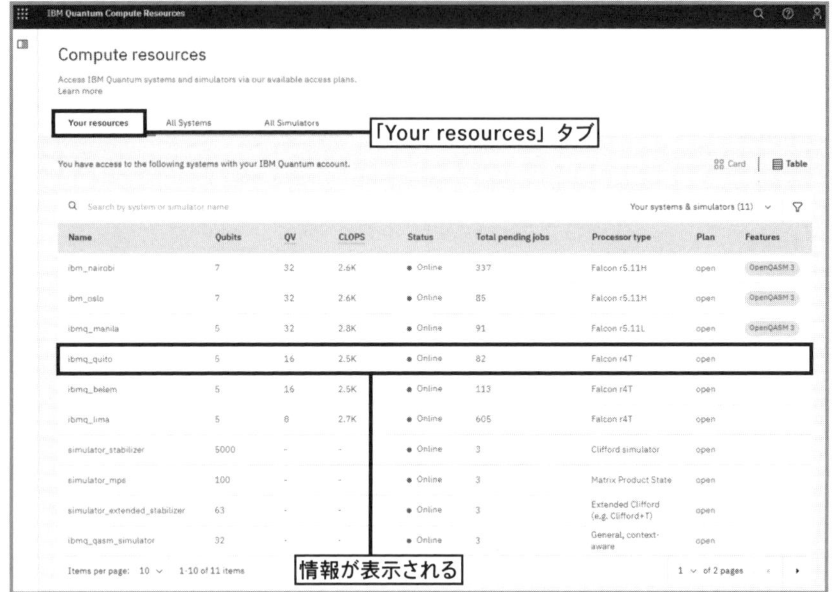

「Your resources」には次の情報が表示されています。

Name

実機のマシン名です。量子回路を実行するときに、このマシン名を指定します。

Qubits

実機の量子ビット数です。この量子ビット数より大きな量子回路は実行できないため、注意してください。**図 A.2** の ibmq_quito の場合、5 量子ビットです。

QV

量子ボリューム（量子体積、Quantum Volume、QV）と呼ばれる、量子コンピュータの品質（精度）を表す指標です。標語的な表現ですが、n 量子ビットのサイズで、ランダムな 2 量子ビット・ゲートを深さ n で並べた量子回路をある程度の精度で実行できるとき、その量子コンピュータの量子ボリュームは 2^n となります。`ibmq_quito` の量子ボリュームは $16 = 2^4$ であるため、$n = 4$ です。

CLOPS

CLOPS（circuit layer operations per second）は量子コンピュータの速度を表す指標で、値が大きいほど高速に実行できます。古典コンピュータの速度を表す指標である **FLOPS**（floating point operations per second）を参考にしていると思われます。

Status

実機の状態です。実機が稼働していれば、「Online」と表示されます。メンテナンスなどにより一時的に稼働していない場合は「Online Queue paused」と表示されます。廃止などにより稼働していなければ「Offline」と表示されます。

Total pending jobs

全世界のユーザが実機を共用しており、順番が回ってきた量子回路から実行されます。「Total pending jobs」の欄には、実行待ちのジョブ数を表示しています。この数字が大きいほど混んでいるため、量子回路を実行するときの待ち時間が長くなる傾向があります。

Processor type

量子コンピュータのプロセッサの型名です。古典コンピュータのプロセッサでいうと「Core i9 13900KF」のようなものを表します。`ibmq_quito` の場合は「Falcon r4T」です。

Plan

無料で利用できる場合は「open」、有料の契約で利用できる場合は「premium」と表示されます。本書では「open」となっている実機を利用します。

Features

他の項目にない、追加情報が表示されます。

ibmq_quitoの行をクリックすると画面が遷移し、詳細なマシンスペックを確認できます（**図A.3**）。各量子ビットの精度などが公開されています。個々の説明は省略しますが、実機の仕組みついて理解が進むとこのマシンスペックを参照することが増えます。これらの情報は基本的に毎日更新され、最新の実機のマシンスペックを把握できます。

図A.3：ibmq_quitoのマシンスペック

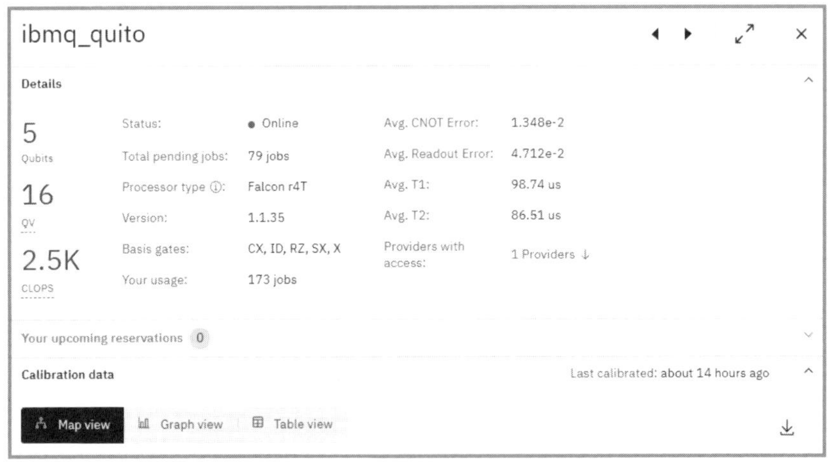

マシンスペックは、APIを使ってプログラムから取得できます。その方法については、本章の後半で説明します。

A.3　実機でプログラムを実行

A.3.1　量子回路の実装と実行

ここでは、第7章と同じ**図 A.4**の量子回路を実装・実行します。シミュレータによる実行結果は、**図 A.5**のような確率分布になりました。同じ量子回路を実機で実行し、第7章の結果と比べてみましょう。

図 A.4：量子回路

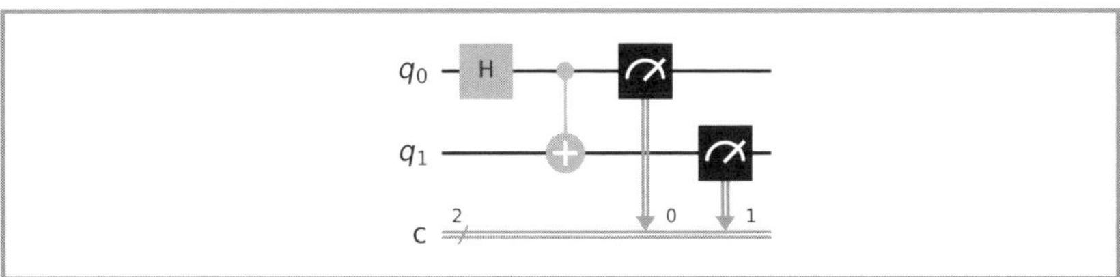

図 A.5：実行結果の確率分布

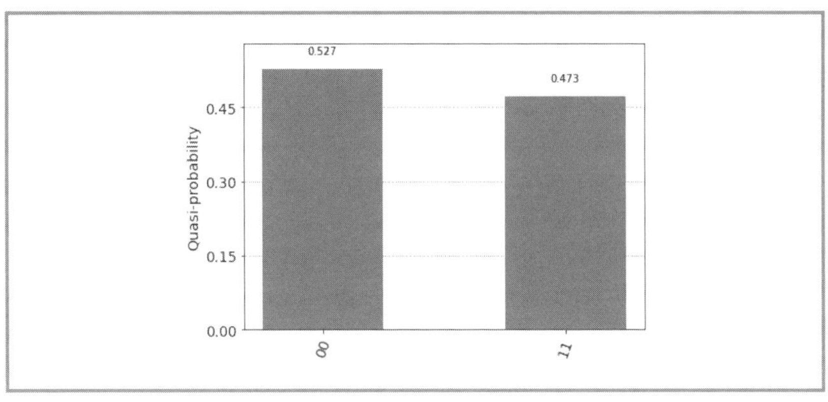

第7章と同じく、まずは IBM Quantum Lab で JupyterLab を利用してプログラミングを行います（**図 A.6**）。

図 A.6：IBM Quantum Lab で実行

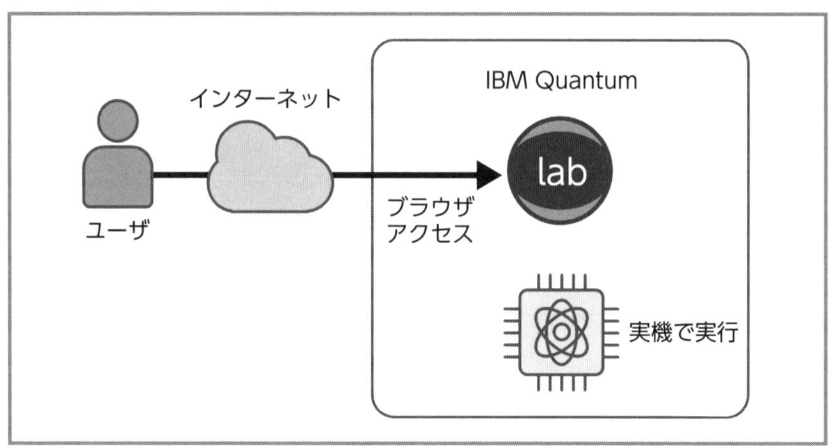

必要なライブラリをインポートする部分と量子回路を作成する部分は、第7章と同じ実装になります（**リスト A.1**、**リスト A.2**）。

リスト A.1：インポート

```
import numpy as np

# Importing standard Qiskit libraries
from qiskit import QuantumCircuit, transpile, Aer, IBMQ
from qiskit.tools.jupyter import *
from qiskit.visualization import *
from ibm_quantum_widgets import *
from qiskit.providers.aer import QasmSimulator

# Loading your IBM Quantum account(s)
provider = IBMQ.load_account()
```

リスト A.2：量子回路の作成

```
circuit = QuantumCircuit(2, 2) # 量子回路を初期化

# 量子回路の組み立て
```

```
circuit.h(0) # アダマール行列を適用
circuit.cx(0, 1) # CNOTを適用

# 測定
circuit.measure([0, 1], [0, 1])
```

リスト A.3 は、第 7 章のプログラムを量子コンピュータの実機で実行できるように修正したものです。第 7 章のプログラムと異なるのは 4 行目だけで、変数 `backend` に実機の名前を指定しています。第 7 章では `Aer` の `get_backend` 関数を利用していましたが、実機の場合は `provider` の `get_backend` 関数を利用します。

リスト A.3：実行と結果取得

```
1 from qiskit import execute
2 
3 # 実行と結果取得
4 backend = provider.get_backend("ibmq_quito") # バックエンドを指定
5 job = execute(circuit, backend) # 量子プログラムを実行
6 result = job.result() # 結果を取得
7 print(result.get_counts(circuit)) # 結果をテキスト表示
```

このプログラムを実行すると、量子回路を実行するジョブが実機に送信されます。ただし、実行待ちになり、すぐには結果が返ってきません。混雑状況にもよりますが、数十秒から数時間くらいで実行されることが多いです。

A.3.2 実行待ちの様子

IBM Quantum のサイトでは、実行待ちの様子を確認できます。

ダッシュボードの「Recent jobs」にある「View all」をクリックします（**図 A.7**）。

図 A.7：Recent jobs に遷移

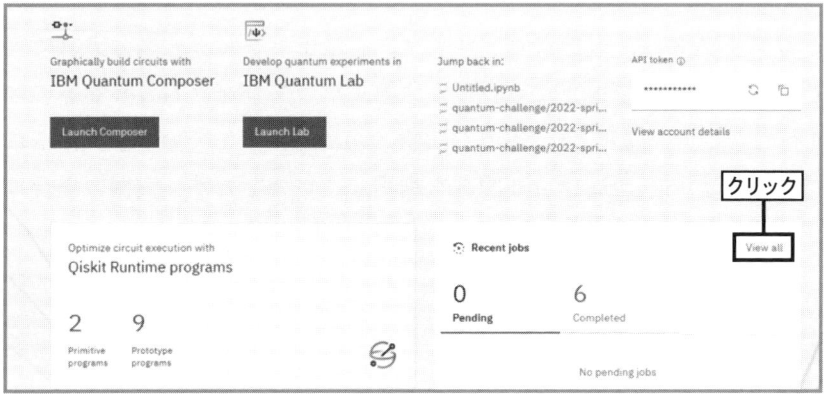

すると、「Jobs」という画面に遷移します（**図 A.8**）。この画面では、量子回路のジョブを一覧できます。

図 A.8：ジョブ一覧（Pending）

「Status」が「Pending」になっているものが、実行待ちのジョブです。**図 A.8** では、一番上の行が「Pending」になっています。各行をクリックすると、ジョブの詳細を確認できます（**図 A.9**）。

図 A.9：ジョブ詳細（Pending）

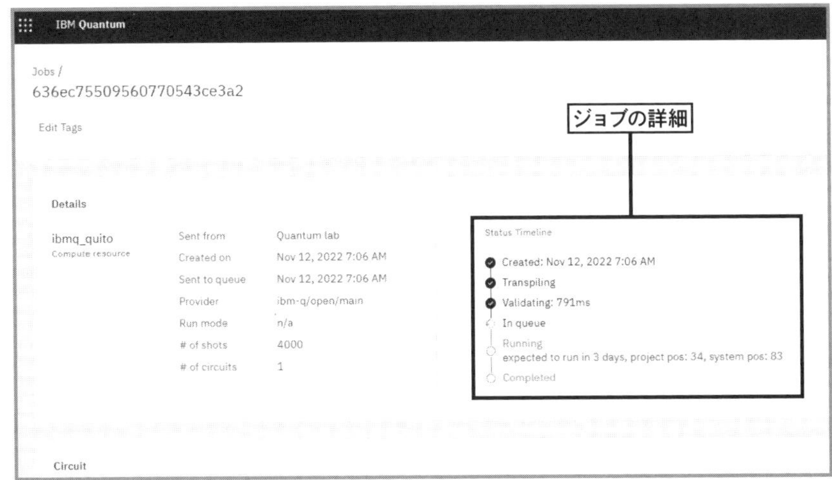

「Status Timeline」の部分がジョブの進捗を表しています。正常に動作すれば、次の順序でStatusの進捗が進みます。

Created

ジョブが作成された段階です。

Transpiling

量子回路がトランスパイルされている最中です。

Validating

量子回路の情報に問題がないか、検証中です。

In queue

順番待ちしている最中です。

Running

量子コンピュータの実機で実行している最中です。

Completed

実機の実行が完了した段階です。

図 A.9 からジョブが「In queue」の状態だと分かります。この状態は、先ほど送信したジョブが実行待ちになっていることを表しています。

図 A.10：ジョブ詳細の Circuit

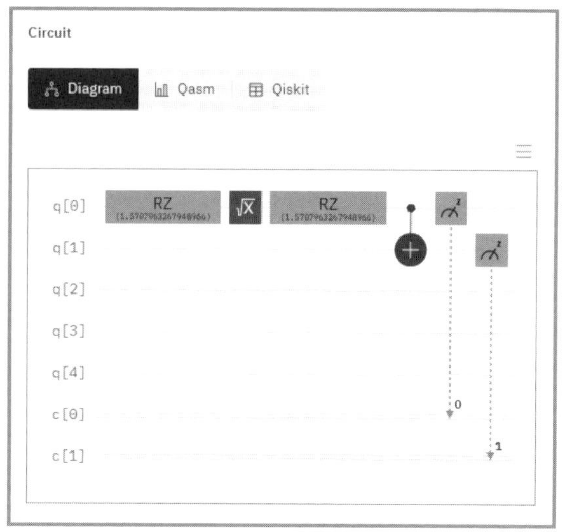

図 A.10 の Circuit の部分には、**図 A.4** と異なる量子回路が表示されていますが、問題ありません。表示されているのは、実機で実行できる命令にトランスパイルした後の量子回路です。見た目は異なりますが、**図 A.4** と**図 A.10** は同じ結果を出力する量子回路です。

A.3.3　実行完了の様子

順番が回ってきて量子回路を実行し終わると、**リスト A.4** の形式で測定値を出力します。

リスト A.4：実行結果

```
{'00': 1887, '01': 278, '10': 210, '11': 1625}
```

ibmq_quito はデフォルトで 4000 回測定します。**リスト A.4** は、$|00\rangle$ が 1887 回、$|01\rangle$ が 278 回、$|10\rangle$ が 210 回、$|11\rangle$ が 1625 回得られたことを表しています。また、測定値は確率的に得られるため、実行する毎に結果の回数が変化します。

ここで、先ほどのジョブ一覧の画面を表示してみましょう（**図 A.11**）。

図 A.11：ジョブ一覧（Completed）

一番上の行の「Status」が「Completed」に変わっており、実行完了しています。この行をクリックすると、ジョブの詳細を確認できます（**図 A.12**）。

付録　量子プログラミング実機編

図 A.12：ジョブ詳細（Completed）

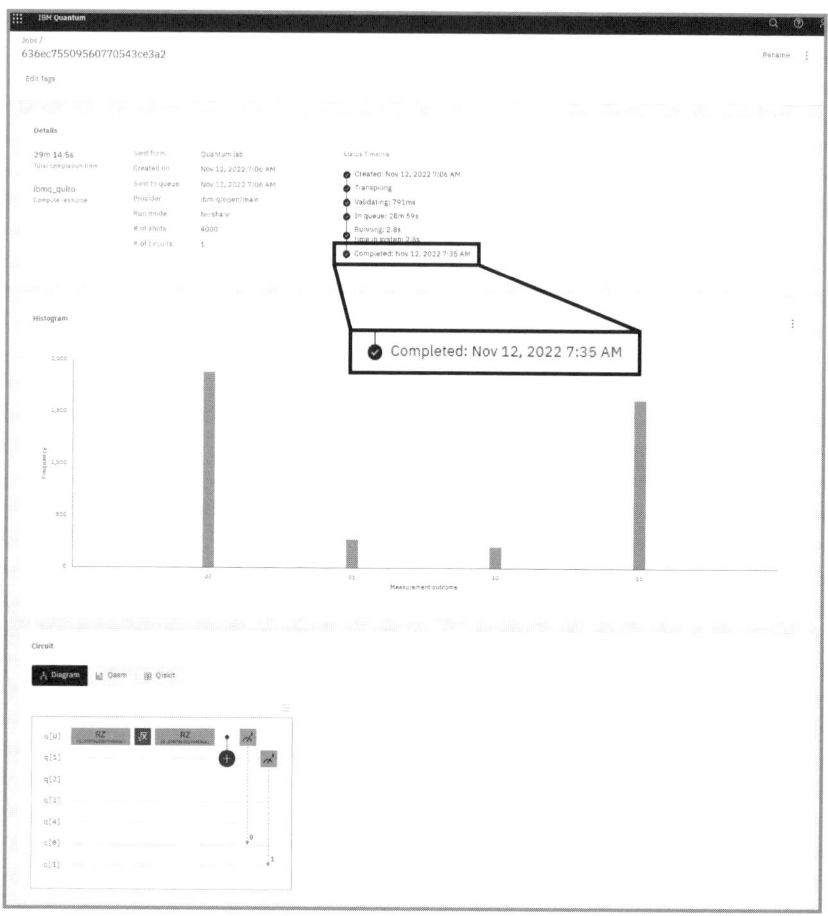

「Status Timeline」からジョブの進捗が「Completed」になったことが分かります。左上に記載がありますが、「Total completion time」（総実行時間）は29分14.5秒でした。「Status Timeline」の「In queue:」が28分59秒となっており、ほとんどが実行待ち時間だったことが分かります。

A.3.4 実行結果の考察

ここで、期待通りの結果になっているか確認するため、測定値の確率分布を表示してみましょう。**リスト A.5** を実装してください。

リスト A.5：確率分布を表示

```
# 確率分布を表示
plot_distribution(job.result().get_counts(circuit))
```

2 行目の plot_distribution 関数を実行すると、**図 A.13** の確率分布を表示します。

図 A.13：確率分布を表示

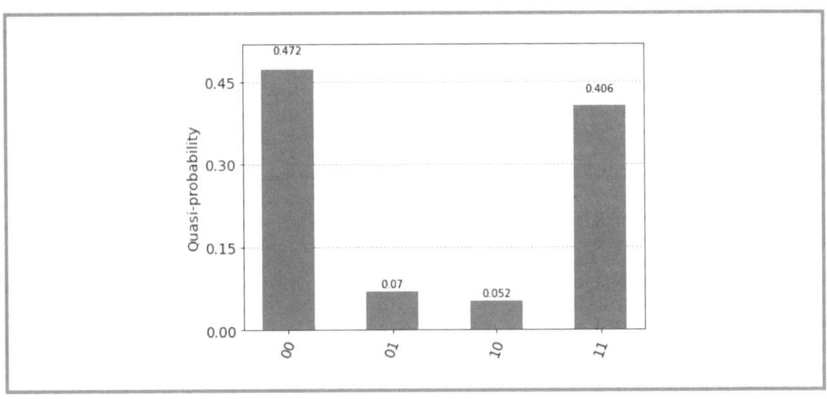

実行結果について、気になる点があります。

図 A.4 の量子回路が $|0\rangle\,|0\rangle$ からユニタリ発展で変化していく様子を記述すると、次のようになります。

$$
\begin{aligned}
|00\rangle \quad \xrightarrow{H_0} \quad & \frac{1}{\sqrt{2}}\,|0\rangle\,(|0\rangle + |1\rangle) \\
\xrightarrow{\mathrm{CNOT}_{0,1}} \quad & \frac{1}{\sqrt{2}}(|00\rangle + |11\rangle)
\end{aligned}
$$

シミュレータでは、$|00\rangle$ と $|11\rangle$ のみ得られました（**図 A.5**）。これが

理論的な結果です。

しかし、量子コンピュータの実機では**図 A.13**のように、$|01\rangle$ と $|10\rangle$ も得られました。$|01\rangle$ と $|10\rangle$ を得る確率は理論的には 0 です。理論と実機で異なる結果となりました。

実機はノイズの影響があるため、理論上は起こりえない測定値も結果に含まれます。$|01\rangle$ を得る確率は 0.007、$|10\rangle$ を得る確率は 0.052 になりました。$0.007 + 0.052 = 0.122$ であるため、$|01\rangle$ と $|10\rangle$ を合わせて 12.2% の確率でエラーが発生しています。

量子コンピュータは無視できない確率でエラーが発生することを前提として利用する必要があります。ひとつの方法としては、このケースのように何度も実行して確率分布から計算結果を推定します。

そのため、現在の量子コンピュータで大きな計算を行うと、エラーが増幅して正しい実行結果を得ることができません。そのため、エラーの少ない実機の開発や、誤り訂正を行って正しい実行結果を得る研究が進められています。

A.4　API から実機の情報を確認する方法

ここまでは、IBM Quantum が提供している画面から、利用可能な実機などを確認しました。この節では、プログラムから API を利用して確認する方法を説明します。IBM Quantum の画面から確認できる内容は、基本的に API からも確認できます。

また、IBM Quantum の JupyterLab でプログラミングを行う前提とします。それ以外の環境でプログラミングを行う場合については、次の節で説明します。

API を利用する際には、事前に**リスト A.1** を実行して必要なライブラリをインポートしてください。

A.4.1 backendの確認方法

図A.2の「Your resources」に表示される、自分が利用できるリソースのNameを表示するには、**リストA.6**を実行してください。すると、**リストA.7**の結果を出力します。ただし、IBM Quantum が提供している実機に増減があると出力内容が変わります。

リストA.6：自分が利用できるリソースの一覧

```
backends = provider.backends()
for backend in backends:
  print(backend.name())
```

リストA.7：実行結果

```
ibmq_qasm_simulator
ibmq_lima
ibmq_belem
ibmq_quito
simulator_statevector
simulator_mps
simulator_extended_stabilizer
simulator_stabilizer
ibmq_manila
ibm_nairobi
ibm_oslo
```

リストA.3のget_backend関数の引数に**リストA.7**で出力されたNameを指定すれば、そのリソースを利用して量子回路を実行できます。

実行待ちのジョブ数、量子ビット数などを表示するには、backendに対して**リストA.8**を実行してください。すると、**リストA.9**の結果を出力します。

リスト A.8：実行待ちのジョブ数、量子ビット数などを表示

```
1 print("pending_jobs:", backend.status().pending_jobs)
2 print("n_qubits:", backend.configuration().n_qubits)
3 print("simulator:", backend.configuration().simulator)
```

リスト A.9：実行結果

```
pending_jobs: 82
n_qubits: 5
simulator: False
```

リスト A.8 の1行目で、実行待ちのジョブ数を返します。この数字が大きいほど混んでいるため、量子回路を実行する前に確認して、空いている実機を選択すると早く量子回路を実行できます。

2行目で、量子ビット数を返します。実機の量子ビット数を越える IBM Quantum の量子回路は実行できないため、事前に確認しておきましょう。

3行目で、backend がシミュレータなのか、実機なのかを返します。True を返せばシミュレータで、False を返せば実機です。

量子ビット数など backend に関する固定的な情報は backend の configuration 関数で取得できます。この情報は多岐に渡るため、**リスト A.10** を実行し、まずは全体を見て目的の情報を確認するのがよいです。

リスト A.10：backend に関する固定的な情報を表示

```
import pprint
pprint.pprint(backend.configuration().to_dict())
```

リスト A.11：実行結果（先頭の数行を抜粋）

```
{'acquisition_latency': [],
 'allow_object_storage': True,
 'allow_q_object': True,
 'backend_name': 'ibmq_quito',
 'backend_version': '1.1.35',
 'basis_gates': ['id', 'rz', 'sx', 'x', 'cx', 'reset'],
 (以下略)
```

エラー率などbackendに関する可変な情報はbackendのproperties関数で取得できます。この情報は多岐に渡るため、**リストA.12**を実行し、まずは全体を見て目的の情報を確認するのがよいです。

リストA.12を実行するとlast_update_dateという情報が出力されるため、これにより更新日時を確認できます。エラー率など情報は、1日1回のペースで更新されるようです。

リスト A.12：backendに関する固定的な情報を表示

```
pprint.pprint(backend.properties().to_dict())
```

リスト A.13：実行結果（先頭の数行を抜粋）

```
{'backend_name': 'ibmq_quito',}
 'backend_version': '1.1.35',}
 'gates': [{'gate': 'id',}
            'name': 'id0',}
 (以下略)
```

A.4.2　ジョブの確認方法

リストA.3の方法で実行すると、6行目のresult関数の処理は量子回路の実行が完了するまで待たされます。そのため、量子回路を続けて実行したいときや、JupyterLabを起動したままにしておくのが難しいときに困ります。実は、量子回路を実機に送信した後、実行待ちのままで次の処理を行うことができます。

リストA.3ではなく、**リストA.14**を実行してみてください。すると、量子回路の実行完了を待たずに、ジョブIDを表示します。`execute`関数の中で量子回路を実機に送信しており、JupyterLabを停止してもこのジョブは実行されます。また、このジョブIDはジョブ一覧（**図A.8**）にも表示されるため、IBM Quantumの画面で完了したか確認できます。

リストA.14：実行とジョブIDを表示

```
from qiskit import execute

# 実行と結果取得
backend = provider.get_backend("ibmq_quito") # バックエンドを指定
job = execute(circuit, backend) # 量子プログラムを実行
print(job.job_id()) # ジョブIDを表示
```

実行が完了したジョブの結果を表示する場合は、**リストA.15**を実行してください。このとき、`retrieve_job`関数の引数には、**リストA.14**やIBM Quantumのジョブ一覧のジョブIDを指定してください。**リストA.15**を実行すると、**リストA.4**のような結果を出力します。

リストA.15：ジョブを取得

```
job = backend.retrieve_job("<ジョブID>")
result = job.result() # 結果を取得
print(result.get_counts(circuit)) # 結果をテキスト表示
```

A.5 IBM Quantum 以外の場所から実機を実行する方法

ここまでは、IBM Quantum の JupyterLab から実機を実行する方法を紹介しました。しかし、自分の PC や Colaboratory など、IBM Quantum 以外の環境から実行したいケースがあります。ここでは、IBM Quantum 以外の場所から実機を実行する方法を紹介します。

自分の PC から実行する場合のイメージは**図 A.14** の通りです。

図 A.14：自分の PC から実行

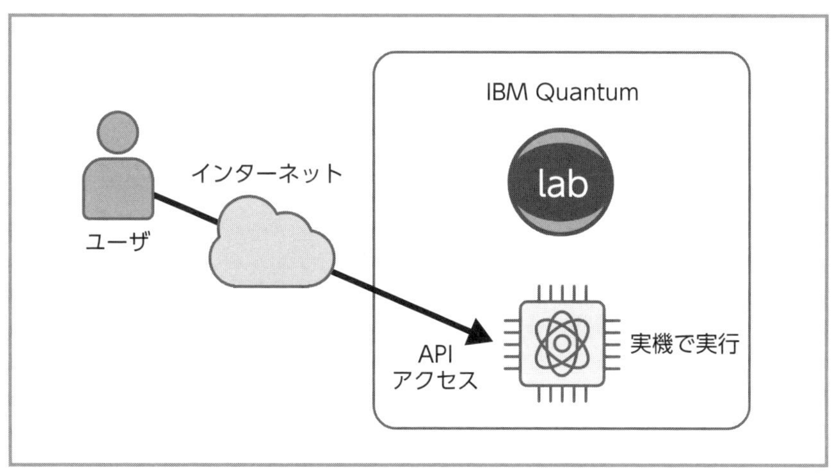

まず、IBM Quantum のダッシュボードを表示し、「API token」のところにあるコピーボタンをクリックし、API トークンを控えておきます（**図 A.15**）。この API トークンは、ご自身専用のものですので、他人には知られないようにしてください。

図 A.15：ダッシュボードから API トークンを控える

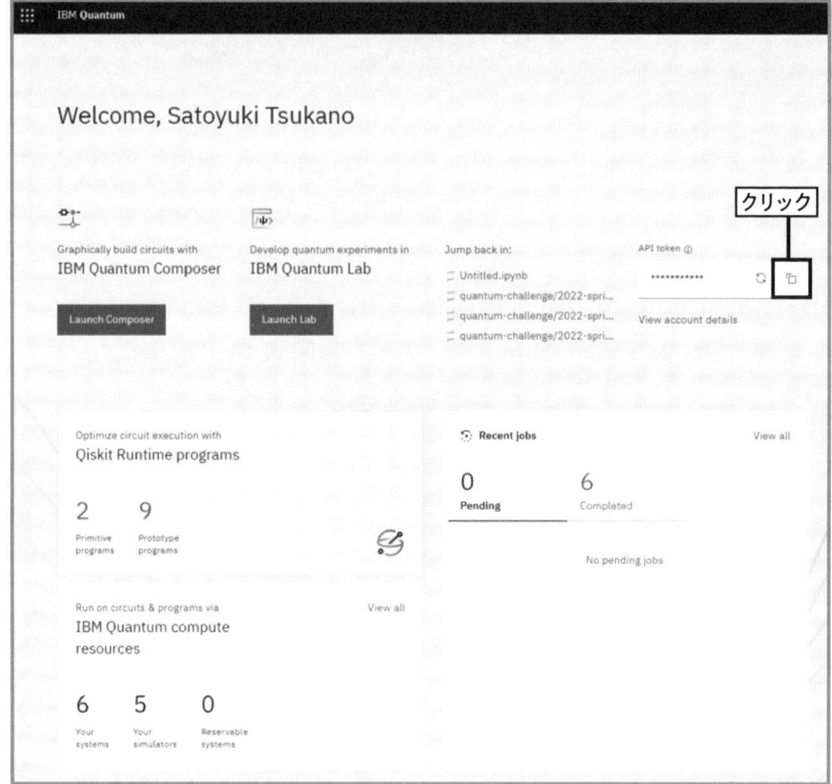

IBM Quantum の JupyterLab で実行する際、変数 provider は**リスト A.1** にあるように「provider = IBMQ.load_account()」としていました。この行を**リスト A.16** の内容に置き換えて実行してください。このとき変数 ibmq_token に指定する値は、先ほど控えた API トークンに変更してください。

リスト A.16：IBM Quantum のインポート

```
if IBMQ.active_account() is None:
    ibmq_token = "<APIトークン>"
    provider = IBMQ.enable_account(ibmq_token)
```

これで、IBM Quantum 以外の環境から実機にアクセスできるようになりました。IBM Quantum 以外の環境から実行した場合でも、量子回路を実行すればジョブ一覧（**図 A.8**）に反映されます。また、利用可能な実機を表示するなど、IBM Quantum の JupyterLab と同様の操作ができます。

A.6 発展：量子エラー抑制

A.6.1 ノイズのない実行結果を推定する量子エラー抑制

本章で確認したように、実機を利用するとある程度のエラーが発生し、測定結果にノイズが混ざります。量子誤り訂正が実現すればエラーが発生しても正しく計算できるようになりますが、第 10 章でも説明したように実現するのはまだ先の話です。量子誤り訂正が実現されるのを待つのではなく、ノイズの存在を許容した上で現在の量子コンピュータの計算精度を向上させるために研究されているのが、**量子エラー抑制**（quantum error mitigation）です。量子エラー抑制は、**量子エラー緩和**とも訳されます。

実行結果を確認する際に、何度も同じ量子回路を実行し、測定値の確率分布を確認しました。統計誤差もノイズもない確率分布は**図 A.16** のようになりますが、サンプリングによる統計誤差がある上、実機ではノイズが混ざります。そのため**図 A.13** のような確率分布になり、理論上の確率分布と異なる結果になりました。サンプリング回数（ショット数）を増やせば統計誤差は少なくなりますが、ノイズの影響は残ります。量子エラー抑制は、ノイズが混ざった結果に対して数理的な処理を行い、ノイズのない結果を推定します。また、量子エラー抑制はエラーになった量子状態を本来の量子状態に訂正する訳ではないため、量子誤り訂正とは異なる手法です。

図 A.16：理想的な確率分布

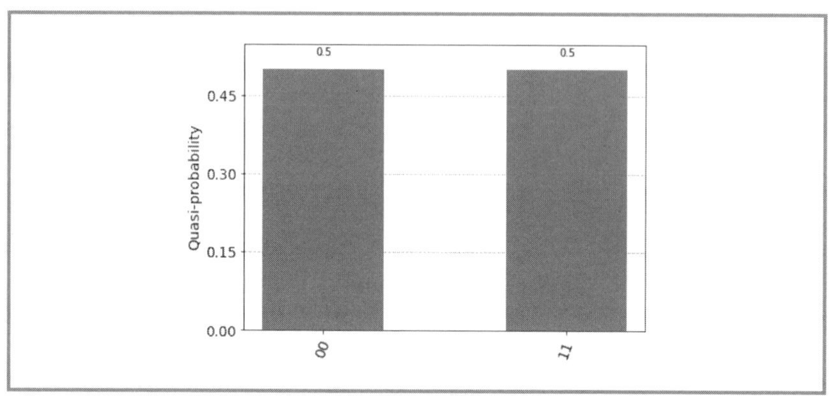

A.6.2　測定エラー抑制

量子エラー抑制には、さまざまな手法が存在します。ここでは、**測定エラー抑制**（measurement error mitigation）というものを紹介します。

実は測定はかなりエラーが発生しやすい操作です。このことを**図 A.3**の実機のマシンスペックで確認してみましょう。**図 A.3**にある「Avg. CNOT Error」はCNOTゲートのエラー率の平均値で、1.346e-2 ≒ 1.3% です。また、「Avg. Readout Error」は測定のエラー率の平均値で、4.712e-2 ≒ 4.7% です。CNOTゲートより測定の方が、3.5倍もエラーが起きやすいことになります。

そこで、測定時に発生するエラーを抑制したくなります。それが測定エラー抑制です。

測定エラー抑制は、次のステップで実行します。

- ステップ 1: 測定時のノイズに関する統計的な情報を取得する
- ステップ 2: 目的の量子回路を実行する
- ステップ 3: ノイズのない値を推定する

A.6.3　ステップ1：測定時のノイズに関する統計的な情報を取得する

目的の量子回路を実行する前に、測定時のノイズに関する統計的な情報を取得します。具体的には、$|00\rangle$ から $|11\rangle$ の各量子状態を用意し、測定するとどの結果を得るか確率分布を取得します。

$|00\rangle$ を測定した場合の確率分布を取得するため、**図 A.17** の量子回路を実機で実行します。

図 A.17：理想的には $|00\rangle$ を返す量子回路

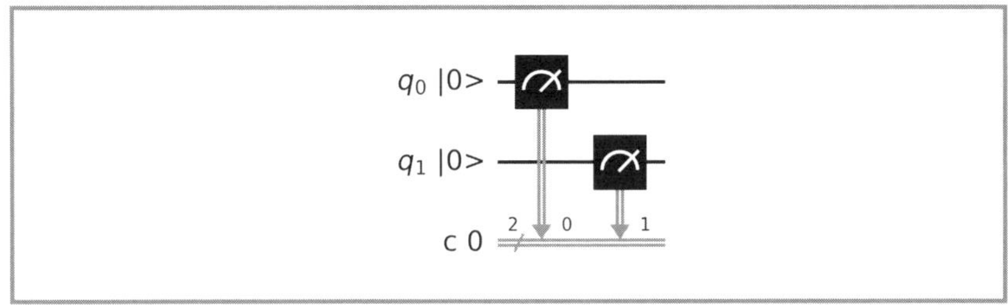

初期状態のままでゲートがないため、理想的には測定結果は $|00\rangle$ だけのはずですが、実機ではノイズが混ざります。そのため、**図 A.17** の量子回路を実行すると**図 A.18** の確率分布のように、$|00\rangle$ 以外も測定されます[＊1]。

＊1　$|00\rangle$ を準備する時点でエラーが発生する可能性もあるため、厳密には測定以外のノイズが混ざっています。話を簡単にするため、ここではそういったものも測定のノイズとして扱っています。

図 A.18：実機で $|00\rangle$ を測定した確率分布

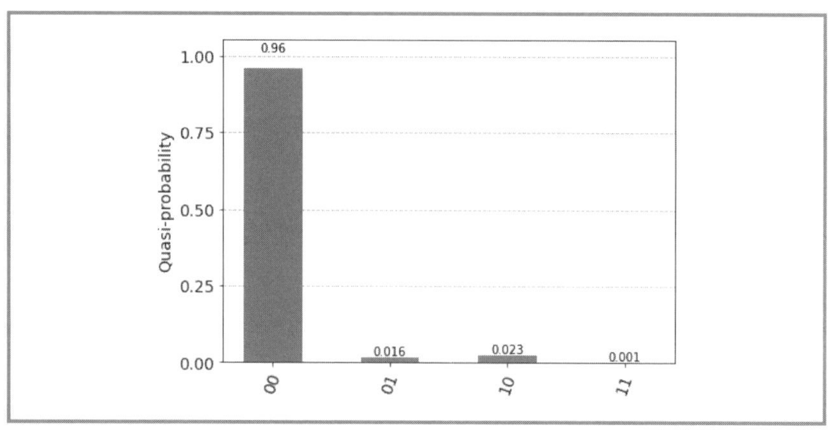

$|00\rangle$、$|01\rangle$、$|10\rangle$、$|11\rangle$ を各成分に並べ、確率分布を表すベクトルを作ると次のようになります。

$$\begin{pmatrix} 0.960 \\ 0.016 \\ 0.023 \\ 0.001 \end{pmatrix} \begin{matrix} \leftarrow |00\rangle \text{ を測定する確率（ノイズが混ざってる）} \\ \leftarrow |01\rangle \text{ を測定する確率（ノイズが混ざってる）} \\ \leftarrow |10\rangle \text{ を測定する確率（ノイズが混ざってる）} \\ \leftarrow |11\rangle \text{ を測定する確率（ノイズが混ざってる）} \end{matrix}$$

同様に、$|01\rangle$ を準備して測定する**図 A.19** の量子回路を実行すると、**図 A.20** の確率分布になりました。

図 A.19：理想的には $|01\rangle$ を返す量子回路

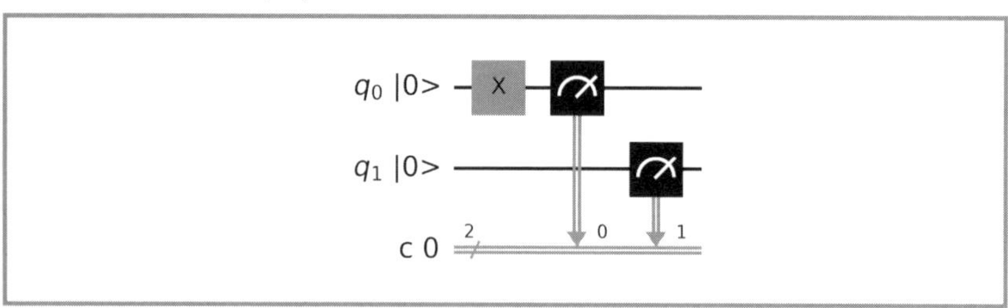

図 A.20：実機で $|01\rangle$ を測定した確率分布

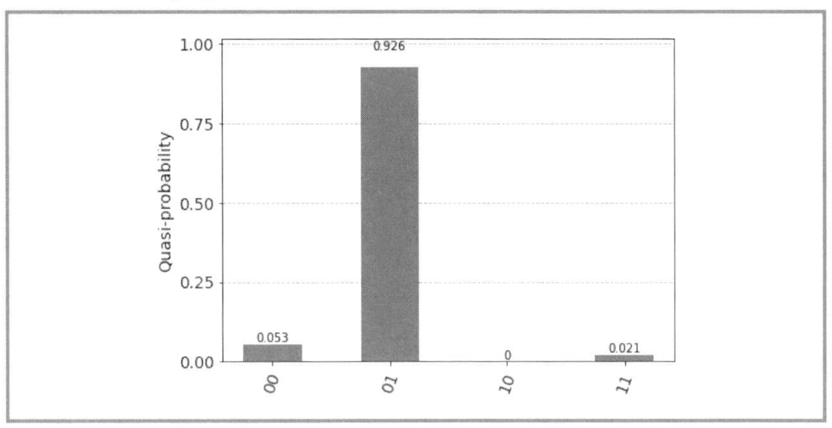

確率分布を表すベクトルを作ると、$\begin{pmatrix} 0.053 \\ 0.926 \\ 0.000 \\ 0.021 \end{pmatrix}$ になります。

以下、同じようにして、$|10\rangle$ を準備して測定する**図 A.21** の量子回路を実行すると、**図 A.22** の確率分布になりました。確率分布を表すベクトルは $\begin{pmatrix} 0.048 \\ 0.001 \\ 0.938 \\ 0.013 \end{pmatrix}$ になります。

図 A.21：理想的には $|10\rangle$ を返す量子回路

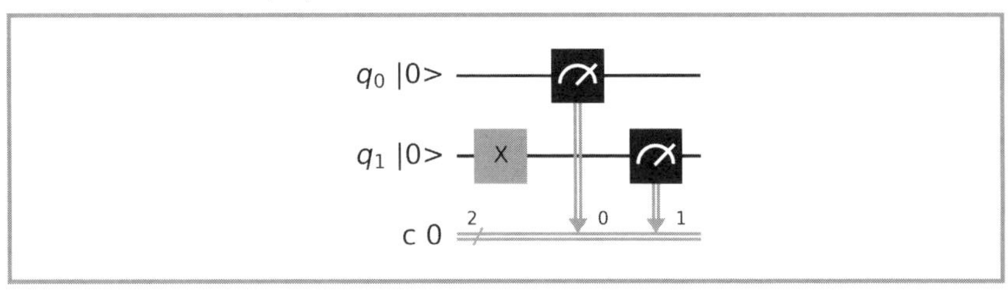

図 A.22：実機で $|10\rangle$ を測定した確率分布

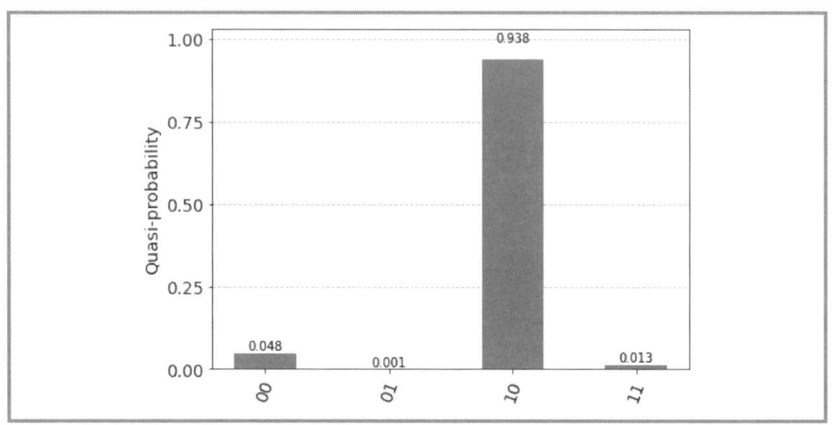

$|11\rangle$ を準備して測定する**図 A.23** の量子回路を実行すると、**図 A.24** の確率分布になりました。

確率分布を表すベクトルは $\begin{pmatrix} 0.002 \\ 0.045 \\ 0.054 \\ 0.899 \end{pmatrix}$ になります。

図 A.23：理想的には $|11\rangle$ を返す量子回路

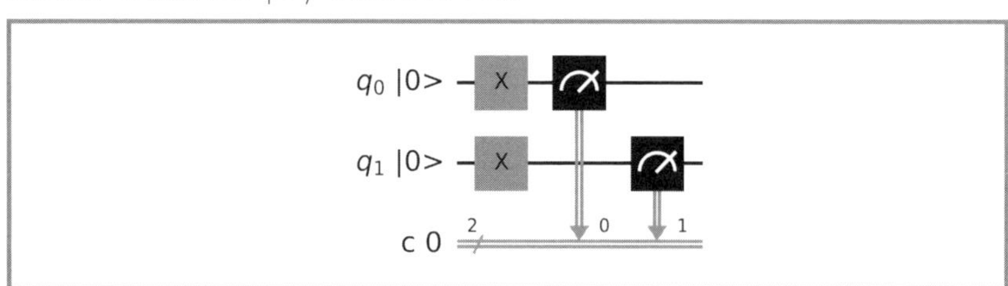

図 A.24：実機で $|11\rangle$ を測定した確率分布

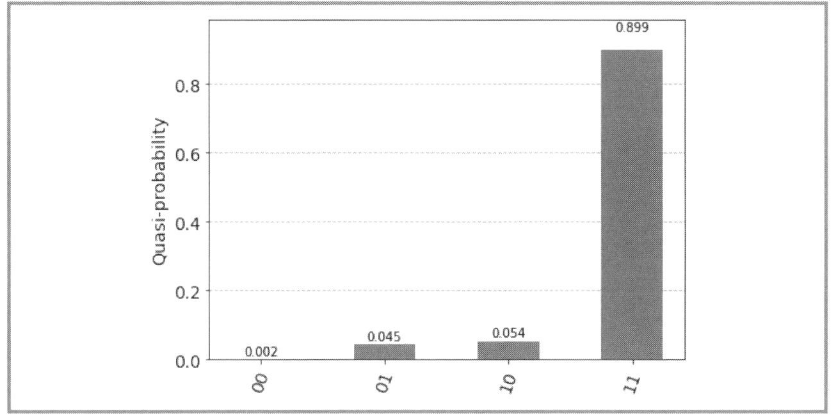

これらの結果から、理想的な確率分布のベクトルと、ノイズが混ざった確率分布のベクトルの関係式を求めてみましょう。実機で $|m\rangle$ を測定する確率（ノイズが混ざってる）を $p_{\mathrm{noisy}}(|m\rangle)$ とし、ノイズがないときに $|m\rangle$ を測定する確率を $p_{\mathrm{ideal}}(|m\rangle)$ とします。また、実機で量子状態が $|m\rangle$ のときに測定結果が $|n\rangle$ となる確率を $p(|m\rangle \to |n\rangle)$ とします。

このとき、実機で $|00\rangle$ を測定する確率 $p_{\mathrm{noisy}}(|00\rangle)$ は次のようになります[*2]。

＊2　本書では説明していない、条件付き確率を扱っています。本節は発展的な内容のため、「そういう理論があるんだ」と認めて先に進んでも構いません。

$$
\begin{aligned}
p_{\text{noisy}}(|00\rangle) \quad &= \quad |00\rangle \text{ を測定して } |00\rangle \text{ を得る確率} \\
&\quad\quad + |01\rangle \text{ を測定して } |00\rangle \text{ を得る確率} \\
&\quad\quad + |10\rangle \text{ を測定して } |00\rangle \text{ を得る確率} \\
&\quad\quad + |11\rangle \text{ を測定して } |00\rangle \text{ を得る確率} \\
&= \quad p(|00\rangle \rightarrow |00\rangle) \cdot p_{\text{ideal}}(|00\rangle) \\
&\quad\quad + p(|01\rangle \rightarrow |00\rangle) \cdot p_{\text{ideal}}(|01\rangle) \\
&\quad\quad + p(|10\rangle \rightarrow |00\rangle) \cdot p_{\text{ideal}}(|10\rangle) \\
&\quad\quad + p(|11\rangle \rightarrow |00\rangle) \cdot p_{\text{ideal}}(|11\rangle) \\
&= \quad 0.960 \cdot p_{\text{ideal}}(|00\rangle) \\
&\quad\quad + 0.053 \cdot p_{\text{ideal}}(|01\rangle) \\
&\quad\quad + 0.048 \cdot p_{\text{ideal}}(|10\rangle) \\
&\quad\quad + 0.002 \cdot p_{\text{ideal}}(|11\rangle)
\end{aligned}
$$

同じような計算で、実機で $|01\rangle$ を測定する確率 $p_{\text{noisy}}(|01\rangle)$ は次のようになります。

$$
\begin{aligned}
p_{\text{noisy}}(|01\rangle) \quad &= \quad p(|00\rangle \rightarrow |01\rangle) \cdot p_{\text{ideal}}(|00\rangle) \\
&\quad\quad + p(|01\rangle \rightarrow |01\rangle) \cdot p_{\text{ideal}}(|01\rangle) \\
&\quad\quad + p(|10\rangle \rightarrow |01\rangle) \cdot p_{\text{ideal}}(|10\rangle) \\
&\quad\quad + p(|11\rangle \rightarrow |01\rangle) \cdot p_{\text{ideal}}(|11\rangle) \\
&= \quad 0.016 \cdot p_{\text{ideal}}(|00\rangle) \\
&\quad\quad + 0.926 \cdot p_{\text{ideal}}(|01\rangle) \\
&\quad\quad + 0.001 \cdot p_{\text{ideal}}(|10\rangle) \\
&\quad\quad + 0.045 \cdot p_{\text{ideal}}(|11\rangle)
\end{aligned}
$$

途中計算は省略しますが、$p_{\text{noisy}}(|10\rangle)$、$p_{\text{noisy}}(|11\rangle)$ は次のようになります。

$$
\begin{aligned}
p_{\text{noisy}}(|10\rangle) \quad = \quad & 0.023 \cdot p_{\text{ideal}}(|00\rangle) \\
& +0.000 \cdot p_{\text{ideal}}(|01\rangle) \\
& +0.938 \cdot p_{\text{ideal}}(|10\rangle) \\
& +0.054 \cdot p_{\text{ideal}}(|11\rangle) \\
p_{\text{noisy}}(|11\rangle) \quad = \quad & 0.001 \cdot p_{\text{ideal}}(|00\rangle) \\
& +0.021 \cdot p_{\text{ideal}}(|01\rangle) \\
& +0.013 \cdot p_{\text{ideal}}(|10\rangle) \\
& +0.899 \cdot p_{\text{ideal}}(|11\rangle)
\end{aligned}
$$

これらは次の式にまとめることができます。

$$
\begin{pmatrix} p_{\text{noisy}}(|00\rangle) \\ p_{\text{noisy}}(|01\rangle) \\ p_{\text{noisy}}(|10\rangle) \\ p_{\text{noisy}}(|11\rangle) \end{pmatrix} = \begin{pmatrix} 0.960 & 0.053 & 0.048 & 0.002 \\ 0.016 & 0.926 & 0.001 & 0.045 \\ 0.023 & 0.000 & 0.938 & 0.054 \\ 0.001 & 0.021 & 0.013 & 0.899 \end{pmatrix} \begin{pmatrix} p_{\text{ideal}}(|00\rangle) \\ p_{\text{ideal}}(|01\rangle) \\ p_{\text{ideal}}(|10\rangle) \\ p_{\text{ideal}}(|11\rangle) \end{pmatrix}
$$

左辺のノイズが混ざった確率分布のベクトルをp_{noisy}、右辺の 4×4 行列を M 、右辺の理想的な確率分布のベクトルをp_{ideal}と書くことにすると、次の関係に言い換えられます。

$$
p_{\text{noisy}} = M \cdot p_{\text{ideal}}
$$

これで、測定時のノイズに関する統計的な情報を取得できました。

A.6.4　ステップ2: 目的の量子回路を実行する

実機で目的の量子回路を実行し、測定します。この測定結果はノイズにより、理想的な値からずれます。ここでは、**図 A.4** の量子回路を実行し、**図 A.13** の確率分布を得たとします。この確率分布はノイズが混ざった結果なので、$p_{\text{noisy}} = \begin{pmatrix} 0.472 \\ 0.070 \\ 0.052 \\ 0.406 \end{pmatrix}$ です。

A.6.5 ステップ3: ノイズのない値を推定する

ノイズがなければ M は単位行列と一致します。ノイズがあると単位行列とは一致しませんが、単位行列に近くなります。そのため、逆行列 M^{-1} が存在します。

さきほどの $p_{\text{noisy}} = M \cdot p_{\text{ideal}}$ の両辺に左から M の逆行列 M^{-1} をかけて、p_{ideal} を求める式にすると、次のようになります。

$$p_{\text{ideal}} \quad = \quad M^{-1} \cdot p_{\text{noisy}}$$

この式を標語的に表現すると、「ノイズの傾向を把握することで、ノイズの混ざった結果（右辺）から理想的な結果（左辺）を推定する」ということになります。

ステップ1で M を求めたので、M^{-1} は計算できます。また、ステップ2で p_{noisy} も求めてあります。したがって、$M^{-1} \cdot p_{\text{noisy}}$ を計算することで、p_{ideal} を推定できます。p_{ideal} を推定した値を $p_{\text{mitigated}}$ と書くことにすると、$p_{\text{mitigated}}$ は次のようになります。

$$
\begin{aligned}
p_{\text{mitigated}} &= M^{-1} \cdot p_{\text{noisy}} \\
&= \begin{pmatrix} 0.960 & 0.053 & 0.048 & 0.002 \\ 0.016 & 0.926 & 0.001 & 0.045 \\ 0.023 & 0.000 & 0.938 & 0.054 \\ 0.001 & 0.021 & 0.013 & 0.899 \end{pmatrix}^{-1} \begin{pmatrix} 0.472 \\ 0.070 \\ 0.052 \\ 0.406 \end{pmatrix} \\
&\fallingdotseq \begin{pmatrix} 0.487 \\ 0.045 \\ 0.018 \\ 0.450 \end{pmatrix}
\end{aligned}
$$

$p_{\text{mitigated}}$ で $|01\rangle$ を得る確率は 0.045、$|10\rangle$ を得る確率は 0.018 になりました。$0.045 + 0.018 = 0.063$ であるため、$|01\rangle$ と $|10\rangle$ を合わせて 6.3% の確率でエラーが発生しています。ノイズをゼロにはできませんが、**図 A.12** のエラーが 12.2% だったことと比べると抑制できました。

ノイズあり（noisy）、エラー抑制（mitigated）、理想値（ideal）の確率分布を比較したのが、**図 A.25** です。ノイズありと比べると、エラー抑制した方が理想的な確率分布に近づいていることが分かります。

図 A.25：確率分布の比較

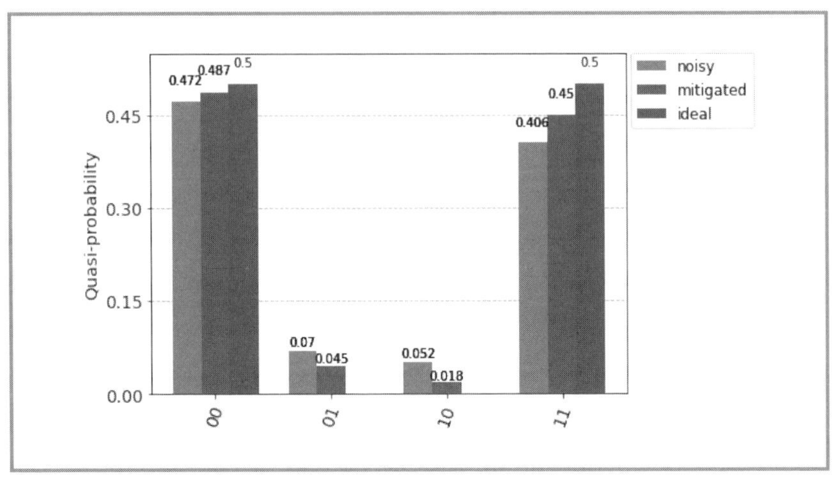

現在の量子コンピュータには量子誤り訂正がなく、計算結果にノイズが混ざりますが、量子エラー抑制によって理想的な計算結果に近づけることができました。量子エラー抑制は測定回数を増やす必要があったり、数理的な処理が必要になりますが、量子誤り訂正がなくても計算精度が上がるのは大きな利点です。ここで紹介した以外にも、さまざまな量子エラー抑制の手法が研究されています。

本書で紹介した量子アルゴリズムを実機で動かして理論との差を比べてみたり、量子エラー抑制を適用してみたりしてください。実際に体験することは量子コンピュータの理解に役立つはずです。

参考文献・今後の学習案内

本書で扱った内容は、量子コンピュータの入り口です。もっと多くの量子アルゴリズムやNISQ（ニスク）と呼ばれる中間規模の量子コンピュータ、大きな計算を実行できる誤り訂正可能な量子コンピュータに関連する話題など、面白い話は数多くあります。ここでは、読者のみなさんが本書の先に進む際の参考になるように、いくつか文献を紹介します。

もちろん、ここには書ききれない、多くの素晴らしい文献があります。実際に書店で手に取ってみたり、インターネットで検索して、ご自身にあった文献で学んでみてください。

一般向け

［1］量子コンピュータ　超並列計算のからくり

竹内繁樹著、講談社、2005年

一般向けに書かれた本で、難解な数式は登場しません。量子コンピュータの雰囲気を知りたい方によい本です。

［2］驚異の量子コンピュータ　宇宙最強マシンへの挑戦

藤井啓祐著、岩波書店、2019年

一般向けに書かれた本で、難解な数式は登場しません。古典コンピュータや量子コンピュータの歴史に関する説明や、量子コンピュータに対する興奮が生き生きと伝わってきます。量子超越性に関するGoogleの論文についての記述もあります。

[3] **量子コンピュータが本当にわかる！**

武田俊太郎著、技術評論社、2020年

一般向けに書かれた本で、難解な数式は登場しません。量子力学の視点から量子コンピュータが計算する仕組みや、量子コンピュータの現状が分かりやすく解説されています。量子コンピュータ・ハードウェアの開発現場の様子も詳しく解説されています。

[4] **りょうしりきがく for babies**

Chris Ferrie, William Hurley著、村山斉翻訳、サンマーク出版、2020年

子ども向けに様々な科学を紹介するBaby Universityのシリーズの一冊として書かれた、量子コンピュータの概念を説明する絵本です。原書のタイトルは「Quantum Computing for Babies」です。おそらく、世界で一番やさしい量子コンピュータの本です！

[5] **みんなの量子コンピューター　～情報・数理・電子工学と拓く新しい量子アプリ～**

国立研究開発法人科学技術振興機構研究開発戦略センター、2018年

専門家が考える量子コンピュータの現状や課題、今後の展望などがまとまっています。特にワークショップ報告書には専門家同士の会話が赤裸々に記載されていて、量子コンピュータの生の状況を知ることができます。英名は「Quantum Computer Science for All」です。

戦略プロポーザル

https://www.jst.go.jp/crds/report/report01/CRDS-FY2018-SP-04.html

ワークショップ報告書

https://www.jst.go.jp/crds/report/report05/CRDS-FY2018-WR-09.html

量子コンピュータの専門書

[6] みんなの量子コンピュータ

Chris Bernhardt 著、湊雄一郎、中田真秀監修・翻訳、翔泳社、2020 年
線形代数の数式を使い、量子コンピュータを解説しています。線形代数についての説明もあり、大学 1 年生くらいの方にオススメです。本書を読まれた方が次のステップで読むのにも向いています。
原書のタイトルは「Quantum Computing for Everyone」です。名前は似ていますが、参考文献 [5] とは別の文献です。

[7] 量子コンピューティング　基本アルゴリズムから量子機械学習まで

情報処理学会出版委員会監修、嶋田義皓著、オーム社、2020 年
量子アルゴリズムだけでなく、量子コンピュータのアーキテクチャなど、幅広い話題に触れています。参考文献 [6] [9] などは 20 世紀に考案された量子アルゴリズムを中心に解説されていますが、この本は近年考案された量子アルゴリズムについても解説されています。

[8] 基礎から学ぶ量子計算　アルゴリズムと計算量理論

西村治道著、オーム社、2022 年
量子計算に関する専門書です。計算量理論などについてもに触れられています。演習問題と略解が用意されているため、手を動かしながら学べます。

[9] 量子コンピュータと量子通信

Michael A. Nielsen, Isaac L. Chuang 著、木村達也訳、オーム社、2004 年
量子コンピュータでもっとも知られた専門書のひとつ。全 3 巻で基礎から詳しく書かれた大著です。解答はありませんが、多くの演習問題が用意されています。原書のタイトルは「Quantum Computation and

Quantum Information」です。

[10] Course Information for Physics 219/Computer Science 219 Quantum Computation
John Preskill 著、1997 年 -
カリフォルニア工科大学の量子コンピュータの講義資料が PDF で公開されています。全ページを足すと参考文献［9］を越えるのではないでしょうか。解答はありませんが、数多くの演習問題があります。基礎から書かれており、かなりの大著です。
http://theory.caltech.edu/~preskill/ph229/

[11] 量子情報科学入門
石坂智、小川朋宏、河内亮周、木村元、林正人著、共立出版、2012 年
日本語で書かれた量子コンピュータの専門書も多くあります。この本は、本文で量子情報科学に触れ、理解に必要な数学は付録にまとめて記載しています。演習問題と解答が用意されています。

[12] 量子技術教育プログラム：オンラインコース・サマースクール
QEd プロジェクト、2021 年 -
量子技術の各分野の専門家によるオンライン教材が多数公開されています。理解するためには、量子力学などの知識が必要になります。
https://www.sqei.c.u-tokyo.ac.jp/qed/lecture/

[13] 米国科学・工学・医学アカデミーによる量子コンピュータの進歩と展望
Emily Grumbling, Mark Horowitz 編、西森秀稔翻訳、共立出版、2020 年
量子コンピュータの現状や課題について、米国科学・工学・医学アカデ

ミーがまとめた書籍。現状や課題の把握に役立ちます。オリジナルのタイトルは「Quantum Computing: Progress and Prospects」です。National Academies Press のサイトでアカウント作成が必要ですが、オリジナルは次のページから無料でダウンロードできます。

オリジナル
https://www.nap.edu/catalog/25196/quantum-computing-progress-and-prospects

[14] 科学技術に関する調査プロジェクト 2021 報告書　量子技術

国会図書館　調査及び立法考査局、2022 年

量子コンピュータを含む量子情報科学に関する、研究開発や社会への影響についてまとめた報告書。現状や課題の把握に役立ちます。国会図書館が公開しており、次のページから無料でダウンロードできます。
https://www.ndl.go.jp/jp/diet/publication/document/2022/index.html

[15] Quantum Algorithm Zoo

Stephen Jordan 著、2011 年 -

これまでに発見された量子アルゴリズムを一覧できるサイトです。アルゴリズムの名前や、どのくらい高速化されるのか、アルゴリズムの概要などが記載されています。関連する論文へのリンクがあるため、ここから様々な文献を辿ることができます。

また、Qmedia 編集部による日本語訳も公開されています。

オリジナル
https://quantumalgorithmzoo.org/

日本語訳
https://www.qmedia.jp/algorithm-zoo/

量子プログラミング

［16］Quantum Native Dojo

QunaSys 社ほか、2019 年 -

量子コンピュータについて勉強するための自習教材です。Python で書ける量子プログラミング・ライブラリ「Qulacs」を使い、Google Colabolatory などの環境を使って学びます。量子化学など、量子コンピュータの応用に関する解説もあります。

https://github.com/qulacs/quantum-native-dojo

［17］Learn Quantum Computation using Qiskit

IBM 社、2019 年 -

Qiskit の使い方や、Qiskit がサポートするアルゴリズムの解説があります。Qiskit だけでなく、量子コンピュータについても勉強になります。英語と日本語で提供されています。

https://qiskit.org/textbook

数学

［18］集合・写像・論理—数学の基本を学ぶ

中島匠一著、共立出版、2012 年

集合や論理といった、数学の基本的な概念を説明した本です。概念やアルゴリズムの定式化など、さまざまな場所で集合や論理の知識を使います。

主な量子ゲート

主な量子ゲートを紹介します。本書では扱っていないゲートも含まれます。

対応する行列が作用する量子ビットの順番（バイト・オーダ）は、左から右に向かって「○○番目」の数値が大きくなるように記載しています。たとえば、$|0\rangle|1\rangle$ の場合は、$|0\rangle$ が 0 番目で $|1\rangle$ が 1 番目です。

なお、文献によって表記が異なる場合があります。

主な1量子ビットのゲート

ゲート	Qiskit の関数名	量子回路の記号	対応する行列
I	i または id	I	$\begin{pmatrix} 1 & 0 \\ 0 & 1 \end{pmatrix}$
H	h	H	$\frac{1}{\sqrt{2}}\begin{pmatrix} 1 & 1 \\ 1 & -1 \end{pmatrix}$
S	s	S	$\begin{pmatrix} 1 & 0 \\ 0 & i \end{pmatrix}$
$S^\dagger$	sdg	S†	$\begin{pmatrix} 1 & 0 \\ 0 & -i \end{pmatrix}$
T	t	T	$\begin{pmatrix} 1 & 0 \\ 0 & e^{i\pi/4} \end{pmatrix}$
$T^\dagger$	tdg	T†	$\begin{pmatrix} 1 & 0 \\ 0 & e^{-i\pi/4} \end{pmatrix}$
$P(\theta)$	p	P θ	$\begin{pmatrix} 1 & 0 \\ 0 & e^{i\theta} \end{pmatrix}$
$\sqrt{X}$	sx	√X	$\frac{1}{2}\begin{pmatrix} 1+i & 1-i \\ 1-i & 1+i \end{pmatrix}$

$\sqrt{X}^{\dagger}$	sxdg	$\sqrt{X}^{\dagger}$	$\frac{1}{2}\begin{pmatrix} 1-i & 1+i \\ 1+i & 1-i \end{pmatrix}$
X	x	X	$\begin{pmatrix} 0 & 1 \\ 1 & 0 \end{pmatrix}$
Y	y	Y	$\begin{pmatrix} 0 & -i \\ i & 0 \end{pmatrix}$
Z	z	Z	$\begin{pmatrix} 1 & 0 \\ 0 & -1 \end{pmatrix}$
$\mathrm{RX}(\theta)$	rx	R_X θ	$\begin{pmatrix} \cos\frac{\theta}{2} & -i\sin\frac{\theta}{2} \\ -i\sin\frac{\theta}{2} & \cos\frac{\theta}{2} \end{pmatrix}$
$\mathrm{RY}(\theta)$	ry	R_Y θ	$\begin{pmatrix} \cos\frac{\theta}{2} & -\sin\frac{\theta}{2} \\ \sin\frac{\theta}{2} & \cos\frac{\theta}{2} \end{pmatrix}$
$\mathrm{RZ}(\theta)$	rz	R_Z θ	$\begin{pmatrix} e^{-i\frac{\theta}{2}} & 0 \\ 0 & e^{i\frac{\theta}{2}} \end{pmatrix}$
$U(\theta,\phi,\lambda)$	u	U θ, φ, λ	$\begin{pmatrix} \cos\frac{\theta}{2} & -e^{i\lambda}\sin\frac{\theta}{2} \\ e^{i\phi}\sin\frac{\theta}{2} & e^{i(\phi+\lambda)}\cos\frac{\theta}{2} \end{pmatrix}$

主な2量子ビットのゲート

ゲート	Qiskit の関数名	量子回路の記号	対応する行列
SWAP	swap		$\begin{pmatrix} 1 & 0 & 0 & 0 \\ 0 & 0 & 1 & 0 \\ 0 & 1 & 0 & 0 \\ 0 & 0 & 0 & 1 \end{pmatrix}$
$\mathrm{CP}(\theta)$	cp	P (θ)	$\begin{pmatrix} 1 & 0 & 0 & 0 \\ 0 & 1 & 0 & 0 \\ 0 & 0 & 1 & 0 \\ 0 & 0 & 0 & e^{i\theta} \end{pmatrix}$
CNOT	cx または cnot		$\begin{pmatrix} 1 & 0 & 0 & 0 \\ 0 & 1 & 0 & 0 \\ 0 & 0 & 0 & 1 \\ 0 & 0 & 1 & 0 \end{pmatrix}$
CY	cy	Y	$\begin{pmatrix} 1 & 0 & 0 & 0 \\ 0 & 1 & 0 & 0 \\ 0 & 0 & 0 & -i \\ 0 & 0 & i & 0 \end{pmatrix}$

CZ	cz	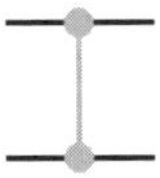	$\begin{pmatrix} 1 & 0 & 0 & 0 \\ 0 & 1 & 0 & 0 \\ 0 & 0 & 1 & 0 \\ 0 & 0 & 0 & -1 \end{pmatrix}$
RXX	rxx	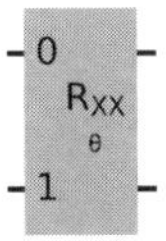	$\begin{pmatrix} \cos\frac{\theta}{2} & 0 & 0 & -i\sin\frac{\theta}{2} \\ 0 & \cos\frac{\theta}{2} & -i\sin\frac{\theta}{2} & 0 \\ 0 & -i\sin\frac{\theta}{2} & \cos\frac{\theta}{2} & 0 \\ -i\sin\frac{\theta}{2} & 0 & 0 & \cos\frac{\theta}{2} \end{pmatrix}$
RYY	ryy	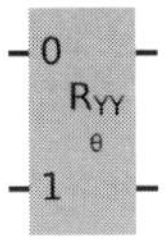	$\begin{pmatrix} \cos\frac{\theta}{2} & 0 & 0 & i\sin\frac{\theta}{2} \\ 0 & \cos\frac{\theta}{2} & -i\sin\frac{\theta}{2} & 0 \\ 0 & -i\sin\frac{\theta}{2} & \cos\frac{\theta}{2} & 0 \\ i\sin\frac{\theta}{2} & 0 & 0 & \cos\frac{\theta}{2} \end{pmatrix}$
RZZ	rzz	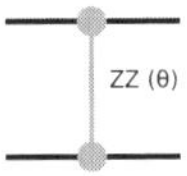	$\begin{pmatrix} e^{-i\frac{\theta}{2}} & 0 & 0 & 0 \\ 0 & e^{i\frac{\theta}{2}} & 0 & 0 \\ 0 & 0 & e^{i\frac{\theta}{2}} & 0 \\ 0 & 0 & 0 & e^{-i\frac{\theta}{2}} \end{pmatrix}$

主な3量子ビットのゲート

ゲート	Qiskit の関数名	量子回路の記号	対応する行列
CCNOT（トフォリゲート）	ccx		$\begin{pmatrix} 1&0&0&0&0&0&0&0 \\ 0&1&0&0&0&0&0&0 \\ 0&0&1&0&0&0&0&0 \\ 0&0&0&1&0&0&0&0 \\ 0&0&0&0&1&0&0&0 \\ 0&0&0&0&0&1&0&0 \\ 0&0&0&0&0&0&0&1 \\ 0&0&0&0&0&0&1&0 \end{pmatrix}$
CSWAP（フレドキンゲート）	cswap		$\begin{pmatrix} 1&0&0&0&0&0&0&0 \\ 0&1&0&0&0&0&0&0 \\ 0&0&1&0&0&0&0&0 \\ 0&0&0&1&0&0&0&0 \\ 0&0&0&0&1&0&0&0 \\ 0&0&0&0&0&0&1&0 \\ 0&0&0&0&0&1&0&0 \\ 0&0&0&0&0&0&0&1 \end{pmatrix}$

索引

れ

ろ

わ

■著者略歴

東野仁政

大阪大学量子情報・量子生命研究センター特任研究員。修士（理学）。実用的な量子コンピュータを実現するため、ソフトウェアを開発している。国産量子コンピュータ初号機による量子計算クラウドサービスの研究開発に従事。量子コンピュータの面白さを多くの人に広めたいと思い、入門書・入門記事の執筆等の活動を行っている。

Twitter ID：@snuffkin

1998年　埼玉大学理学部数学科卒業
2000年　大阪大学大学院理学研究科数学専攻博士前期課程修了
2000年　アクロクエストテクノロジー株式会社　プログラマ、システム・エンジニア
2019年　東京大学先端科学技術研究センター　学術専門職員など
2022年　大阪大学大学院基礎工学研究科　特任研究員
同上　大阪大学量子情報・量子生命研究センター　特任研究員

●DTP・本文デザイン　BUCH⁺
●装丁　山之口正和（OKIKATA）
●カバーイラスト　ヤギワタル
●監修　藤井啓祐
●編集　石井智洋

量子コンピュータの頭の中
——計算しながら理解する量子アルゴリズムの世界

2023年6月29日　初版 第1刷発行

著　者　東野仁政
発行者　片岡 巌
発行所　株式会社技術評論社
東京都新宿区市谷左内町 21-13
電話　03-3513-6150（販売促進部）
03-3513-6166（書籍編集部）

印刷／製本　昭和情報プロセス株式会社

定価はカバーに表示してあります。

ISBN 978-4-297-13511-9 C3055
Printed in Japan

■お問い合わせについて

本書の内容に関するご質問は、下記の宛先までFAXまたは書面にてお送りいただくか、弊社Webサイトの質問フォームよりお送りください。お電話によるご質問、および本書に記載されている内容以外のご質問には、一切お答えできません。あらかじめご了承ください。

〒162-0846
東京都新宿区市谷左内町21-13
株式会社技術評論社 書籍編集部
「量子コンピュータの頭の中」質問係
FAX：03-3513-6183
技術評論社Webサイト：
https://gihyo.jp/book/

なお、ご質問の際に記載いただいた個人情報は質問の返答以外の目的には使用いたしません。また、質問の返答後は速やかに削除させていただきます。